Wolfgang Gründinger

ZEHN JAHRE KLÜGER

FBV

Bibliografische Information der Deutschen Nationalbibliothek
Die Deutsche Nationalbibliothek verzeichnet diese Publikation in der Deutschen National-
bibliografie. Detaillierte bibliografische Daten sind im Internet über http://dnb.d-nb.de abrufbar.

Für Fragen und Anregungen
info@finanzbuchverlag.de

Wichtiger Hinweis
Ausschließlich zum Zweck der besseren Lesbarkeit wurde auf eine genderspezifische Schreibweise sowie
eine Mehrfachbezeichnung verzichtet. Alle personenbezogenen Bezeichnungen sind somit geschlechts
neutral zu verstehen. Meistens wurde das generische Maskulinum verwendet, gelegentlich auch das gene
rische Femininum.

Originalausgabe
1. Auflage 2021
© 2021 by Finanzbuch Verlag, ein Imprint der Münchner Verlagsgruppe GmbH
Türkenstraße 89
80799 München
Tel.: 089 651285-0
Fax: 089 652096

Redaktion: Anne Büntig
Korrektorat: Silvia Klinkel
Umschlaggestaltung: Karina Braun
Umschlagfoto: Paul Alexander Probst
Satz und Bearbeitung der Abbildungen: Tobias Prießner
Druck: CPI books GmbH, Leck
Printed in Germany

ISBN Print 978-3-95972-502-6
ISBN E-Book (PDF) 978-3-96092-951-2
ISBN E-Book (EPUB, Mobi) 978-3-96092-952-9

**Wir produzieren
nachhaltig**
www.m-vg.de

Weitere Informationen zum Verlag finden Sie unter

www.finanzbuchverlag.de

Beachten Sie auch unsere weiteren Verlage unter www.m-vg.de

INHALT

VOM DÖNERVERKÄUFER ZUM CHEFLOBBYISTEN
WIE ICH (VERSEHENTLICH) ELITE WURDE

35 ist das Alter, in dem man auf sein Leben zurückblickt und überrascht feststellt, dass man auf einmal erwachsen ist. Man hat das Studium hinter sich, ein paar Jahre in diversen Jobs verbracht, alle Freunde bekommen Kinder, und man merkt plötzlich, dass man für sein Leben nun selbst verantwortlich ist.

35 ist auch das Alter, in dem man anfängt zu sagen: »OMG, wenn ich all das schon mit 20 gewusst hätte! Wie viel einfacher wäre mein Leben gewesen! Aber ich hatte ja keinen Plan!«

Die Schule versuchte, uns die Dinge beizubringen, die wir im Leben brauchen. Ich lernte das jambische Versmaß und den Satz des Pythagoras. Nach der Klausur war das schnell wieder vergessen. Nach dem Abitur erst recht. Was ich aber wirklich im Leben brauchte, lernte ich nicht: wie man seine Karriere in die eigenen Hände nimmt; sein Gehalt verhandelt; mit Geld umgeht; mit Stress klarkommt; sich gesund ernährt.

Wenn ich selbst heute zehn Jahre jünger wäre: Was würde ich mir raten? Was würde mir weiterhelfen? Was habe ich erst auf die harte Tour in der Schule des Lebens lernen müssen und hätte ich gern schon viel früher wissen wollen?

Um diese Fragen dreht sich sich dieses Buch. Es ist wie eine Botschaft an mein jüngeres Ich sowie eine Sammlung an Ideen und Inspiration für jeden, der zum Helden seines eigenen Lebens werden will.

Du erfährst unter anderem, wie du

- halb so viel arbeitest, aber doppelt so viel erreichst.
- kompromisslos das beste Gehalt verhandelst.
- dein berufliches Netzwerk schmiedest.
- mit Stress umgehst und auf dich selbst achtest.
- dein Geld auf dem Aktienmarkt vermehrst.
- hundert Jahre alt werden kannst.

Du lernst außerdem, warum

- Mark Zuckerberg mich zum Mittagessen einlud.
- ein Staubsauger-Roboter dein Leben verändert.
- ein Superman-Cap dich berühmt machen kann.
- ein Börsencrash die optimale Zeit ist, um in Aktien zu investieren.
- du »Mr. Dax« lieber nicht dein Geld anvertrauen solltest.
- es sich lohnt, Tantra auszuprobieren.
- Work-Life-Balance besser als Life-Life-Balance gedacht werden sollte.
- ein Kaffee mit Butter und Kokosöl dich angeblich kugelsicher macht (und was wirklich dran ist).
- Smoothies nicht einmal halb so gesund sind, wie sie angepriesen werden.

Dieses Buch wird dich weiterbringen. Egal, ob du 20, 30 oder noch älter bist. Das wichtigste Buch in deinem Leben sollte ein Buch über dein Leben sein.

Als ich mit meinem Agenten das erste Mal über die Idee zu diesem Buch sprach, haderte ich mit mir. Bin ich der Richtige, um anderen Menschen Tipps zu geben? Ist das nicht überheblich? Was kann denn ausgerechnet ich schon für kluge Ratschläge geben, auf die jemand, der auch schon einige unnütze und unnötige Umwege gegangen ist, nicht selbst gekommen wäre?

Genau das ist aber Teil meiner Botschaft: Viele erfolgreiche Menschen, die ich für ihre berufliche Karriere und ihre Multitalentiertheit bewundere, haben hinter den Kulissen oft ganz eigene Probleme. Krasse Start-up-Gründerinnen, gefeierte Manager, hyperintelligente Harvard-Studentinnen: Sie haben extrem viel erreicht und wirken manchmal unnahbar. Aber auch sie sind nur Menschen, mit handfesten und ganz normalen Problemen hinter der Fassade. Einige brennen so aus, dass sie vom Arbeitsplatz direkt in die Nervenheilanstalt transportiert werden müssen – wegen psychischer Erschöpfung. Andere kriegen es im Privaten nicht einmal auf die Reihe, pünktlich zu einem Abendessen zu erscheinen. Ich kenne viele solche Geschichten, und es fasziniert mich immer wieder, wie solche Menschen so weit oben und so durchschnittlich zugleich sein können. Wenn es einen Satz gibt, den mir genau diese Menschen bei einem Glas Wein erzählen, dann lautet er: »Wir kochen alle nur mit Wasser.«

Jeder bringt seine eigene Geschichte mit, hatte Glück oder Pech im Leben, hat sein Päckchen zu tragen und muss daraus das Beste machen. Meine eigene Biografie ist ein schlagendes Beispiel dafür. Ich wuchs am Arsch der Welt auf, in einer Kleinstadt im bayerischen Nordosten, wo es nichts gab außer Felder, die Kirche und die Grenze zu Tschechien, die nach dem Fall des Eisernen Vorhangs immerhin die Versorgung mit billigem Benzin und Zigaretten sicherstellte. Die nächste größere Stadt war weit weg, ein Zug fuhr längst nicht mehr, der einstige Bahnhof war leer und verwildert.

Mein Vater starb vor meiner Geburt bei einem Unfall mit dem Traktor, und Mama musste – über Nacht plötzlich auf sich allein gestellt – das Überleben von meinem Bruder und mir sichern. Erst viel später verstand ich, was das für eine harte Zeit für Mama gewesen sein musste, und ich bin dankbar und berührt, mit welch eiserner Sparsamkeit und harter Arbeitsdisziplin sie unser Auskommen ermöglichte.

Als ich von der Grundschule auf das Gymnasium wechselte, verlor ich meinen Freundeskreis. Für meine Freunde, die nun auf die Hauptschule gingen, war ich plötzlich der eingebildete Gymnasiast, der im späteren Beruf keine »richtige« Arbeit leisten würde (meine Oma pflegt diese Ansicht bis heute). Auf dem Gymnasium wiederum wurde ich zum Außenseiter. Für alle um mich herum gehörten Shopping, Musik, Kultur und Urlaub zum Alltag, ich kannte das alles nicht. Wir hörten zu Hause nicht einmal Radio, im Urlaub waren wir nur einmal an der Nordsee, und beim Italiener ums Eck eine Pizza zu essen, war das Höchste der Gefühle. Wir waren arm oder »sozial benachteiligt und bildungsfern«, wie man es euphemistisch formuliert. Die stärkste Erinnerung an meine Kindheit ist bis heute, dass Mama immer sparen und immer arbeiten musste. Oft sagte sie: »Wenn die Waschmaschine kaputt ist, dann haben wir kein Geld mehr.« Der Satz hat sich in mein Hirn eingebrannt wie kein anderer.

Meine Pubertät verbrachte ich zeitweilig mit Kleinkriminellen. Einmal entwendeten sie den Safe aus dem Schlafzimmer des Filialleiters der örtlichen Bank. Ansonsten rauchten sie sehr viel. Das war nicht meine Welt, aber zumindest gehörte ich irgendwo dazu.

Mein einziges Hobby bestand darin, Bücher zu lesen. Für Bücher braucht man keine Freunde. Ich war ein blasser, dünner Junge, der die ausrangierten Quelle-Katalog-Klamotten seines großen Bruders auftrug und in den zahlreichen Prügeleien mit ihm immer den Kürzeren zog. Ich hatte keinerlei Ahnung von der Welt da draußen. Woher auch, das Internet war ja gerade erst erfunden worden. Ich fühlte mich wie eine Mischung aus Lisa Simpson und Milhouse: nicht cool.[1]

»But my mom says I'm cool.«

Milhouse Mussolini van Houten, uncooler Typ

Mit 18 bestieg ich zum ersten Mal ein Flugzeug – und zwar nach Johannesburg in Südafrika zum UN-Weltgipfel für nachhaltige Entwicklung. Dank des Internets hatte ich eine Jugendorganisation für Nachhaltigkeit mitgegründet, und meine Mitstreiter hatten das Auswärtige Amt überzeugt, uns die Flugtickets zu finanzieren. Um ein Haar wäre meine Reise allerdings schon gescheitert, bevor sie begonnen hatte. Als die Dame am Check-in-Schalter am Frankfurter Flughafen nach meinem Reisepass fragte, reichte ich ihr meinen Personalausweis. Sie bestand auf dem Reisepass, sonst könne sie mich nicht zum Boarding zulassen. Ich zuckte mit den Schultern: Bis zu diesem Moment war ich überzeugt, dass Personalausweis und Reisepass exakt dasselbe Dokument seien. Ich rief Mama an (Nokia-Handys gab es schon!), aber sie war noch ratloser als ich. Ich hetzte zur Zweigstelle der Bundespolizei und fragte dort nach einem vorläufigen Reisepass. »Das geht nicht so schnell«, versuchten die Beamten mich abzuwimmeln. »Aber ich habe ein Fax von UN-Generalsekretär Kofi Annan, der alle staatlichen Stellen um Unterstützung bittet, denn ich bin UN-Delegierter.« Der Beamte schaute etwas irritiert. Da stand also ein blasser, schlecht gekleideter Halbstarker mit einem Fax von Kofi Annan? »Na, warten Sie mal.« Zehn Minuten später kam er wie verwandelt wieder: »Sehr geehrter Herr Gründinger, hier ist Ihr vorläufiger Reisepass!« Gerade nochmal gut gegangen. (Beim UN-Gipfel wurde ich dann übrigens von der Polizei während der Rede des US-Außenministers aus dem Sitzungssaal abgeführt. Aber das ist eine andere Geschichte.)

Mein Studium finanzierte ich mit einem Job als Dönerverkäufer. Stundenlohn: 6 Euro, plus freies Essen. Den Mindestlohn führte die SPD erst Jahre später ein. Nebenher veröffentlichte ich mehrere Bücher und engagierte mich bei der Stiftung für die Rechte zukünftiger Generationen, die mich alsbald zu ihrem Sprecher ernannte. Zumindest dafür schien sich das viele Lesen gelohnt zu haben.

Dönerverkäufer – Mit viel scharf!

Nach dem Master-Abschluss bewarb ich mich um ein Stipendium für meine Doktorarbeit. Ich wollte den Einfluss von Lobbyisten in Energiepolitik und Klimaschutz unter die Lupe nehmen. Zweimal wurde ich abgelehnt, beim dritten Mal klappte es. Nur 1 Prozent aller Arbeiterkinder erwirbt einen Doktorgrad, und ich darf mich dazuzählen. Zum Vergleich: 10 Prozent aller Akademikerkinder promovieren. Wer arme Eltern hat, ist nicht zehnmal dümmer. Er hat nur zehnmal schlechtere Chancen im Leben – und muss zehnmal härter arbeiten und zehnmal mehr Glück haben. Wer weiß, wo ich heute stünde, hätte auch beim dritten Anlauf die Jury meine Bewerbung in die Tonne gekloppt.

Kaum war die Doktorarbeit abgegeben, erhielt ich einen überraschenden Anruf: Google fragte, ob ich nicht die exklusive Internet Leadership Academy der Oxford University absolvieren wolle, man habe da einen Platz frei. *All expenses covered!* Drei

Monate später saß ich also in diesem obskuren Harry-Potter-Bauwerk in England, ließ mir bei einem Drei-Gänge-Dinner den Wein einschenken, und diskutierte mit 20 Wissenschaftlern und Abgeordneten aus halb Europa die Zukunft von Künstlicher Intelligenz und digitaler Transformation. Ausgerechnet ich? Was hatte ich dort zu suchen? Aber wenn Google der Meinung ist, man gehört dazu, dann ist es wohl so. Wenn jemand alles über mich weiß, dann die.

Das Ende meines Stipendiums bedeutete allerdings auch den Beginn meiner offiziellen Arbeitslosigkeit. Am Ausfüllen eines Arbeitslosengeld-II-Antrags – vulgo: »Hartz IV« – scheiterte ich intellektuell (jeder, der das schon versucht hat, weiß, wovon ich spreche). Ich bewarb mich um offene Stellen bei den großen Umweltorganisationen; schließlich war ich Klimaschutz-Aktivist, seit ich 15 war. Doch die luden mich nicht einmal zum Vorstellungsgespräch ein – obwohl ich an drei UN-Klimakonferenzen teilgenommen, ein preisgekröntes Buch zur Energiewende veröffentlicht, und sogar meine Doktorarbeit der deutschen Energiepolitik gewidmet hatte! Ich fühlte mich wie ein Hochstapler: Offenbar konnte ich so wenig, dass es nicht einmal zu einem Jobinterview reichte. Würde mich jemals jemand einstellen?

Über Umwege meldete sich der Chef des deutschen Digitalverbands bei mir: Er würde gern mit mir über eine Stelle als Lobbyist sprechen, für die er seit Monaten ohne Erfolg einen passenden Kandidaten suche. Gerade zurück aus Oxford, und mit meinem druckfrischen Buch mit einem dicken Kapitel über digitale Transformation in der Tasche, war das ein nahezu perfektes Match – und das zu einem wesentlich höheren Gehalt, als es Umweltorganisationen jemals bezahlen würden. Zu der Zeit war ich gerade 30 geworden. Fortan ging ich bei Konzernen genauso ein und aus wie bei Ministerien und Parteizentralen und beschäftigte mich mit Themen wie digitaler Nachhaltigkeit, der Regulierung sozialer Medien, der Transformation der Energieversorgung, selbstfahrenden Autos und Künstlicher Intelligenz. Ich arbeitete extrem viel, lernte schnell und hatte unglaublich viel Spaß dabei.

Eines Tages bekam ich eine E-Mail von Facebook, ob ich nicht Lust hätte, mit Mark Zuckerberg für zwei Stunden zu Mittag zu essen. Klar, warum nicht? Da saß ich nun mit dem Facebook-Chef und rund einem Dutzend Professorinnen und Professoren in der Facebook-Zentrale über den Dächern Berlins am Potsdamer Platz, futterte mein Drei-Gänge-Menü und stellte möglichst toughe Fragen. Im echten Leben sieht Mark übrigens wirklich so aus, wie man ihn von Fotos kennt: ziemlich blass. Vor jeder Antwort nimmt er sich eine Sekunde Zeit, geht in sich, überlegt. Ich muss gestehen, dass er sehr nahbar und einnehmend wirkt.

Kurze Zeit später schickte mir ein Freund ein Foto von der f8, der jährlichen Facebook-Entwicklerkonferenz im Silicon Valley: Dort steht Mark auf einer riesigen Bühne und präsentiert ein Foto, auf dem unser Mittagessen abgebildet ist! Wie bin ich bloß dahingekommen?

Lunch mit Mark Zuckerberg in der Berliner Facebook-Zentrale.
Quelle: Facebook.

Noch immer lebte ich mit dem Gefühl, irgendwann doch ertappt zu werden: Wann würde auffallen, dass ich in Wahrheit gar nichts kann? Doch noch war mir niemand auf die Schliche gekommen. Nach drei Jahren als Lobbyist im deutschen Digitalverband luden mich Google, Instagram, TikTok, Volkswagen und andere globale Konzerne zu Vorstellungsgesprächen für Spitzenpositionen ein. Um ein Haar wäre ich Redenschreiber des Bundespräsidenten geworden.

An einem Mittwochabend um 21 Uhr rief mich der Leiter des Cyber Innovation Hub der Bundeswehr an, der digitalen Eliteeinheit unserer Streitkräfte. Wir hatten uns einige Wochen zuvor während einer Podiumsdebatte bei McKinsey kennengelernt. Nach dem ersten Eindruck hielt ich ihn für einen seltsamen alten weißen Mann in Marineuniform, aber seine Geschichte als Seriengründer mehrerer Unternehmen im Bereich Künstlicher Intelligenz und seine lässige Art sorgten schnell für Sympathie. Seit langem suche er nach einem neuen Mitarbeiter in seinem Team, erzählte er am Telefon, und immer wieder höre er meinen Namen. »Wir sollten mal essen gehen.« Das taten wir. Bei Trüffelpasta und Wein sinnierten wir mehrere Stunden über digitale Innovation im Staat. Dann sagte ich zu und brach alle anderen Gespräche ab. Ich wollte meinem Land etwas zurückgeben, und das war meine Gelegenheit.

Fortan arbeitete ich in engem Schulterschluss mit Soldaten und zivilen Experten daran, die Bundeswehr agil zu machen. Ich lernte besondere Menschen kennen: den Kommandanten eines Minenjagdboots, der während der Corona-Pandemie mit seiner Mannschaft für sechs Monate zur See war – mit 40 Personen an Bord, in Sechsbett-Kabinen, ohne Handyempfang; die Offizierin, die erzählte, wie es sich anfühlt, ein Leichentuch für die eigene Beerdigung zu kaufen – weil sie nach Afghanistan ging und die Bundeswehr für Muslima keine militärische Seelsorge anbietet; den General, der das Kommando für die deutsche Mission in Afghanistan innehatte und der mir mahnend ein Video eines tödlichen Gefechts zeigte, das ich nie in meinem Leben vergessen werde; den Ex-Hacker, der sich aus der Armut einer türkischen Einwandererfamilie hochgearbeitet hatte, schließlich ein Cybersecurity-Start-up gründete und nun führend in Zivil für die Bundeswehr arbeitet. Und alle wussten, warum sie jeden Morgen aufstehen.

Immer noch bemerkte niemand, dass ich die überhöhten Erwartungen gar nicht würde erfüllen können; dass ich gar nicht würde liefern können, was man sich versprochen hatte. Aber wieder flog ich nicht auf. Vielleicht konnte ich doch mehr, als ich mir selbst zutraute?

Nach einem Jahr in der digitalen Elitetruppe der Streitkräfte bat mich ein Start-up-Gründer um ein Gespräch. Ich sei ihm als der ideale Kandidat empfohlen worden, erzählte er. Zunächst winkte ich ab, wie bei anderen Jobangeboten, die ich inzwischen regelmäßig bekam. Aber dann skizzierte er seine Vision: auf jedes Dach der Welt eine Solarenergie-Anlage zu bauen, den größten Energiekonzern der Welt zu schaffen, und die Klimakrise abzuwenden. Mit dem gesamten Führungsteam diskutierte ich stundenlang, wie man mit einem Start-up der globalen Energiewende zum Durchbruch verhelfen könne. So wurde ich Chief Evangelist, oberster »Chefprediger«, des inzwischen größten deutschen Solardächer-Start-ups Enpal, des »deutschen Tesla« (*Manager Magazin*). Es ist das erste Unternehmen in Deutschland, in das Leonardo DiCaprio mehrere Millionen investierte.

Noch heute wundere ich mich in mancher stillen Minute, wie ein blasser dünner Junge vom Dorf ins Epizentrum der deutschen Start-up-Welt stolpern konnte. Als ich damals mit 20 in meine Studenten-WG einzog, hatte ich keinen blassen Schimmer von der Welt da draußen. Ich konnte nicht einmal Nudeln kochen. Heute ist immer noch kein Bart Simpson aus mir geworden. Dennoch ist mein Leben ein völlig anderes. Ich bin nicht mehr so blass und ungepflegt. Ich trage Kleidung, die mir gefällt. Ich kann mir den Italiener ums Eck sorglos leisten – und habe Internet. Ich bin Spitzenverdiener, auf Konferenzen teile ich die Bühne mit Angela Merkel, esse mit Konzernchefs zu Mittag und werde im Fernsehen nach meiner Meinung gefragt.

Ich will damit gar nicht prahlen. So besonders bin ich nicht. Ehrlich gesagt, bin ich weder richtig berühmt, noch habe ich irgendeinen Weltrekord aufgestellt, noch bin ich Multimillionär – zumindest noch nicht. Ich tauge nicht zum Vorbild, und ich werde wohl in kein Geschichtsbuch eingehen. Es gibt etliche Menschen, die erfolgreicher sind als ich.

Für mich zählt der Kontrast, wie ich früher war, wie wenige Chancen ich hatte – und dass ich dennoch mein Leben selbst in die Hand nehmen konnte.

Damit bin ich nicht allein. Jeder kann zum Helden seines eigenen Lebens werden – zur besten Version von sich selbst. Was ich kann, das kannst du auch.

»I still have a little [bit of] impostor syndrome, it never goes away (…), that feeling that you shouldn't take me that seriously. What do I know? I share that with you because we all have doubts in our abilities, about our power and what that power is.«

Michelle Obama über das seltsame Gefühl, irgendwann als Hochstaplerin entlarvt zu werden[2]

Auf der Suche nach einem Ratgeber schrieb ich selbst einen

Mein Weg von unten nach oben klappte mit harter Arbeit, verlässlichen Freunden und einer riesigen Portion Glück. Warum muss das so beschwerlich sein? Geht das nicht einfacher? Kann man das nicht irgendwo nachlesen?

Ich machte mich auf die Suche nach einem Ratgeber für das Leben. Ich arbeitete mich durch einen ganzen Berg an Literatur zu Karriere und Selbstentwicklung, aber nichts stellte mich zufrieden. Die meisten Bücher behandelten nur ein Thema – nur produktives Arbeiten, nur Geldanlage oder nur Gesundheit –, aber ich wollte ja alles auf einmal. Einige Bücher waren komplett überladen, andere zu bruchstückhaft, wiederum andere hoffnungslos veraltet. Oft waren ein paar seichte Thesen mit Mühe und Not auf Buchlänge ausgedehnt. Manche Bücher über Zeitmanagement hätte man auf einer Seite zusammenfassen können. So raubten ausgerechnet Ratgeber einem die Zeit, die doch eigentlich zeigen wollten, wie man sich mehr Zeit verschafft.

Nichts aber fand ich so schlimm wie die Erzeugnisse der berühmtesten sogenannten Erfolgstrainer.

Einmal kam ich abends nach Hause und meine damalige Mitbewohnerin Laura schaute einen Film auf Netflix: *I am not your Guru*. Sie war begeistert von der »Dokumentation«, ich verdrehte schnell die Augen: Es handelte sich um einen Werbefilm über Starcoach Tony Robbins, den vermutlich bekanntesten Erfolgsguru der Welt. Für ein Massenseminar mit teilweise 9.000 Teilnehmern muss man zwischen 2.500 und 5.000 Dollar auf den Tisch blättern. Immerhin nur 400 Dollar kostete mich die covidbedingte Billigvariante, ein viertägiger Onlinekurs. Der Meister selbst war allerdings nur selten dabei. Den Rest erledigten Hilfsgurus, die weitere Seminare und unnütze Produkte vertickten. Eine große Show, aber inhaltlich dünn und einiges nachweislich falsch. Ich hatte mir mehr erwartet als eine Dauerwerbesendung mit Motivationssprüchen und Teleshopping.[3]

Tony Robbins mag life-changing sein für Leute, die am Anfang ihrer Selbstfindung stehen und einen charismatischen Guru brauchen, um endlich mal ein paar Gedanken in einem Tagebuch zu formulieren. Oder die über glühende Kohlen laufen wollen. Alle anderen können sich das Geld sparen.[4]

Die deutsche Reinkarnation von Tony Robbins heißt Jürgen Höller. Trotz hässlicher Anzüge ist er zu »Europas erfolgreichstem Motivationstrainer« (RTL) aufgestiegen. Als seine Vorbilder benennt er Jesus Christus, Muhammad Ali und Arnold Schwarzenegger, und man fragt sich, ob es nicht auch eine Nummer bescheidener ginge (Frauen sind nicht unter seinen Vorbildern). Bei seinen Massenseminaren ruft Jürgen Höller von der Bühne:

»Willst du wirklich erfolgreich sein?« Das Publikum jubelt: »Ja!« Darauf Höller: »Willst du dafür auch Geld ausgeben?« Und der Saal schreit: »Ja!« Prima, denn zum Glück gibt es ein »Sonderangebot« für die »Power Days« in Höhe von 1.497 Euro. »Wenn du nicht einmal bereit bist, diese 1.497 Euro zu investieren, warum soll das Universum dir helfen, ein besseres, ein erfolgreicheres Leben zu führen?« Der Saal klatscht und kreischt, und am Ende werfen die Leute einen Monatslohn zum Fenster raus und springen tanzend herum.

In seinem E-Book lüftet Höller die »geheimen« Erfolgsregeln, die angeblich bereits Leonardo da Vinci, Michelangelo, Isaac Newton, Johann Wolfgang von Goethe, Thomas Edison und Henry Ford kannten und anwandten (*no joke!*), wobei man sich fragt, wie alle diese Männer (Frauen kennen die geheimen Regeln offenbar nicht) über Jahrhunderte und über Kontinente hinweg das alles geheimhalten konnten, bis endlich Jürgen Höller uns erlöste und die Erfolgsgeheimnisse offenbarte. Das Layout des E-Books ist so miserabel, dass man damit nicht einmal ein Praktikum bei der Sparkasse Tirschenreuth bekommen würde. Wenn man sich nicht schon vorher fremdgeschämt hat, dann tut man es jetzt.[5]

Der Bestsellerautor Bodo Schäfer verspricht »in sieben Jahren die erste Million«, meint aber vermutlich sein Bankkonto. Wie dieser magische Finanzplan aussehen soll, wird natürlich nicht erklärt. Stattdessen empfiehlt er, immer einen 500-Euro-Schein im Portemonnaie mitzuführen, so zur Motivation.[6] OK Boomer.[7]

Wenn ich ein Buch über Leben und Karriere wollte, musste ich wohl selbst eines schreiben.

Also legte ich los. Alle Bücher, die ich finden konnte, kamen auf meinen Lesestapel, egal ob zu Karriere, Geld oder Glück, egal ob alte Klassiker oder neueste Bestseller. Ich durchforstete Datenbanken und recherchierte die wissenschaftliche Studienlage. Bei McKinsey in Wien, bei pwc am Potsdamer Platz, bei DHL im Post-Tower in Bonn und in anderen Unternehmen nahm ich an Trainings teil. Und ich sprach mit etlichen Menschen, die erfahrener, talentierter und schlauer sind als ich selbst.

In diesen Seiten stecken über 100 Bücher, minus Bullshit, plus stapelweise wissenschaftliche Studien. Ich habe noch niemals »Tschakka, du schaffst es!!!« von der Bühne geschrien und gedenke auch nicht, dies jemals zu tun. Ich bin kein Coach und kein Trainer, der davon lebt, zu coachen und zu trainieren. Ich startete bei null im Leben und musste vieles selbst auf die harte Tour mühsam lernen.

Dieses Buch ist ein Erfahrungsbericht für Leben und Karriere: über produktives Arbeiten, berufliches Netzwerken, Verhandlungsführung, Achtsamkeit, Geldanlage sowie Gesundheit und Ernährung. Alles, was ich gern vor zehn Jahren oder, noch besser, vor 15 Jahren gewusst hätte.

Dies ist kein Lehrbuch, denn ich bin kein Professor. Es ist auch keine Gebrauchsanweisung, denn dein Leben ist ja auch kein Ikea-Regal. Es ist ein Angebot, das du nutzen kannst, wie es für dich passt.

Nutze dieses Buch wie ein Büffet: Nimm dir, was du magst und so viel du willst. Lass liegen oder schau nur kurz an, was dir nicht gefällt. Wenn du etwas probierst und es ist nicht ganz dein Geschmack, dann lass es gerne übrig. Lies das Buch von vorn bis hinten, oder picke einzelne Kapitel raus, die dich interessieren – egal in welcher Reihenfolge. Alles kann, nichts muss.

Schauen:

- ARD, *Der Motivationstrainer*, in der ARD-Mediathek und auf YouTube – Dokumentarfilm über Jürgen Höller, der einen ganz besonderen Einblick in dessen Methoden (und Charakter) gibt.
- Steve Jobs, Stanford Commencement Address, auf YouTube – Für meine Generation ist der Apple-Gründer eine Legende. In dieser berühmten Ansprache an die Graduierten der prestigeträchtigen Stanford University, die er selbst besucht hatte, aber an der er nie einen Abschluss machte, gibt er der jungen Generation drei Erfahrungen aus seinem Leben mit.[8]

Lesen:

- Christian Busch: *The Serendipity Mindset. The Art and Science of Creating Good Luck*
- alle Bücher von Julia Friedrichs, vor allem *Ideale. Auf der Suche nach dem, was zählt*; *Gestatten: Elite* und *Working Class*

Hören:

- How to Hack, *#115: Natalyq Nepomnyashcha (Netzwerk Chancen) über sozialen Aufstieg*, Spotify
- Realitäter*innen, *Wie schwer ist sozialer Aufstieg in Deutschland?*, Spotify

Tun:

- The Life Canvas, thelifecanvas.org – Inspiriert vom Business Model Canvas, einem bekannten Managementinstrument zur Erstellung von Businessplänen, entwickelte die Karriereberaterin Songya Kesler von der Cambridge Judge Business School eine Denkschablone, die dir hilft, über dein Glück und deinen Plan im Leben nachzudenken.
- Leidest du unter dem Hochstapler-Syndrom? Einen Selbsttest findest du hier: http://impostortest.nickol.as/

SMART WORK BEATS HARD WORK WIE DU IN DER HÄLFTE DER ZEIT DOPPELT SO VIEL SCHAFFST

In diesem Kapitel erfährst du unter anderem,

▸ wie du richtig prokrastinierst;
▸ wie minimale Verbesserungen zu maximalen Ergebnissen führen;
▸ was du von US-Präsident Eisenhower über das Priorisieren von Aufgaben lernen kannst;
▸ wie du Meetings effizienter machst;
▸ was McKinsey-Legende Barbara Minto zu Problembären
  zu sagen hätte.

> Dieses Kapitel richtet sich vor allem an Menschen, die am Computer arbeiten. Das ist laut Bitkom Digital Office Index immerhin fast die Hälfte aller Beschäftigten in Deutschland.[9] Wer nicht oder wenig am Bildschirm arbeitet, kann aber auch von einigen der Erfahrungen profitieren.

Jahrelang war ich als Autor und Doktorand mein eigener Chef. Das hieß: keine Vorgesetzten, keine Kolleginnen oder Kollegen, kein Büro, kein tägliches 9-to-5. Jede Minute, die ich produktiver arbeitete, verschaffte mir Zeit für andere Dinge – also andere Arbeit, die mir mehr Spaß machte oder mehr Geld brachte, für mein ehrenamtliches Engagement oder eben für Freizeit. Langer Urlaub, yeah!

Schnell und intuitiv lernte ich, wie ich aus möglichst wenig Zeit möglichst viel herausholte. Meine Doktorarbeit war nach gut zwei Jahren fertig. Andere schreiben vier (und mehr) Jahre daran. Dem Ergebnis hat es nicht geschadet.

Produktivität heißt nicht, härter zu arbeiten, sondern smarter zu arbeiten. Anders formuliert: die richtigen Ziele möglichst gut erreichen, in kürzerer Zeit und mit weniger Anstrengung. Wer seine Zeit perfekt managt, aber sein Ziel nicht kennt, der tut lediglich das Falsche oder Unwichtige besser.

Mein Professor an der Uni Regensburg erzählte vom angeblich einstmals verbreiteten Brauch des »Fensterlns«: Nachts schlichen sich die Junggesellen heimlich zu ihren Geliebten, indem sie mit einer Leiter in das Schlafzimmer kletterten. Effizient, also ressourcenschonend, fensterlt jemand, der beim Klettern wenig Kraft aufwenden muss und schnell nach oben kommt. Effektiv, also wirksam, ist das Fensterln aber nur dann, wenn der Junggeselle auch das richtige Fenster erwischt und nicht versehentlich das Fenster der Schwiegermutter in spe. Wer lernt, beides zu kombinieren, fensterlt produktiv.

Zeitmanagement half mir enorm bei meinem ersten Angestelltenjob. Der deutsche Digitalverband, ein Zusammenschluss von Start-ups, Mittelständlern und Großkonzernen, übertrug mir die Aufgabe, den Bereich »Digitale Transformation« aufzubauen. Erstmals bestimmte ich nicht mehr selbst über Ort, Zeit und Gegenstände meines Arbeitens, sondern war eingebunden in ein Team, das an zwei Standorten, mit verschiedenen Abteilungen und komplexen, sich ständig ändernden Prozessen arbeitete. Dazu kam das Präsidium, bestehend aus gewählten Vertretern der Mitgliedsunternehmen, die zufrieden sein und alles Mögliche durchwinken mussten – plus die 700 Start-ups, Agenturen, Kanzleien, Verlage und Konzerne, die Mitgliedsbeiträge zahlten und eine Leistung für ihr Geld erwarteten. Überdies die vielen Kontakte in Politik, Wissenschaft und Zivilgesellschaft, die ich für uns begeistern sollte. Ich hatte einige Bälle zu jonglieren.

Anfangs versuchte ich, meine Kollegen zu kopieren, weil ich neu war und nichts falsch machen wollte. Bald fand ich heraus, wie ich trotz der Einbettung in die Verbandsprozesse mit meinen eigenen Methoden arbeiten und manche Prozesse neu denken konnte – nicht als Selbstzweck, sondern um meine Arbeit und die unseres Teams schneller und besser zu erledigen. Immer öfter wurden Projekte, die bislang nicht funktionierten, auf mich übertragen, weil man mir zutraute, die Dinge in den Griff zu bekommen. Meinem Chef verhandelte ich ab, dass ich die Projekte nur unter der Maßgabe übernehme, dass ich die Sache auf meine Art und Weise regeln durfte.

Was gute Arbeitgeber heute begreifen: Am Ende zählt nicht, wie lange du halbkonzentriert körperlich anwesend bist, nur um deine Stunden abzusitzen, sondern ob du qualitativ hochwertige Ergebnisse rechtzeitig lieferst. Du kannst nicht produktiv arbeiten, wenn dein Hirn matschig und dein Körper erschöpft ist. Smarte Arbeit schlägt harte Arbeit.

Die Torte der Wahrheit. Eigene Darstellung in Anlehnung an Miriam Junge.

Nicht mehr, sondern besser

Ein befreundeter Unternehmensberater arbeitet regelmäßig 60 bis 80 Stunden die Woche. Einmal forderte sein Vorgesetzter drei Tage vor Projektende, doppelt so viele PowerPoint-Slides zu erstellen wie ursprünglich geplant. »War der Kunde dann auch doppelt so zufrieden, weil ihr ihm doppelt so viele Folien geliefert habt?«, fragte ich. »Nein, dem Kunden war das egal. Wir versuchten auch, den Vorgesetzten davon zu überzeugen. Aber der wollte eben nicht anders.« Wer solche Chefs hat, braucht keine Feinde mehr.

Morten Hansen, Managementprofessor an der University of California in Berkeley, hat über 5.000 Beschäftigte fünf Jahre lang untersucht und konnte nachweisen: Wer durchschnittlich 30 bis 50 Stunden pro Woche arbeitet, kann seine Leistung durch mehr Arbeitsstunden zwar vorübergehend steigern. Wer aber ständig länger arbeitet, erbringt nicht mehr Leistung, sondern sogar *weniger*, obwohl er in Summe mehr arbeitet! »Wir sollten anders arbeiten statt mehr«, sagt Hansen: weniger Stunden, aber dafür mit Fokus und Leidenschaft, und mit weniger Störung und Ablenkung.[10]

Studien der Stanford University[11] zeigen: Wir sind zwar acht Stunden körperlich anwesend. Aber nur zweieinhalb Stunden sind wir wirklich konzentriert. Diese Zeit muss man möglichst optimal ausschöpfen, und den Rest mit Aufgaben ausfüllen, die weniger geistige Anstrengung erfordern.

»I choose a lazy person to do a hard job. Because a lazy person will find an easy way to do it.«

Bill Gates, Gründer von Microsoft

Dummerweise hat Arbeitszeit die seltsame Eigenschaft, dass sie nie zu viel ist, sondern dass man die Aufgaben immer gerade so schafft. Das ist das sogenannte Parkinsonsche Gesetz, benannt nach dem britischen Soziologen Cyril N. Parkinson: »Arbeit dehnt sich in genau dem Maß aus, wie Zeit für ihre Erledigung zur Verfügung steht« – und eben nicht so weit, wie sie tatsächlich an Zeit benötigt.[12]

Teresa Amabile, BWL-Professorin an der Harvard Business School, ließ in einem Experiment über 1.000 Probanden stupide Sätze abschreiben, räumte den Testpersonen dafür aber absichtlich zu viel Zeit ein. Anstatt die langweilige Aufgabe schnell über die Bühne zu bekommen, trödelten sie lieber vor sich hin. Bei einer Vergleichsgruppe, die weniger Zeit für die Aufgabe erhielt, waren die Testpersonen wie auf magische Weise schneller fertig.[13] Busyness ist eben kein Indikator für Produktivität.

Als Microsoft in Japan probeweise die Vier-Tage-Woche einführte, stieg die Produktivität schlagartig um 40 Prozent.[14] Ein erholter Mitarbeiter ist auf jeden Fall produktiver als ein Mitarbeiter mit Burn-out, denn der arbeitet gar nicht mehr. Ein Kollege von mir fiel einmal wegen Krankheit aus. Erst für drei Tage. Dann für vier Wochen. Dann für drei Monate. Dann für ein halbes Jahr. Dann nochmal für ein halbes Jahr. Diagnose: Burn-out. Eine Vertretung konnte man nicht anstellen, weil sich die lange Suche und Einarbeitung nicht gelohnt hätte – und man nicht wusste, wie lange der Kollege wirklich ausfallen würde. Seine Arbeit wurde gar nicht mehr gemacht. Auch für Arbeitgeber lohnt es sich, genau hinzuschauen, wenn die Mitarbeiter überlastet sind.

Wir alle brauchen ein Leben neben dem Job, selbst wenn er Sinn, Spaß und Erfüllung bringt. Jeder verdient ein Privatleben. *Don't forget to go home!*

Wie man echte Ziele setzt – und richtig prokrastiniert

Es gibt Dinge, die man tun, haben oder sein möchte, bevor man tot (oder einfach zu alt) dafür ist. Bei mir ist das: ein begnadeter Salsa-Tänzer sein; den Iran bereisen; das Nordlicht sehen; Spanisch sprechen; einen Podcast machen; richtig gut Volleyball spielen.

Es hilft, Pläne zu machen. Sonst verstreicht die Zeit, und man merkt plötzlich, dass man seine Vorsätze schon wieder nicht erfüllt hat. Schreib dir auf, was du in sechs Monaten, in zwölf Monaten, in zwei und in fünf Jahren getan haben, besitzen oder sein möchtest – ambitioniert, aber realistisch. Das ist deine Bucket List. Du kannst deine Ziele auch visualisieren, also dir beispielsweise an einer Tür oder am Kühlschrank aufhängen. Das erinnert dich täglich daran.

Leider gibt es keinen Schalter im Kopf, den man einfach umlegen könnte und schwupps, hört man auf zu rauchen oder ist hochmotiviert für den Spanischkurs um 8 Uhr früh. Bei manchen mag das manchmal klappen, doch die Regel sieht anders aus: Kaum will man sich an die eigentliche Aufgabe machen, ist alles andere plötzlich wichtiger – die berühmte Prokrastination.

lilly blaudszun ✔
@LillyBlaudszun

meine wohnung ist selten so sauber wie in der klausurenphase

Translate Tweet

Die Probleme der Prokrastination. Quelle: Twitter.

Diese »Aufschieberitis« ist an sich ein völlig natürlicher Mechanismus: Wir prokrastinieren, wenn wir uns überfordert fühlen. Das kann sogar dann der Fall sein, wenn die Aufgabe eigentlich nicht so fordernd ist, sondern liegt einfach daran, dass wir das Neue nicht gewohnt sind. Unser Hirn liebt Gewohnheit und Routinen, und leider auch die schlechten, die wir eigentlich gar nicht mögen. Wie, was und wann wir arbeiten, essen, trinken und so weiter, auf all das haben wir unser Gehirn gut programmiert, damit wir unseren Energiespeicher für andere Dinge nutzen können.

Das Schreiben eines Artikels kann einen Tag brauchen, eine Woche oder auch einen Monat. Wer für seine Doktorarbeit drei Jahre bewilligt bekommt, der wird nicht schon nach zwei Jahren abgeben. Es dauert immer so lange, wie man Zeit hat. Als die National Science Foundation der USA die Abgabefristen für Forschungsanträge lockerte, nahm die Zahl der Einreichungen um 59 Prozent ab – obwohl man eigentlich das Gegenteil erreichen wollte.[15] Das ist typisch menschlich: Wer sich vornimmt, »mal zu schauen, wie weit ich komme«, wird nicht fertig. Das Problem: Je länger man aufschiebt, desto mehr muss man später auf einen Schlag nachholen – und das unter Zeitdruck. Das geht selten gut.

BEISPIEL

Eine Freundin prokrastinierte bei ihrer Masterarbeit so lange, dass sie am Tag der Abgabe noch nicht fertig war. Sie schrie ihren Laptop an und konnte nicht mehr. Ich übernahm und rettete, was möglich war, inklusive Ausdruck und persönlicher Abgabe im Prüfungsamt, weil für die Post die Zeit fehlte. Das Ergebnis war deutlich schlechter, als es hätte sein können. Die Note ebenfalls.

Wer das vermeiden will, sollte lieber früh anfangen und sich einen klaren Plan machen. Dafür brauchst du nicht nur das Ziel (»Was will ich erreichen, wohin will ich kommen?«), sondern vor allem ein System (»Wie komme ich dorthin?«).

Dieses System darf dir möglichst wenig Willenskraft und Disziplin abverlangen. Daraus folgen zwei Prinzipien:

- ▶ Mach es dir so einfach wie möglich, deinen Plan
  umzusetzen.
- ▶ Mach es dir so schwer wie möglich, deinen Plan zu
  brechen.

Auf dieser Basis baut man sich ein System aus Anreizen: Wie ein
Esel mit einer Karotte vor der Nase und der Peitsche am Hintern
bringt man sich selbst dazu, seinen Plan wirklich zu befolgen, ohne
viel darüber nachdenken zu müssen. Wer sich besser ernähren
möchte, kauft keine ungesunden Lebensmittel mehr – wenn die
Chips nicht im Schrank lagern, kommt man gar nicht erst in Ver-
suchung, beim Netflixen abends die Packung leer zu futtern. Wer
mehr Sport treiben will, schließt sich mit Freunden zu einem Team
zusammen und schafft sich hierdurch mehr Verbindlichkeit. Vielleicht mietet man sich sogar zusammen einen Sportplatz und engagiert einen Trainer und muss dann die vereinbarten Termine
auch tatsächlich einhalten. Wer mehr lesen will, legt sich ein Buch
neben das Bett; wer weniger rauchen will, verbannt alle Aschen-
becher und Feuerzeuge; wer mehr Muskeln will, hängt sich eine
Klimmzugstange in die Schlafzimmertür.

BEISPIEL

Google hat in seinen Büros die kostenlosen Süßigkeiten in
Schubladen und Boxen vor den hungrigen Augen der Mitarbeiter »versteckt« – und allein dadurch den Konsum der
Süßigkeiten reduziert, im Vergleich zu vorher, wo sie offen in
Körben herumlagen. Einzig der Handgriff, einen Deckel öffnen
zu müssen, um an die Schokolade zu gelangen, verändert das
menschliche Verhalten.

BEISPIEL

> Da ich mehr Yoga machen will, lege ich die Yogamatte immer bereit und bitte meine Freundin, mit mir zusammen jeden Sonntag eine Session zu machen. Das erhöht die Anreize, durchzuhalten.

Der Plan muss das Ziel systematisch formulieren. »Ich will mehr Sport machen« ist ein zu schwammiger Vorsatz, den man im realen Leben schleifen lässt. Du musst genau festlegen, was du bis wann exakt messbar bis wann erreichen wirst: »Ich spiele einmal pro Woche Volleyball über die Sommersaison.« Das macht dein Ziel smart: spezifisch, messbar, aktivierend, realistisch und terminiert. Nur so ist dein Ziel eindeutig, du kannst deinen Fortschritt tracken und machst dir klar, was du erreichen willst – und weißt auch erst dann, ob du noch auf der Zielgeraden bist.

Ziele müssen SMART sein

S	Specific	Spezifisch	eindeutig definiert, nicht vage
M	Measurable	Messbar	messbar anhand von Kriterien
A	Activating	Aktivierend	wünschens- und erstrebenswert
R	Reasonable	Realistisch	machbar, nicht utopisch
T	Time-bound	Terminiert	mit fixem Enddatum versehen

Eigene Darstellung in Anlehnung an Peter Drucker.[16]

BEISPIEL

> Ich habe mir zum Ziel gesetzt, mehr Yoga zu machen. In die
> SMART-Formel übersetzt habe ich das wie folgt:

▸ **spezifisch:** Ich möchte mit gestreckten Beinen mit den
Fingern meine Zehen berühren können, ohne dass es
schmerzt.

▸ **messbar:** Ich mache mindestens einmal pro Woche für
mindestens eine Stunde Yoga.

▸ **aktivierend:** Ich freue mich darauf, dass ich damit weniger
verspannt und besser erholt bin. Yoga tut außerdem
Rücken, Schultern und Nacken gut. Und meine Freundin
macht mit!

▸ **realistisch:** Eine Stunde am Wochenende bekomme
ich auf jeden Fall hin.

▸ **terminiert:** Ich möchte das Ziel innerhalb eines Jahres
erreicht haben.

Ziele müssen zeitlich geplant werden, sonst wird man sie immer
vor sich herschieben. Dieser Zeitplan muss fixe Deadlines für
erste Zwischenschritte setzen, lange bevor es brenzlig wird. Läuft
die Frist erst nächstes Jahr ab, lässt man sich bis dahin eben viel
Zeit. »Die Energie, die man in ein Projekt investiert, steigt proportional zur abnehmenden verbleibenden Zeit«, lautet Edwards
Gesetz von Zeit und Aufwand, benannt nach dem legendären Ingenieur Edward A. Murphy: Je näher die Deadline rückt, desto
mehr strengen wir uns an.

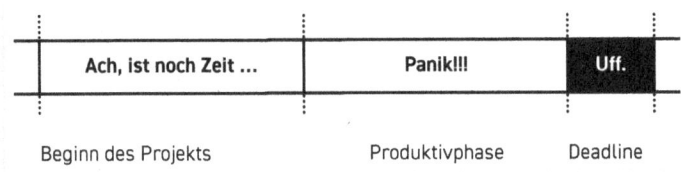

Plan statt Panik. Eigene Darstellung in Anlehnung an Tim Reichel.

Du kannst in deinem Kalender feste Blocker eintragen, in denen du vermerkst, welche Aufgabe du konkret wann und wo erledigen willst (»Timeboxing«). Ist der Termin erst einmal fest notiert, wirst du eher durchhalten. Erzähle möglichst vielen Freunden davon; das erhöht die Verbindlichkeit.[17]

BEISPIEL

Jeden Dienstag 19 Uhr spiele ich Volleyball in Beachmitte, trage das im Kalender ein und poste jeden Dienstag auf Instagram ein Foto vom Beachvolleyballspielen: »Tuesday is Beach Day.« Dadurch wissen meine Freunde: An dem Tag habe ich keine Zeit. So schaffe ich es zum Volleyball, egal bei welchem Wetter und egal wie schlapp ich mich fühle – auch ohne eiserne Disziplin.

Baue bei der Zeitplanung einen Puffer ein. Wenn du die Weihnachtsgeschenke am 24. Dezember haben musst, plane die Einkaufstour lieber für den 24. November. Wenn du im nächsten April am Halbmarathon teilnehmen möchtest, dann mach dir einen Trainingsplan, mit dem du bereits im Februar die Generalprobe bestehst. Denn wir tendieren dazu, zu unterschätzen, wie lange wir für die Erledigung einer Aufgabe brauchen, und kalkulieren mit einem Best-Case-Szenario statt mit dem realen Leben mit all seinen unvorhergesehenen Zwischenfällen. Der Wirtschaftsnobelpreisträger Daniel Kahneman hat an Beispielen wie dem Ausfüllen von Steuerformularen oder dem Aufbau von Möbeln nachgewiesen, wie heftig wir mit unseren Schätzungen über den Zeitaufwand danebenliegen.[18] Daher sollte man immer reichlich Puffer einkalkulieren – und wenn man doch schneller fertig ist, feiert man den Bonus der geschenkten Zeit.

Hast du die Aufgabe bereits vor der Deadline erledigt, kannst du dir immer noch Zeit lassen, tatsächlich abzugeben – sonst läufst du Gefahr, unangenehm herauszustechen, da alle anderen ja viel später abgeben (»Schon fertig? Da kann was nicht stimmen!«), oder deine Chefin drückt dir noch mehr Arbeitspakete auf. Liefere also lieber pünktlich als überpünktlich ab, und nutze die gewonnene Zeit, um dich anderen Dingen zu widmen – oder einfach nach Hause zu gehen.

Die 1-Prozent-Regel: Warum es darauf ankommt, klein anzufangen

Die 1-Prozent-Regel sagt: Lieber mit minimalen Veränderungen anfangen, als sich große Ziele zu setzen und dann die Motivation zu verlieren. Kleine Schritte machen dich zwar nicht von heute auf morgen klüger, talentierter oder sportlicher. Du merkst die Verbesserung vermutlich gar nicht. Aber wenn du jeden Tag 1 Prozent besser wirst, bist du nach einem Jahr 37-mal so gut wie vorher. Minimale Veränderungen addieren sich auf und erzielen in ihrer Summe maximale Wirkung.

Große Ziele portioniert man in kleine Unteraufgaben: Zehn Minuten Vokabeltraining am Tag ist besser als zwei Stunden die Woche. Der Zeitraum ist insgesamt zwar etwas kürzer, dafür ist das Lernen aber regelmäßiger – und wird bald zur Gewohnheit. Man fängt bewusst sehr klein an, übt diese Kleinigkeit so oft wie möglich und baut darauf auf.

Am effektivsten wird eine neue Gewohnheit, wenn sie Teil deiner Identität wird. Du machst nicht nur Yoga, sondern du bist Yogi. Du läufst nicht nur zwei Mal pro Woche, sondern du bist Läufer. Du arbeitest nicht einfach nur gut, sondern du bist Leistungsträger. Lass Gewohnheiten zum Teil von dir werden. Dann brauchst du nicht mehr darüber nachdenken, sondern folgst der neuen Routine unbewusst wie von selbst.

BEISPIEL

Der berühmte US-Comedian Jerry Seinfeld schaffte es zu seiner Karriere, weil er jeden Tag einen Witz erfand: »Ich schreibe jeden Tag einen Witz. Wenn es gut läuft, auch zwei oder drei. Selbst dann, wenn ich nicht in Stimmung bin oder kaum Zeit habe. Irgendwann ist ein guter Witz dabei und mit der Zeit wird man immer besser.«

BEISPIEL

Ich bin inzwischen ein ziemlich guter Koch, aber das kam nicht über Nacht. Zunächst begann ich, zwei Rezepte immer wieder zu kochen, und folgte dabei genau dem Rezept. Dann machte ich eine Vorspeise dazu. Dann lernte ich die zweite Vorspeise. Dann das dritte Hauptgericht, die dritte Vorspeise und so weiter. Mit mehr Übung machte es plötzlich Spaß und ging aus dem Gedächtnis, ohne groß nachzudenken. Was mir sehr half: Die App Kitchen Stories erklärt jeden einzelnen Schritt per Video – sogar, wie man Brokkoli schneidet und Knoblauch hackt.

BEISPIEL

Ich wollte kein Fleisch mehr essen, aber mein Blick wanderte auf der Karte immer automatisch zu Hühnchen. Wenn mich jemand fragte, ob ich Vegetarier bin, sagte ich: »Ich bin Halbzeitvegetarier, also manchmal esse ich noch Hühnchen.« Seit dem Tag aber, an dem ich antwortete: »Ja, ich bin Vegetarier«, wandert mein Blick auf der Karte sofort auf die fleischlose Sektion, und keiner meiner Freunde bot mir je wieder Fleischgerichte an. Vegetarisch zu leben, ist zum Teil meiner Identität geworden. Ich brauche darüber gar nicht mehr nachzudenken: Ich mache es ganz automatisch.

Und warum nicht neue Gewohnheiten einfach mal für einen Monat ausprobieren? Einen Monat ohne Alkohol oder einen Sprachkurs einmal pro Woche schafft man auf jeden Fall, ohne sein Leben komplett umkrempeln zu müssen. Das nimmt den Druck und macht es leichter, durchzuhalten. Ein Monat ist zugleich lang genug, dass man sich an das neue Ritual gewöhnt und die alten Gewohnheiten weniger vermisst. Anlässe helfen: Viele erklären den Januar zum »dry january« (kein Alkohol) oder zum »veganuary« (keine tierischen Nahrungsmittel), machen den Februar zum »fituary« (Sportprogramm) oder nutzen die 40-tägige Fastenzeit vor Ostern als Gelegenheit, sich neue Dinge vorzunehmen.

Wenn du das Lernen vor dir herschiebst, setze dir einen Timer auf zehn Minuten und zwinge dich, wenigstens für diese zehn Minuten zu lernen. Aber fang an! Du wirst feststellen: Wenn du erst einmal angefangen hast, wirst du weitermachen. Und selbst wenn nicht: Dann sind zehn Minuten deutlich besser als gar nichts. Was zählt, ist, loszulegen – nicht, perfekt zu sein.

Priorisiere deine Aufgaben

»Ich habe zwei Arten von Problemen, die dringenden und die wichtigen. Die dringenden sind nicht wichtig, und die wichtigen sind nie dringend.« Dwight D. Eisenhower, Befehlshaber der US-Streitkräfte im Zweiten Weltkrieg und späterer Präsident der Vereinigten Staaten, wird ein besonderes Gespür nachgesagt, wichtige Probleme von unwichtigen unterscheiden zu können.

Zu seinem Erbe gehört die nach ihm benannte Eisenhower-Matrix.[19] Obwohl er selbst diese Methode nie gelehrt hat, gilt sie als Klassiker der Consultingliteratur. Das Ziel ist, die wichtigsten Aufgaben zu priorisieren und unwichtige Dinge zu delegieren oder auszusortieren. Was tut man jetzt? Was tut man später? Und was tut man gar nicht? Wer es beherrscht, die Prioritäten richtig zu setzen, kann seinen Arbeitstag besser meistern. Und das Eisenhower-Prinzip ist ein hilfreiches Werkzeug dazu.

Mit Eisenhower teilst du Aufgaben in vier Kategorien ein, je nachdem, wie wichtig und wie dringend sie sind. Das ergibt das folgende Schema:

1. dringende und wichtige Aufgaben: selbst und sofort erledigen. Aufgaben, die direkt Einfluss auf deine Ziele haben, und die zeitnah erledigt werden müssen

2. wichtige, aber nicht dringende Aufgaben: selbst erledigen, aber für später einplanen. Aufgaben, die zwar auf deine Ziele einzahlen, aber derzeit warten können

3. dringende, aber nicht wichtige Aufgaben: delegieren oder eliminieren. Aufgaben, die zwar nicht direkt auf deine Ziele einzahlen, aber dennoch zeitnah erledigt werden müssen, weil sonst negative Konsequenzen drohen

4. nicht wichtige und nicht dringende Aufgaben: nicht erledigen und eliminieren (»Forget!«). Aufgaben, die deine Aufmerksamkeit und Zeit kosten, aber nichts für dein Leben oder deine Arbeit bringen

	dringend	nicht dringend
wichtig	I Feuerlöschen! Selbst und sofort erledigen (z. B. Krisen, Notfälle, wichtige Kontakte, finanzielle Risiken, nahende Deadlines)	II Planen! Selbst erledigen, für später einplanen (z. B. Vorbereitung, Strategien, Kontakte pflegen, Sport treiben, Freundschaften)
nicht wichtig	III Vermeiden! Delegieren oder eliminieren (z. B. viele E-Mails, Besprechungen, Calls, Events – alles, was ablenkt)	IV Forget! Nicht erledigen und eliminieren (z. B. Push-Nachrichten auf Smartphone, stundenlanges Scrollen auf Social Media – alles, was Zeitverschwendung ist)

Eisenhower-Matrix. Eigene Darstellung.

Stell dir vor, du arbeitest im Homeoffice und sortierst morgens deine To-do-Liste. Wie würdest du diese Tätigkeiten in die vier Quadranten einordnen?

1. Dein Handy teilt dir mit: Deine Aktien sind letzte Woche um 3,2 Prozent gefallen.
2. Dein Handy teilt dir mit: Deine Aktien sind letzte Woche um 0,9 Prozent gestiegen.
3. Informeller virtueller Lunch mit den Kollegen.
4. Tägliches Statusmeeting mit der Abteilung X.
5. Angebot für ein Projekt einreichen mit Deadline in zwei Tagen.
6. Keynote-Speaker für die Jahreskonferenz deines Unternehmens finden.
7. Yoga machen.
8. Auf Instagram deine aktuelle Gemütslage dokumentieren.
9. Eine Fortbildung in Zehn-Finger-Tippen absolvieren.
10. An der Tagung zu Thema XY teilnehmen, die du interessant findest.
11. Eilige Anfrage eines Geschäftspartners beantworten.
12. Spülmaschine ausräumen.

Mein Vorschlag: 1D, 2D, 3B, 4C, 5A, 6B, 7B, 8C, 9B, 10C, 11A, 12C (A–D stehen hier für die Felder I–IV). Je nach Kontext kann das indes auch anders aussehen.

Es geht nicht darum, jeden Morgen stoisch eine Tabelle auszufüllen. Du brauchst nicht alles in das Eisenhower-Schema einzuzwängen. Im dümmsten Fall verbringst du sonst den halben Tag damit, deine Aufgaben in die vier Felder zu sortieren, anstatt sie einfach direkt zu erledigen.

Nutze die Eisenhower-Matrix lieber als Denkhilfe, um dir immer wieder vor Augen zu führen, wofür du deine Zeit verwendest. Anfangs kannst du dir etwas Zeit nehmen, um »zur Übung« deine Aufgaben einzuteilen. Nach kurzer Zeit bekommst du ein Gefühl dafür und wirst deine Prioritäten intuitiv gewichten.

Starinvestor Warren Buffett arbeitet mit einer ähnlichen Methode, der 2-Listen-Technik: Auf die erste Liste schreibt er alle Ziele, die er in absehbarer Zeit erreichen will. Auf die zweite Liste schreibt er nur die fünf wichtigsten Ziele aus der ersten Liste – und arbeitet diese der Reihe nach ab. Alle anderen Ziele fallen weg, solange nicht diese fünf wichtigsten Ziele erreicht sind.

Noch einfacher ist die sogenannte One-Thing-Methode: »Welches ist die eine Sache, die ich tun kann, sodass alles andere einfacher oder sogar überflüssig wird?« Der Fokus auf genau eine Sache zwingt dich dazu, dir klarzumachen, was die Nummer-1-Aufgabe ist – und damit fängst du an.[20] Alles andere bleibt erstmal außen vor.

Der japanische Management-Guru Taiichi Ohno, Erfinder des Toyota-Produktionssystems, geht etwas anders an die Sache heran. Er meint: Um auszuwählen, welche Aufgaben wirklich wichtig sind, muss man sich fragen, was man mit bestimmten Tätigkeiten überhaupt erreichen will. Dazu hat er die fünf Warum-Fragen entwickelt, um die Natur eines Problems zu verstehen und die passende Lösung zu finden.[21]

Ein Beispiel: Du verbringst sehr viel Zeit beim Einkaufen und fühlst dich damit immer gestresst.

1. Warum? Weil der Kühlschrank schnell leer ist.
2. Warum? Weil ich zwar oft einkaufe, aber die Sachen schnell verbraucht sind.
3. Warum? Weil ich immer nur auf dem Weg zwischen Arbeit und Wohnung einkaufe und dann nur eine Tasche voll tragen kann.
4. Warum? Weil mir immer etwas Bestimmtes fehlt und es sich praktisch anfühlt, es unterwegs zu besorgen.
5. Warum? Weil ich kein System habe, wann ich was und wie viel einkaufe, daher immer nur kleine Mengen unterwegs einkaufe und dabei oft etwas vergesse.

Die richtige Lösung wäre dann: Statt alle paar Tage auf dem Nachhausweg von der Arbeit eine Tasche voll einzukaufen, schaffe dir ein System, mit dem du Vorratshaltung bei haltbaren Produkten betreibst und diese dann in größeren Mengen auf Vorrat kaufen kannst. Lass dir diese haltbaren sowie andere Produkte, die viel Platz beim Transport wegnehmen, liefern oder besorge sie in einem Großeinkauf. Dann brauchst du nur noch die wenigen täglichen, verderblichen Verbrauchsgüter wiederkehrend selbst besorgen, was die Zahl deiner Supermarktbesuche stark verringert. Damit sparst du viel Zeit, hast weniger Stress und immer einen vollen Kühlschrank.

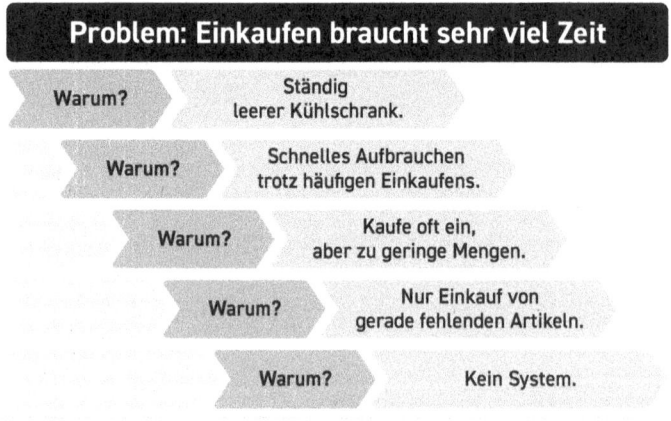

Die fünf Warum-Fragen. Eigene Darstellung.

Der Unternehmer und Schriftsteller Derek Sivers folgt dem Grundsatz »Ganz oder gar nicht«: »Wenn du zu etwas nicht ›Auf jeden Fall!‹ sagen kannst, dann entscheide dich dagegen und sage ›Nein!‹«. Wenn du ein hilfsbereiter und anpackender Mensch voller Tatendrang bist, dann hilft dir diese Regel, nicht in den vielen kleinen Gefallen für Arbeitskollegen und Freunde oder in der Flut neuer cooler Projekte unterzugehen. Wenn du nur Projekte angehst, zu denen du begeistert »*Hell yeah*!« sagen kannst, trennst du die Spreu vom Weizen.

Mach dir eine Not-to-do-Liste: Wir haben Gewohnheiten, die uns im Alltag beschäftigt halten, ohne zum Ergebnis beizutragen: tausendmal Instagram checken, Multitasking betreiben und so weiter. Mach dir eine Not-to-do-Liste mit drei Gewohnheiten, die du nicht mehr beibehalten willst, und klebe sie dir als Post-it an deinen Laptop oder einen anderen gut sichtbaren Platz.

Egal, wie du deine Prioritäten setzt: Du musst bewusst »Nein« zu bestimmten Aufgaben sagen. Das bedeutet leider, auch »Nein« zu einem Menschen sagen zu müssen: zu Freunden, Kollegen, mitunter der Chefin. Das tut man nicht gern, und im Beruf ist es nicht immer möglich. Trotzdem sollte man sich überwinden, auch bei der Chefin einmal nachzuhorchen, ob sie die Aufgabe nicht passender an jemand anders delegieren kann, oder bei Freunden ehrlich zu sagen, dass du in dem Moment leider keine Zeit hast. Das geht auch höflich, indem man beispielsweise antwortet: »Das würde ich wahnsinnig gerne machen, nur ich bin momentan gerade wirklich sehr mit Aufgaben beschäftigt. Lass mich mal in den Kalender schauen, wann wieder etwas mehr Kapazität da ist.« – Dann verlaufen sowieso viele Anfragen im Sande, und wenn sich derjenige nicht mehr meldet, war es wohl auch gar nicht so dringend oder wichtig. Spiegelbildlich heißt das »Nein« zu den falschen Aufgaben aber auch: »Ja« zu den richtigen Aufgaben – und zwar ein überzeugtes »Ja!«, weil man sich sicher ist, dass genau diese Aufgabe passt.

Was ich auf jeden Fall empfehlen möchte, ist eine digitale To-do-Liste. Ich selbst nutze *Microsoft To Do* und habe dort drei Listen: »jetzt«, »irgendwann« und »griffbereit« (als Archiv an Informationen, die ich regelmäßig benötige, ohne sie auswendig zu können). Das reicht mir. Je nach Geschmack gibt es hervorragende andere Apps wie *Todoist* oder das sehr aufs Wesentliche reduzierte *Google Tasks*.[22]

> »People are effective because they say ›no‹, because they say, ›this isn't for me‹.«
>
> *Peter Drucker, Begründer der modernen Managementlehre*[23]

»I found that when I cut my office hours dramatically once I had kids, I was not just working less, but I was more productive. Having children forced me to treat every minute of time as precious – did I really need that meeting? Was that trip essential? And not only did I get more productive, but everyone around me did too as I cut out meetings that weren't essential for them also.«

Sheryl Sandberg, als Chief Operations Officer (COO)
die Nummer 2 bei Facebook[24]

Die Dos and Don'ts des Delegierens

Bei der Bundeswehr lernte ich den Unterschied zwischen Befehlstaktik und Auftragstaktik. Die Befehlstaktik kannte ich aus US-Kriegsfilmen. Da liegen Soldaten im Gefecht und nehmen per Funk die Befehle entgegen: »Rücken Sie bis zum Punkt X vor. Beziehen Sie dort Stellung. Warten Sie auf weitere Befehle.« Auftragstaktik klingt dagegen so: »Nehmen Sie den Hügel ein.« Wie die Einheit das macht, ist ihr im Wesentlichen selbst überlassen.

In der zivilen Wirtschaft kennt man diese Logik als Delegieren von Tätigkeiten oder Verantwortung. Tätigkeiten zu delegieren, klingt wie folgt: »Tu dies, tu jenes, und wenn du fertig bist, sag mir Bescheid.« Wenn du beispielsweise jemanden zum Einkaufen schickst und genau aufschreibst, welche Lebensmittel er in welcher Menge in welchem Markt zu besorgen hat. Verantwortung zu delegieren, heißt dagegen: »Erreiche folgendes Ziel, und sag mir Bescheid, welche Ressourcen und Freiräume du dafür benötigst.« Du schickst jemanden zum Einkaufen und beauftragst ihn, alles zum Kochen für das Geburtstagsdinner zu besorgen. Was, wie viel und wo er einkauft, ist ihm überlassen. Dafür gibst du ihm noch die nötigen Ressourcen: einen robusten Einkaufskorb und 100 Euro Budget.

Delegieren ist nichts, was nur Führungskräfte machen. Auch wenn der Begriff oft den Eindruck erweckt, ist Delegieren kein bloßer Top-down-Prozess. Auch auf unteren Hierarchieebenen, in Arbeitsgruppen an der Uni und im Privatleben sollte man delegieren lernen, weil auch dort nicht jeder für alles auf einmal zuständig sein kann. Selbst ein Praktikant kann (und muss!) daher delegieren, wenn es um Aufgaben geht, die er selbst nicht erledigen kann oder für die er (oft aus guten Gründen) nicht zuständig ist. Man muss nur wissen, wie man das so macht, dass es möglichst reibungslos funktioniert.

BEISPIEL

Eine Freundin wurde zur Gruppenleiterin in einer Behörde befördert – die nächste Stufe auf der Karriereleiter schon mit Ende 20! Doch seitdem beklagt sie sich: Den ganzen Tag sei sie nur damit beschäftigt, Aufgaben an ihre Mitarbeiter zu verteilen. Am Abend komme sie richtig platt nach Hause, habe aber das Gefühl, überhaupt nichts geschafft zu haben. Dabei sollte doch das Gegenteil der Fall sein. Man delegiert ja, um sich selbst mehr Zeit für die eigenen Aufgaben zu verschaffen. Was war schiefgelaufen? Sie delegierte Tätigkeiten, obwohl sie Verantwortung delegieren müsste.

BEISPIEL

Als ich einen neuen Job antrat, sagte die Führungskraft mir im ersten Gespräch: »Es ist völlig egal, ob du hier im Büro sitzt oder an irgendeinem Rooftop-Pool. Am Ende zählt, dass deine Ergebnisse stimmen. Wann, wo und wie du das machst, ist egal, solange alle zufrieden sind. Und kann gut sein, dass der Termin am Pool auch für uns als Firma wichtiger ist, als dass du deine Zeit im Büro absitzt.« Das ist ein Beispiel für Verantwortungsdelegation in Reinform.

Wenn man diesen Unterschied einmal verstanden hat, fallen einem die anderen Dos and Don'ts des Delegierens leichter:

1. **Tue nichts, was nicht auch andere erledigen können.** Wer Aufgaben erledigt, für die eigentlich andere da sind, ist die falsche Besetzung für die Stelle. Daher lass andere ihren Job machen, für den sie da sind. (Damit meine ich nicht, niemals die Kaffeeküche aufzuräumen, nur weil es dafür eine Teamassistenz oder Putzkraft gibt. Teamarbeit und Höflichkeit sind nicht delegierbar! »Shitsharing« gehört zum Teamgeist.)

BEISPIEL

Eine befreundete Führungskraft korrigiert alle fertigen Vorlagen auf gendergerechte Sprache. Das ist eine Tätigkeit, für die ihre Arbeitszeit zu knapp und teuer ist, und die sie getrost abgeben kann – an ein Lektorat oder eine studentische Hilfskraft.

2. **Gib auch interessante Aufgaben ab.** Sinn des Delegierens ist nicht, alle spannenden Sachen für sich zu reklamieren und die nervigen Routinearbeiten loszuwerden. Die Verteilung der Aufgaben richtet sich nach Kompetenz, nicht nach dem Grad der Nervigkeit. Daher delegiere auch spannende Aufgaben. Der Nebeneffekt: Deine Kollegen werden motivierter, weil sie auch mal interessante Arbeiten erledigen können und dein Vertrauen wertschätzen.

3. **Lerne loszulassen.** Vertraue den anderen, dass sie es richtig machen. Alle Details vorzugeben oder zu kontrollieren, macht weder Spaß noch ist es sinnvoll. Erst wenn du loslässt, gewinnen andere Vertrauen in ihre Freiheit – und damit in ihre Kreativität und Leistungsfähigkeit.

4. **Hab Geduld.** Vielleicht läuft am Anfang nicht alles glatt: Du gibst zum Beispiel ein Layout an die Grafikerin ab

und zurück kommt nur Mumpitz. »Nichts kann man ab-geben, ich mach doch alles wieder selber!« wäre die falsche Reaktion. Möglicherweise hat die Grafikerin bisher immer exakte Anweisungen erhalten, die sie eins zu eins um-setzte, während du ihr nur im Sinne der Verantwortungs-delegation sagtest: »Mach bitte mal!« Gerade am Anfang der Zusammenarbeit braucht es oft ein gutes Briefing und das Zulassen einer Lernphase.

5. **Überleg genau, was du an wen delegieren willst.** Man kann Aufgaben nicht kreuz und quer verteilen, Hauptsache abgehakt. Überlege, wer sinnvollerweise der beste Ansprech-partner ist und welche Aufgabe du genau delegieren willst.

6. **Befähige andere.** Die Kollegen müssen die notwendigen Ressourcen und den erforderlichen Entscheidungsspiel-raum besitzen, um Aufgaben übernehmen zu können – und wenn sie das nicht haben, dann bist du dafür verantwort-lich, dass sie das bekommen. Wenn jemand eine Aufgabe ablehnt oder nur widerwillig annimmt, dann hast du ent-weder die falsche Person für deine Aufgabe ausgewählt oder ihr fehlen die Kapazitäten. Dann musst du dafür sorgen, dass sich systemisch so viel bewegt, dass sie wieder den nö-tigen Freiraum hat.

Gutes Delegieren ist nicht einfach und schnell abgehakt, sondern muss systematisch erfolgen. Es ist auch eine Frage der Arbeits-kultur, die sich nicht über Nacht verändern lässt: Wenn alle über Jahre hinweg »gelernt« haben, dass sie wie Rädchen in einem Ge-triebe funktionieren sollen, um nur top-down exakt die Mikro-tätigkeiten umzusetzen, mit denen sie beauftragt wurden, dann fällt das Wahrnehmen von Verantwortung schwer. Gerade dann braucht man Geduld und muss sanft, aber beharrlich den Kultur-wandel anstoßen.

Better done than perfect:
Das 80/20-Prinzip

Vilfredo Pareto, der große italienische Ökonom des frühen 20. Jahrhunderts, entdeckte: 80 Prozent des Wohlstands des Landes befanden sich in den Händen von nur 20 Prozent der Bevölkerung. Diese Pareto-Verteilung erscheint auch in anderen Gebieten wie eine statistische Gesetzmäßigkeit – nicht absolut präzise, aber als Faustregel:

▸ 20 Prozent der Kunden machen 80 Prozent des Umsatzes eines Produkts aus (denn die wenigen »heavy consumer« kaufen besonders viel).
▸ Mit 20 Prozent unserer Freunde verbringen wir 80 Prozent unserer Zeit.
▸ Mit 20 Prozent der Vokabeln lassen sich 80 Prozent der Unterhaltungen in einer Sprache führen.
▸ Mit 20 Prozent der Nahrung nehmen wir 80 Prozent der Kalorien auf.

Dieses Prinzip gilt auch für das Zeitmanagement: Mit 20 Prozent der Zeit erreicht man 80 Prozent der Ergebnisse. Das Projekt ist im Wesentlichen fertig, und die letzten Feinschliffe sind meistens nicht mehr nötig oder kosten überproportional viel Kraft. Warum solltest du also viel Zeit investieren, um mit sehr viel Aufwand nur wenig Verbesserung zu erreichen? Dann doch lieber etwas weniger perfekt sein und die gesparte Lebenszeit anders verwenden.[25]

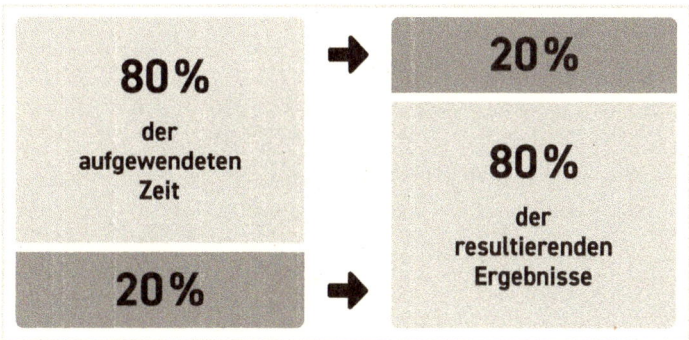

Pareto-Prinzip (80/20-Regel). Eigene Darstellung.

Es ist besser, man hat das Projekt schnell (oder überhaupt) fertig, als dass man es immer weiter »verschlimmbessert« und es am Ende nie fertig wird. Manche Aufgaben, die innerhalb von drei Wochen erledigt sein könnten, ziehen sich sonst ein Jahr. Dann lieber kurz und knackig finalisieren, anstatt alles über Monate hinweg auf dem Zettel zu haben – oder stattdessen das Projekt absagen, wenn man merkt, dass es nicht läuft.

BEISPIEL

Meine Doktorarbeit schrieb ich in knapp über zwei Jahren – die meisten brauchen (deutlich) länger. Ich hatte noch einen ganzen Stapel Literatur auf dem Tisch liegen, den ich eigentlich noch einarbeiten wollte. Aber wäre mit noch mehr Fußnoten die Arbeit wirklich besser geworden? Der zusätzliche Nutzen jeder neuen Quelle nimmt ab, irgendwann muss man einen Schlussstrich ziehen und abgeben. Wie meine Doktormutter sagte: »At some point you have to stop reading and start writing.«

BEISPIEL

> Mein Kleiderschrank ist klein, und mit jedem neuen Stück quillt er leicht über. Beim Aussortieren merkte ich: 80 Prozent der Zeit trug ich nur 20 Prozent meiner Kleidung. Die 20 Prozent behielt ich; den Rest verschenkte oder verkaufte ich auf eBay-Kleinanzeigen.

BEISPIEL

> So manches milliardenschwere Rüstungsprojekt ist gescheitert, weil man es perfekt machen wollte, es sich dann über Jahre verzögerte, um am Ende bereits bei seiner Fertigstellung veraltet zu sein. Im Cyber Innovation Hub der Bundeswehr setzten wir dem eine andere Philosophie entgegen: »Done is better than perfect.« Wir gaben den Soldaten lieber schnell und pragmatisch ein Produkt in die Hand, selbst wenn es noch nicht perfekt war, und entwickelten es anhand der Praxiserfahrung weiter. So konnten wir schnell herausfinden, was funktioniert, und möglichst früh entdecken, wenn wir auf dem falschen Weg waren.

Deep Work:
Eliminiere alles, was dich ablenkt

Als ich nach der ersten Corona-Welle wieder die ersten Tage im Büro war, konnte ich keine halbe Stunde ohne Unterbrechung einer Sache nachgehen, weil ständig ein Kollege etwas mitzuteilen hatte. Am Ende brauchte ich länger als zuvor, schaffte weniger und war trotzdem gestresster. Die University of California in Irvine fand in einer Studie in Büros heraus: Selbst kurze Ablenkungen verlängern die Zeit, die man für eine Aufgabe braucht, dramatisch.[26]

Ein Freund von mir fand eine kreative Lösung: Er machte einen Deal mit einem Spa in der Nachbarschaft, damit er es für eine Flatrate nutzen durfte, so oft er wollte – und das tat er, um dort für seine Klausuren zu lernen. Keine Ablenkung durch das Handy (weil es dort sowieso nicht erlaubt war), eine ruhige und entspannte Atmosphäre, und wenn er eine Pause brauchte, legte er einfach einen Saunagang ein. Leider steht nicht jedem ein Spa in der Nachbarschaft zur Verfügung.

Nicht alle können sich in die Wellness-Oase nebenan zurückziehen, um konzentriert zu arbeiten. Aber auch für den normalen Alltag gibt es ein paar Tipps, um in den Deep-Work-Modus zu kommen:

▸ **E-Mails seltener checken (Batching):** Jede neue E-Mail im Posteingang unterbricht die Konzentration. So kommt man nie in den Flow. Besser ist es, die E-Mails in Schüben abzurufen statt die ganze Zeit. Dieses »Batching« (*batches* = Schübe) macht den Kopf frei. Man schafft am Ende mehr und fühlt sich deutlich weniger gestresst. Studien belegen: Eine vergleichbare Wirkung haben sonst nur Atemübungen oder Meditation![27] Viele Ratgeber-Bücher geben den heißen Tipp, nur einmal um 9 Uhr und einmal um 13 Uhr seine E-Mails abzurufen. In der Praxis funktioniert das nicht immer. Gerade als Berufseinsteiger ist man leider meist die Person, die schnell noch dies oder jenes erledigen soll und die zugleich noch nicht die Autorität besitzt, um gegenüber der Chefin frech darauf zu bestehen, nur zweimal am Tag die E-Mails zu checken, nur weil man das mal irgendwo gelesen hat. Was aber fast immer geht: die E-Mails in kurzen, aber festen Intervallen abrufen. So kann man sich langsam herantasten und ausprobieren, wie groß die Pausen sein können, damit es im Arbeitsalltag klappt. Man beginnt mit »jede Stunde« und tastet sich vor zu »alle zwei Stunden« oder »alle drei Stunden«. Oder man pausiert den E-Mail-Empfang für eine konzentrierte Arbeitssitzung

und aktiviert ihn wieder, sobald man wieder aufnahme-
bereit ist. Selbst eine dringende E-Mail kommt dann
maximal wenige Stunden später an – und es kann sowieso niemand erwarten, dass du 24/7 nichts anderes
zu tun hast, als gebannt am Bildschirm auf die nächste
E-Mail zu warten. Bei Outlook kannst du dafür unter
»Senden/Empfangen« zeitliche Intervalle festlegen. Bei
Gmail gibt es Plug-Ins wie Boomerang oder Quiet, die
den E-Mail-Empfang pausieren.

▸ **(No-)Meeting-Tag:** Oft ist der Tagesablauf zerpflückt
von Calls und Meetings. Das reißt dich immer wieder
raus aus dem fokussierten Arbeiten. Daher sollte man
versuchen, seine Meetings zu bündeln – und zumindest
einen Tag pro Woche freizuhalten oder aber sogar alle
Meetings auf einen Tag pro Woche zusammenzulegen.

▸ **Arbeit variieren mit Aufgabenblöcken (Task Chun-
king):** Niemand kann den ganzen Tag volle Power
bringen. Daher sollte man die Arbeit variieren: am Vor-
mittag konzentriert an einem Paper oder der Präsenta-
tion schreiben, nachmittags E-Mails beantworten, dann
alle nötigen Telefonate führen – jeweils in Blöcken,
niemals kreuz und quer. Reserviere dir Zeit in deinem
Kalender und erstelle einen entsprechenden Terminein-
trag pro Aufgabenblock (Timeboxing). Dadurch struk-
turierst du deinen Tagesablauf und verbesserst deine
Konzentration.

▸ **Singletasking statt Multitasking:** Menschen sind
nachgewiesenermaßen schlecht im Multitasking (entgegen gängiger Stereotype gilt dies übrigens auch für
Frauen, wie inzwischen wissenschaftlich belegt ist).[28]
Wer viele Dinge gleichzeitig macht, wird langsamer und
ungenauer – erreicht also das Gegenteil von dem, was
er eigentlich anstrebt. Daher fokussiere dich auf eine
Sache und arbeite dann die Aufgaben portionsweise ab.
Dazu gehört auch, nicht vor dem Laptop zu Mittag zu

essen, sondern tatsächliche Pausen einzulegen. Für jede längere Aufgabe trägt man sich im Kalender ein, wann man sie erledigen will. Das leert die To-do-Liste, macht den Kopf frei und lässt dich in dieser Zeit fokussiert an genau diesem einen Thema arbeiten.

▸ **Abschottung mit Noisecancelling-Kopfhörern:** Kopfhörer mit Geräuschreduktion vermeiden Ablenkung auch durch kleinste Geräusche – und signalisieren deinen Kollegen oder Mitbewohnern, dass du gerade nicht ansprechbar bist.

▸ **Deep-Focus-Musik:** zum Beispiel klassische Musik ohne Gesang (ich liebe Igor Levit), elektronische Musik (Deep-Focus-Playlists auf Spotify) oder »weißes Rauschen« (beruhigende Naturgeräusche wie Gewitter oder Wasserfall in Endlosschleife, zum Beispiel auf regen.fm oder der App Tide).

▸ **Coffeeshop-Effekt nutzen:** Der »Coffeeshop-Effekt« ist wissenschaftlich belegt: Die Produktivität nimmt zu, wenn man an einen anderen Arbeitsort wechselt, zum Beispiel in ein Café mit lebendigem Hintergrundrauschen.[29]

▸ **Mobil arbeiten:** Laut Weltwirtschaftsforum sind geschwätzige Arbeitskollegen und allgemeiner Bürolärm die größten Störfaktoren am Arbeitsplatz.[30] Am Küchentisch zu Hause oder im Café stürmt nicht ständig ein Kollege rein, du hast deine Ruhe (außer du hast Kinder), und sparst obendrein den Arbeitsweg. Einen Tag pro Woche, zum Beispiel jeden Montag oder jeden Freitag, könntest du standardmäßig mobil arbeiten. Deine Chefin muss noch überzeugt werden? Angela Merkel hat während ihrer Corona-Quarantäne zwei Wochen von ihrer Wohnung aus gearbeitet. Man kann also Deutschland vom Wohnzimmer aus regieren. Und da soll deine Arbeit nicht von zu Hause aus möglich sein? Wenn deine Chefin trotzdem gar nicht anders zu überzeugen ist, kannst du einen Homeof-fice-Tag pro Woche zunächst als Probelauf für einen Monat testen – danach kann man ja immer noch zur alten Regelung zurückkehren, wenn die Erfahrung dagegenspricht.

Social Media verwenden, ohne Zeit zu verschwenden

Ich liebe Social Media, aber es gibt ein Dilemma: Sie sind so de-signt, dass sie unsere Aufmerksamkeit mehr an sich saugen, als uns lieb ist. Denn die Internetkonzerne finanzieren sich über Werbung: Je mehr Werbung wir sehen, desto öfter klicken wir darauf; und je öfter wir draufklicken, desto mehr Geld fließt in die Taschen der Konzerne.

Ein unendlicher Newsstream, pausenlose Push-Nachrichten, rote Notification-Icons, bunte Bilder und Videos, Likes und Kommentare – alle diese Features sind bewusst für den Zweck konzipiert, uns in den Bann zu ziehen und unsere Zeit auf den Plattformen zu binden.[31] Jeder Like auf Instagram oder Facebook schüttet in unserem Gehirn den Botenstoff Dopamin aus, der uns glücklich macht.[32] Likes sind wie Komplimente, und Menschen mögen Komplimente.

Häufiger als gewollt checken wir unsere Accounts und sind dann genervt davon, wie leicht wir uns ablenken lassen – und wie viel Zeit wir dafür vergeuden. Dabei gibt es einige Möglichkeiten, sich nicht psychologisch austricksen zu lassen:

▸ **Zeitfresser tracken und begrenzen:** Auf dem Smart-phone kannst du die Zeit erfassen, die du mit be-stimmten Apps verbringst. Für Android gibt es die App *Digital Wellbeing*, bei iPhones die Funktion »Bild-schirmzeit« (Screen Time) unter den Einstellungen.

Mit Apps wie zum Beispiel *RescueTime* lässt sich auch die Zeit begrenzen, die man für Social Media oder andere Apps nutzt – nach Ablauf der Zeit verweigert das Programm einfach den Zugriff.

▶ **Smartphone zum Dumbphone machen:** Programme wie *Freedom* oder *WorkMode* blocken den Zugriff auf bestimmte Apps oder Webseiten – oder sogar das gesamte Internet. *Flipd* lässt zeitsaugende Apps sogar temporär vom Bildschirm verschwinden.

▶ **Smartphone aus dem Blick befördern:** Die bloße Tatsache, dass das Smartphone auf dem Tisch liegt, stört nachweislich die kognitive Leistung (und nervt deine Mitmenschen).[33] Daher: Smartphone weg vom Tisch – bei Konzentrationsphasen in einen anderen Raum oder in die Jackentasche.

▶ **Icons und Notifications ausschalten:** Die roten Benachrichtigungs-Icons mit der Zahl ungelesener Nachrichten sollte man ausstellen. Rot ist eine Signalfarbe, die dem Gehirn suggeriert, dass es aktiv werden muss. Auch die ständigen Push-Notifications sollte man bei möglichst vielen Apps dauerhaft deaktivieren. Für wichtige Kontakte (zum Beispiel den Partner oder die Chefin) lassen sich Ausnahmen festlegen.

BEISPIEL

Internet-Ikone Sascha Lobo hat alle Benachrichtigungen für alle Apps ausgestellt. Sein Smartphone vibriert nie! Er schaut seine Nachrichten nach, wenn es ihm passt, was die Störungen maximal verringert.

▶ **YouTube säubern:** Die Browser-Erweiterung DF Tube blockt Werbung und entfernt die Sidebar mit den empfohlenen Videos auf YouTube. So gerätst du weniger schnell in die endlose Videoschleife.[34]

▶ **Grauskalierung einstellen:** Die grellen, leuchtenden Farben des Bildschirms lassen uns öfter als gewollt zum Handy greifen und halten unser Gehirn künstlich wach. Tristan Harris, Ex-Designethiker bei Google,[35] empfiehlt daher, auf Grauskalierung umzustellen (unter den Einstellungen im Menüpunkt »Farbfilter«). Mit einem dreifachen Klick auf den Home- beziehungsweise Seiten-Button stellst du dann den Bildschirm auf grau – und mit drei weiteren Klicks wieder zurück. Bei Android gibt es auch in der bereits erwähnten App *Digital Wellbeing* eine Grauskalierungsfunktion. Instagram in grau macht keinen Spaß. Das reduziert die Bildschirmzeit.[36]

Intervall-Arbeiten: Konzentrierte Arbeitsphasen, echte Pausen

Smarte Arbeit ist nicht dauerhafte Intensität, sondern klare Struktur. Richte deinen Fokus während der Arbeit nur auf die eine Aufgabe. In den Pausen und der Freizeit erhole dich voll.

Eine bewährte Methode für dieses Arbeiten in Intervallen ist die Pomodoro-Technik: Wähle eine Aufgabe, stell dir einen Timer (zum Beispiel mit der App *Tide* oder einer old-fashioned Küchenuhr) und arbeite daran 25 Minuten fokussiert und konzentriert. Sobald der Timer klingelt, lege eine echte Pause von 5 Minuten ein, die klar von der Arbeit abgegrenzt ist: also zum Beispiel einen Kaffee holen, aufs Klo gehen, durchlüften, aber nicht vor dem Bildschirm sitzen. Das macht den Geist fit für die nächste fokussierte Arbeitsphase. Nach vier Intervallen kommt eine längere Pause von 15 bis 20 Minuten, die ebenfalls klar vom Arbeitsplatz abgegrenzt ist, zum Beispiel ein kurzer Spaziergang, und nicht mit den Lernmaterialien oder dem Mittagessen vor dem Bildschirm sitzen. Danach geht's umso konzentrierter weiter.

Es können natürlich auch 20 oder 30 Minuten sein, das spielt keine Rolle. Wichtig ist, dass man Deep-Work-Phasen und echte Pausen bewusst abwechselt. Benannt ist die Technik nach der klassischen italienischen Küchenuhr, die wie eine Tomate aussieht (italienisch: *pomodoro*).[37]

Immer gilt: Wenn du müde, erschöpft oder unkonzentriert bist, lege lieber eine kurze, bewusste Pause ein. Ein paar Minuten Durchatmen bringen dir mehr als das stupide Weiterarbeiten, wenn du dich sowieso nicht mehr fokussieren kannst und alle zwei Minuten dein Instagram checkst. Hier einige Ideen für einen Energie-Boost im Nachmittagstief:

▸ kurze Yoga-Session, zum Beispiel »12 Min Yoga For Brain Power« auf dem YouTube-Kanal »Yoga With Adriene« oder die Kurzsessions auf dem YouTube-Kanal »Mady Morrisson«. Geht auch ohne Yoga-Klamotten und ohne Matte!

▸ unsterbliches Gute Laune-Lied laut aufdrehen (zur Not auf Kopfhörern) und richtig abtanzen.

▸ Spaziergang um den Block oder zumindest auf den Balkon gehen, frische Luft atmen, bewusst in den Himmel schauen, Augen schließen und Sonnenlicht tanken.

▸ kurze Meditation, zum Beispiel die »SOS-Meditation« auf der *Headspace*-App, oder einfach ohne Anleitung allein in einem Nebenraum.

▸ tief durchatmen: Sechs Sekunden durch die Nase einatmen, sechs Sekunden halten, sechs Sekunden durch den Mund ausatmen. Mindestens drei Mal wiederholen, und gerne ausgiebig gähnen. Das funktioniert wirklich, denn die tiefe, ruhige Atmung signalisiert dem vegetativen Nervensystem, dass alles okay ist und es das Stresslevel senken kann.

▸ Powernapping: fünf oder zehn Minuten Schlaf. Wecker stellen oder Schlüssel in die Hand nehmen – wenn er runterfällt, wachst du auf und kannst weiterarbeiten.

> ▸ etwas komplett anderes machen: am besten etwas Haptisches wie Geschirrspüler ausräumen, Wäsche falten ...
>   Auf jeden Fall: weg vom Bildschirm und den Kopf frei machen.
> ▸ Fenster auf und lüften.
> ▸ kalten Ingwer-Shot trinken: scharf, frisch und vitaminreich – weckt auf.
> ▸ Nüsse und dunkle Schokolade (mit 90 Prozent Kakaoanteil) snacken.

All das sind nur Ideen. Die Hauptsache ist, dass du ein paar Minuten vom Bildschirm wegkommst und dich entspannst, bevor du dich wieder fokussiert an die Arbeit machst. Eine bewusste Pause ist produktiver, als unkonzentriert auf den Bildschirm zu starren. Wenn du merkst, es geht mental gar nichts mehr: Geh nach Hause und mach am nächsten Morgen erholt weiter. Erschöpft zu arbeiten, macht deinen Körper auf Dauer kaputt – und das Ergebnis nicht besser.

Dämme die E-Mail-Flut ein

Dein Postfach läuft über mit 2.000 ungelesenen Nachrichten? Dann mach einen Neustart: Archiviere sämtliche E-Mails und beginne bei null mit einem sauberen Posteingang. Keine Angst: Wer ein wirklich dringendes Anliegen hat, der meldet sich schon nochmal. Oder du nutzt ein Programm wie *Clean Email*, das deine E-Mails scannt und kategorisiert. Damit gewinnst du leichter die Übersicht.

Das Ziel: Inbox zero, der Zen-Moment des modernen Internetmenschen. Die Idee dabei ist nicht, auf Biegen und Brechen das Postfach zu leeren. Sondern es geht darum, die Nachrichtenflut zu minimieren, zu priorisieren, zu sortieren – und damit stressfrei zu bewältigen. So machst du den Kopf frei für die wirklich wichtigen Aufgaben.

Der US-Produktivitätspapst David Allen hat dafür die Getting-Things-Done-Methode entwickelt. Er schlägt vor, bei jedem Öffnen des Posteingangs jede E-Mail sofort zu bearbeiten:[38]

1. löschen oder archivieren: Lösche alles, was du löschen kannst. Archiviere, was du irgendwann später griffbereit haben willst.
2. delegieren: Delegiere, was du delegieren kannst. Anschließend löschen oder archivieren.
3. erledigen: Was du binnen zwei Minuten beantworten kannst, erledige sofort (»Zwei-Minuten-Regel«). Anschließend löschen oder archivieren.
4. verschieben: Was mehr als zwei Minuten braucht, verschiebe in den »To-do«-Ordner und erledige es später.

Der Posteingang ist dabei in vier Ordner aufgeteilt: To-do, Follow-up (oder wie wir in der staatlichen Verwaltung zu sagen pflegten: Wiedervorlage), Maybe Someday und Archive. Diese vier Ordner reichen. Sonst baut man sich nur eine immer größere Ablage, die so überkomplex wird, dass sie nicht mehr vernünftig zu managen ist.

Zusätzlich solltest du dafür sorgen, dass du nur relevante Nachrichten erhältst – dann brauchst du weniger zu löschen und zu sortieren. Dazu gehört, die in vielen Organisationen grassierende »cc-Kultur« zu bekämpfen: Nur in wenigen beruflichen Positionen (zum Beispiel als Assistenz oder bei Auftragsvergaben) ist die cc-Funktion wirklich sinnvoll. Ansonsten sollte man im Team darum bitten, nicht in Kopie genommen zu werden – denn entweder ist die Nachricht relevant, dann sollte man dich auch direkt adressieren; oder die Nachricht ist nicht relevant, dann braucht man sie dir erst gar nicht zu schicken. Outlook kann E-Mails, bei denen du nur in Kopie stehst, automatisch in einen eigenen cc-Ordner aussortieren (unter »Regeln und Benachrichtigungen verwalten«). Diesen Ordner braucht man nur dann anschauen, wenn man gerade Leerlauf hat, oder bei einem wöchentlichen Check.

Außerdem kannst du alle Newsletter abbestellen. Und zwar wirklich alle, im Sinne eines digitalen Frühjahrsputzes. Wenn du einen Newsletter wirklich vermisst, kannst du ihn ja später immer nochmal abonnieren – vielleicht sogar mit einer neuen E-Mail-Adresse, die du ausschließlich für das Abonnieren von Newslettern nutzt. Programme wie *Clean Email* oder *Cleanfox* analysieren dein Postfach und schlagen alles, was nach einem Newsletter aussieht, gebündelt zum Abbestellen vor. Eine andere Idee ist, alle Newsletter automatisch in einen eigenen Ordner zu sortieren (mit derselben Funktion wie bei cc-E-Mails), damit sie die Konzentration nicht stören und man sie anschauen kann, sobald man die Zeit dafür hat.

Meetings: weniger, kürzer, effizienter

Meetings sind wunderbar – wenn sie tatsächlich erforderlich, gut vorbereitet und moderiert sind. Viele Meetings haben aber leider keinen anderen Zweck als ihr eigenes Stattfinden. Die University of Virgina fand heraus: Bildschirmarbeiter ver(sch)wenden heute 70 bis 85 Prozent ihrer Zeit für Meetings, Calls und das Abarbeiten von E-Mails.[39] Vor lauter Meetings kommt man gar nicht mehr zum Arbeiten.

Tesla-Gründer Elon Musk rät, bei Meetings einfach aufzustehen und zu gehen, wenn man nichts Sinnvolles beizutragen hat – was im Kollegenkreis allerdings wohl nicht allzu freundlich rüberkommt.

>»No large meetings.
>If you're not adding value to a meeting, leave.
>No frequent meetings.«
>
>*Elon Musk, Gründer von Tesla, in einer E-Mail*
>*an seine Beschäftigten*[40]

Regelmäßige Status-Meetings ohne konkreten Anlass kann man oft ganz abschaffen oder zumindest in ihrer Frequenz reduzieren (zum Beispiel monatlich statt wöchentlich, wöchentlich statt täglich). Wenn etwas zu tun ist, schreibt man stattdessen eine E-Mail oder ruft an. Wer zu einem Meeting eingeladen wird, kann zurückfragen: Was ist die Agenda? Muss ich wirklich dabei sein? Geht es auch kürzer?

Für konzentrierte Arbeitsphasen reserviert man zudem feste Arbeitszeiten im Kalender, in denen man nicht durch Meetings oder Anrufe gestört werden will. Ein Tag pro Woche sollte frei sein von Meetings jeder Art.

BEISPIEL

Bei Google gibt es die Regel des »No Meetings Friday«, an dem die allermeisten ihren Kalender frei von Meetings halten (im Kalender steht dann »DNS« = »Do Not Schedule«). Bei Google nutzen viele Mitarbeiter Terminblocker für das Abarbeiten von E-Mails, für »getting things done« oder »deep work«, für Sport oder gerade während des Corona-Lockdowns auch für »child care« oder »home schooling«. In der dortigen Teamkultur wird es sehr respektiert, wenn jemand seinen Kalender geblockt hat, dann wird dort auch kein Meeting geplant. Und: Es gilt das »Respect my Time«-Prinzip: Jedes Meeting muss von allen Beteiligten vorbereitet werden, mit Agenda, festen Redezeiten pro Thema und zugewiesener Moderation.

BEISPIEL

AFWERX, die Innovationseinheit der US Air Force, zählte schon kurz nach ihrer Gründung zu den weltweit besten Arbeitsplätzen für digitale Innovationstreiber. Ich fragte Beam Maue, den Gründer der digitalen Elitetruppe, nach seinem Geheimnis. Seine Antwort: »Wir haben nur ein Meeting im Monat. In der restlichen Zeit arbeiten wir.«

BEISPIEL

> Anna Kaiser, Gründerin von Tandemploy, hat in ihrem Start-up nahezu alle regelmäßigen Meetings abgeschafft. Wenn jemand nicht weiß, was zu tun ist, sollte er sich einfach melden. Es klappte wunderbar.

Meetings sollten so kurz wie möglich sein. Vieles kann bereits in 15 Minuten geklärt werden. Gibt es mehr zu besprechen, reichen 25 Minuten. Die fünf Minuten, die zur halben Stunde fehlen, dienen als Verschnaufpause. 45 Minuten benötigt man nur für längere Teammeetings oder umfangreiche Planungen. Grundsätzlich gilt, Meetings nie in die Länge zu ziehen. Wenn es vorbei ist, ist es vorbei.

Um sich höflich aus zeitraubenden Treffen ausklinken zu können, empfiehlt es sich, Termine mindestens zu dritt statt zu zweit wahrzunehmen. Dann kann man sagen: »Ich muss leider bereits weg, die Arbeit ruft, aber haltet mich bitte auf dem Laufenden!« Anrufe, die unpassend kommen, braucht man nicht zu beantworten, sondern sendet eine voreingestellte Nachricht: »Ich bin derzeit nicht verfügbar. Bitte sende mir eine SMS oder E-Mail.« Den Small Talk am Anfang des Telefonats kann man höflich beenden durch: »Wie kann ich helfen?«. Und Telefonate, die mehr Zeit in Anspruch nehmen, als dir lieb ist, kannst du höflich beenden durch: »Verzeihung, ich muss leider zum nächsten Termin. Könnten Sie mir eine E-Mail zu dem Anliegen senden?«

Für teaminterne Kollaboration sind Tools wie Trello (Projektmanagement) unverzichtbar. Mit Trello habe ich ganze Konferenzen organisiert und brauchte das zweiwöchentliche Meeting mit den Kolleginnen und Kollegen nur, um sie daran zu erinnern, Trello zu nutzen. Dort haben alle alles gespeichert: die Kontaktdaten der Speaker und Ansprechpartner, Fotos der Eventlocation, Word-Dokumente und so weiter, ebenso wie alle Updates zu allen To-dos. Das machte interne E-Mails überflüssig und zeigte für alle detailliert und übersichtlich den aktuellen Stand aller Aufgaben.

All diese Maßnahmen dienen allein dazu, Zeit zu verschaffen für Aufgaben, die wirklich wichtig sind, und um mit Menschen zu reden, mit denen man wirklich reden möchte – entweder weil sie dir als Freunde am Herzen liegen oder als geschäftliche Kontakte wertvoll sind (idealerweise beides zugleich). Wenn beispielsweise mein Agent Ernst Piper und ich etwas besprechen müssen, blocke ich mir dafür eine Stunde, obwohl das meiste in wenigen Minuten abgehandelt wäre. Wir diskutieren nicht nur über Geschäftliches, sondern auch über das Zeitgeschehen und den Literaturbetrieb, und diesen Austausch finde ich so wertvoll, dass ich mir dafür gern die Zeit nehme. Für alle anderen aber gilt das Gebot der Effizienz – denn der Tag hat eben nur 24 Stunden, und die müssen weise eingeteilt werden.

Meetings. Eigene Darstellung.

Automatisiere alles, was automatisiert werden kann

Was am Tag 20 Minuten kostet, klingt nach nicht viel. Aber was jeden Tag 20 Minuten kostet, raubt 140 Minuten jede Woche, 600 Minuten jeden Monat, und 7.300 Minuten jedes Jahr – das sind mehr als fünf volle Tage von 0 bis 24 Uhr! Diese Zeit kann man sparen, indem man alles outsourct, was man outsourcen kann, entweder indem man es technisch automatisiert oder an andere Personen delegiert. Einige Beispiele:

▸ **Grafiken, Verwaltung, Tipparbeiten:** Was bei Führungskräften ein Sekretariat erledigt, können auch Privatpersonen an virtuelle Assistenzen auslagern, die stundenweise nicht viel kosten und einem dafür viel Arbeit abnehmen können. Beispiele sind my-vpa.com und strandschicht.de.

▸ **Tastenkürzel:** Diesen Lifehack möchte ich nicht mehr missen: Bankdaten, Kreditkarten-Nummern, Grußformeln, Anschriften: Wenn du denselben Text häufig eintippen musst, kannst du ein Tastenkürzel einrichten. Wenn ich zum Beispiel $IBAN eingebe, wird automatisch meine IBAN-Nummer eingefügt (nie wieder 22 Ziffern abtippen, *yeah*!). Dafür nutze ich kostenlos PhraseExpress. Alternativen sind aText oder BeefText.

▸ **Passwortmanager:** Der Browser speichert zwar die Passwörter, macht aber trotzdem oft Probleme, wenn man das Passwort auf einem anderen Gerät benötigt oder verändert. Abhilfe schaffen zentrale Passwortmanager wie zum Beispiel Dashlane. Endlich kein Passwort-Hickhack mehr.

▸ **E-Mails automatisch vorsortieren:** E-Mails, bei denen du nur in Kopie stehst, Newsletter und so weiter kannst du über die Einstellungen in deinem

E-Mail-Programm automatisch in Unterordner sortieren lassen. Wie das geht, steht im Abschnitt »Dämme die E-Mail-Flut ein«.

▸ **Termine koordinieren:** Kaum etwas ist nerviger, als zehnmal Terminvorschläge hin- und herzuschreiben. Dabei gibt es einen besseren Weg: Mit Calendly, Hubspot oder vimcal verknüpfst du deinen Terminkalender mit einem Online-Buchungssystem und gibst bestimmte Zeitblöcke frei, zum Beispiel »jeden Freitag«, »täglich zum Mittagessen« oder auch alle verfügbaren Zeiten in deinem Kalender. Der Gesprächspartner kann sich dann einfach selbst einen freien Termin aussuchen und online buchen – wie bei der Online-Terminvergabe beim Zahnarzt. Ansonsten ist ein kurzes Telefonat deutlich effizienter als das übliche E-Mail-Pingpong. Wenn mehrere Personen einen gemeinsamen Termin finden wollen, kann man entweder klassisch Doodle nutzen oder alternative Terminplaner wie bitpoll oder nuudel.

▸ **Automatisches Backup:** Ein automatisches Backup für Smartphone und Laptop, zum Beispiel über iCloud, Google Drive oder Dropbox, vermeidet den Verlust von Daten, wenn das Gerät verloren oder kaputt geht. Als Einbrecher meinen Laptop aus der Wohnung klauten, war ich heilfroh, ein solches Backup zu haben!

▸ **Stromvertrag umstellen:** Automatische Wechselservices wie Switchup.de garantieren immer den günstigsten Stromtarif. Die Umstellung erfolgt ohne jedes weitere Zutun und ist kostenfrei. Dabei kannst du auch persönliche Kriterien wie zum Beispiel Ökostrom berücksichtigen.

▸ **Maschinelle Reinigungskraft:** Meine beste Putzhilfe ist mein Saug- und Wischroboter. Auf Knopfdruck saugt und putzt er meine Wohnung tadellos, einschließlich schwer erreichbarer Stellen wie etwa unter dem Bett. Schon nach dem ersten Tag wollte ich meinen Roboter nicht mehr missen. Glaub mir: Du willst auch einen haben! Gute Saugroboter sind schon unter 200 Euro zu haben.

▸ **Einkaufen als Abo:** Bei Online-Lieferdiensten wie Rewe oder Bringmeister legt man sich einen Standard-Warenkorb mit Lebensmitteln und Verbrauchsartikeln an und bestellt jede Woche per Klick. Von Kochbox-Abos wie HelloFresh bin ich kein großer Fan: zu viel Verpackung, zu kleine Mengen, zu teuer.

Kommuniziere nach dem Pyramidenprinzip

Kennst du den »Problembär«? Nein? Dann ist es höchste Zeit, diese Wissenslücke zu schließen. Der legendäre bayerische Ministerpräsident Edmund Stoiber gab zum Abschuss eines Bären in Bayern im Jahr 2006 folgende Erklärung ab[41]:

»Äh, natürlich freuen wir uns, das ist gar keine Frage, freuen wir uns, und die Reaktion war völlig richtig, einen, äh, sich normal verhaltenden Bär in Bayern zu haben, äh, ja das ist gar net zum Lachen. Äh, und der Bär im Normalfall, ich muss mich ja auch, äh, Werner Schnappauf [der damalige bayerische Umweltminister] hat sich hier intensiv mit so genannten Experten ausgetauscht und austauschen, äh, müssen. Nun haben wir, der normal verhaltende Bär lebt im Wald, geht niemals raus und reißt vielleicht ein bis zwei Schafe im Jahr. Äh, wir haben dann einen Unterschied zwischen dem normal sich verhaltenden Bären, dem Schadbär und dem Problembär. Und, äh, es ist ganz klar, dass, äh, dieser Bär, äh, ein Problembär ist und es ist im Übrigen auch, im Grunde genommen, durchaus ein gewisses Glück gewesen, er hat um 1 Uhr nachts praktisch diese Hühner gerissen. Und Gott sei Dank war in dem Haus, äh, war, also jedenfalls ist das nicht bemerkt worden.

Auf Grund von, äh, es ist nicht bemerkt worden. Stellen Sie sich mal vor, der war ja mittendrin, stellen Sie sich mal vor, die Leute wären raus und wären praktisch jetzt, äh, dem Bär praktisch begegnet. Äh, was da hätte passieren können.«

Was wollte er uns damit sagen?

»Make it Minto!«, hätte ich Stoiber gerne zugerufen. Barbara Minto war die erste weibliche McKinsey-Beraterin in der Geschichte des Unternehmens und hat die Kommunikationskultur der Firma bis heute geprägt. Das von ihr entworfene »Pyramidenprinzip« schlägt vor, jede E-Mail, jeden Vortrag und jeden Bericht wie folgt zu strukturieren:[42]

1. Beginne mit der Empfehlung/Schlussfolgerung.
2. Danach bringe die Begründung an.
3. Danach bringe alle weiteren Details an.

Das klingt trivial, aber im Alltag kommunizieren wir nicht so. Wir sind es gewohnt, erst unsere Argumente darzulegen, um am Ende unsere Schlussfolgerung zu präsentieren. Wir kommunizieren »bottom-up«, von unten nach oben, aber wir sollten es genau andersrum machen: »top-down«, also von der Spitze der Pyramide (dem Fazit) zur Basis der Pyramide (den unterstützenden Argumenten und Daten). Wenn also jemand fragt: »Was sollten wir tun?«, dann sollte als Antwort formuliert werden: »Wir sollten X tun«, sehr direkt und prägnant. Erst danach kommt die Begründung, wie man zu dieser Ansicht gelangte.

Warum aber so und nicht anders? Vor allem Führungskräfte sind eng getaktet und müssen sich in kurzer Zeit einen Blick über zahlreiche unterschiedliche Themen verschaffen. Daher muss die Empfehlung klar kommuniziert werden. Alles andere ist Beiwerk. Und was für Führungskräfte sinnvoll ist, das ist auch für alle anderen wichtig: die Kommunikation so zu strukturieren, dass allen Beteiligten klar ist, worum es geht und was gemacht werden soll, ohne lange Vorrede.

Was uns Edmund Stoiber gesagt hätte, wenn er seine Kommunikation nach dem Pyramidenprinzip aufgebaut hätte:
»Wir mussten den Bären erlegen, weil er gefährlich war.«
Jetzt ist es klarer, oder? Make it Minto!

Kommunikation nach dem Pyramidenprinzip von Barbara Minto

These/Schlussfolgerung
Mein Gehalt muss steigen

Zentrales Argument
Ich trage erheblichen Mehrwert zum Unternehmen bei.

Weitere Argumente
Ich schultere zentrale Veranwortung für Ihr Projekt.

»Ass im Ärmel« (als »Joker« für den Notfall)
Ich habe ein Angebot von einem Konkurrenten erhalten.

Die Zufriedenheit meiner Kunden ist 30 % höher als im Durchschnitt.

Ich habe spezielle Erfahrungen in genau diesem Gebiet vorzuweisen.

Unternehmen X hat mir einen Job mit 10 % mehr Gehalt angeboten.

Die drei größten Neugeschäfte kamen durch mich zustande.

Ich bin bei den Kollegen im Team als wichtige Ansprechpartnerin geschätzt.

Kommunikation nach dem Pyramidenprinzip von Barbara Minto.

Feiere dich selbst

Ich hörte einmal die Geschichte eines Software-Entwicklers. Sein Kunde war erbost über die Rechnung über 1.000 Dollar, obwohl er nur eine Zeile im Programmcode gelöscht hatte. Das konnte doch unmöglich so lange dauern, um diese Summe zu rechtfertigen! Der Software-Entwickler antwortete: »Für das Löschen berechne ich 1 Dollar. Die anderen 999 Dollar berechne ich dafür, zu wissen, welche Zeile ich löschen muss.«

Viele verwechseln langes Arbeiten mit gutem Arbeiten. Wer Topergebnisse abliefert, aus jeder Minute 100 Prozent rausholt, und die Extrameile längst gelaufen ist, der kann stolz auf sich sein und sich selbst feiern. Oft aber taucht ein Problem auf: Arbeitskollegen oder Führungskräfte üben Druck aus, länger zu arbeiten, oder erheben den Vorwurf der Faulheit. Es ist nicht einfach, damit umzugehen und die eigene Reputation zu schützen.

Eine Möglichkeit, um sozialen Druck zu neutralisieren, besteht darin, sein Vorgehen zu erklären: »Ich habe vor kurzem ein Buch über Zeitmanagement gelesen, und seitdem schaffe ich meine Arbeit viel schneller.« Oder: »Ich lege mir oft Termine auf den Abend, die ich nicht einfach absagen kann, zum Beispiel das Volleyball-Training. Das hilft mir, mich den Rest des Tages so zu konzentrieren, dass ich die Arbeit gerade rechtzeitig schaffe.« Und informiere dich freundlich, sympathisch und ehrlich, ob dein Arbeitsergebnis zufriedenstellend ist – denn das ist ja das Einzige, was in diesem Kontext zählt.

Berufe dich auf höhere Instanzen. Zitiere das *Handelsblatt*, den Wirtschaftsminister oder den Chef eines beliebigen Digitalunternehmens oder DAX-Konzerns, die alle der Meinung sind: Die reine Präsenzkultur hat ausgedient. Und das gilt doch auch für deine Firma, oder? Sheryl Sandberg, nach Mark Zuckerberg die Nummer 2 bei Facebook, ist der Meinung: Wer Kinder hat, sollte pünktlich nach Hause gehen dürfen, um sich um seine Familie zu kümmern. Und: Wer keine Kinder hat, sollte ebenfalls pünktlich nach Hause gehen dürfen – denn er braucht die Zeit, um jemanden kennenzulernen um eine Familie zu gründen.[43] Ich finde das sehr einleuchtend.

Im Notfall kann man auch auf das Gesetz verweisen. Sich auf das Arbeitszeitgesetz zu berufen, kann auch nach hinten losgehen, weil dann erst recht Faulheit unterstellt wird. Aber zumindest sollte man es gelesen haben – denn das wäre die juristische Messlatte. Da steht zum Beispiel, dass zwischen Arbeitsende und Arbeitsbeginn eine Pause von elf Stunden liegen muss. Wer also bis um Mitternacht bei einem Geschäftsessen sitzt, darf am Morgen danach nicht vor 11 Uhr im Büro sein. Alles andere wäre ein Verstoß gegen Recht und Gesetz!

Wer acht Stunden lang 100 Prozent gibt, leistet deutlich mehr als die meisten anderen. Umfragen des Gallup Instituts zufolge verrichten die meisten Arbeitnehmer (69 Prozent im Jahr 2019) nach eigenem Bekunden nur »Dienst nach Vorschrift«, machen also nur so viel wie unbedingt nötig, viele weitere (15 Prozent) fühlen sich emotional gar nicht mehr an ihre Firma gebunden, haben innerlich gekündigt, manche sabotieren die Firma sogar aktiv.[44] Wer wirklich acht Stunden am Tag volle Leistung bringt, ist also deutlich über dem Durchschnitt. Feiere das, anstatt ein schlechtes Gewissen zu haben, nur weil du nach getaner Arbeit pünktlich gehst. Wer die Extrameile läuft, der muss sich für den nächsten Sprint regenerieren können.

Übrigens: Warum hat der »Dienst nach Vorschrift« eigentlich so einen schlechten Ruf? Was soll so schlimm daran sein, seine Arbeit nach Vorschrift erledigen, also so, wie sie beauftragt war? Die Arbeit ist getan, genau wie angefordert. Der Arbeitgeber zahlt ja auch nach Vorschrift – es ist ein Tausch von Arbeit gegen Geld. 40 Stunden gegen Bruttolohn. Zum Glück gibt es viele Menschen, die Dienst nach Vorschrift leisten, sonst würde unsere Wirtschaft ziemlich schnell den Bach runtergehen.

Der US-Managementberater Stephen R. Covey gilt als Pionier des produktiven Arbeitens. Sein millionenfach verkaufter Klassiker *Die 7 Wege zur Effektivität (The 7 Habits of Highly Effective People)* zählt laut *Time* zu den 25 einflussreichsten Büchern der Managementliteratur.[45] In diesem Buch erzählt er folgendes Gleichnis vom Schärfen der Säge:

> »Nehmen wir an, Sie laufen durch den Wald und treffen auf einen Mann, der fieberhaft daran arbeitet, einen Baum zu fällen.
> ›Was machen Sie denn da?‹, fragen Sie.
> ›Das sehen Sie doch‹, antwortet er ungeduldig. ›Ich fälle diesen Baum.‹
> ›Sie sehen erschöpft aus! Wie lange sägen Sie denn schon an diesem Baum?‹

›Über fünf Stunden«, sagt er. »Und ich bin total k.o.! Das ist wirklich harte Arbeit.‹

›Warum machen Sie dann nicht ein paar Minuten Pause und schärfen Ihre Säge? Ich bin sicher, dass Sie danach viel besser und viel schneller vorankommen werden.‹

›Ich habe keine Zeit, die Säge zu schärfen‹, sagt der Mann energisch. ›Ich bin einfach zu sehr mit dem Sägen beschäftigt.‹«[46]

Wir brauchen Zeit, um uns zu erholen, körperlich wie geistig. Nur wenn wir genug Energie haben, wenn wir unsere »Säge« geschärft haben, können wir erfolgreich sein – »den Baum fällen«. Dann kann man in der Hälfte der Zeit doppelt so viel schaffen. Smart Work beats Hard Work.

Gegen den Rat des vielleicht wichtigsten Produktivitätsgurus der letzten drei Jahrzehnte kann man schlecht etwas einwenden – und vielleicht verinnerlichen deine Kollegen ja auch die Lehre, die in diesem Gleichnis steckt, und lassen dich künftig in Ruhe deine Arbeit machen.

Ein Rat zum Schluss: Vielleicht hast du deine Säge bald so gut geschärft, dass du nun quasi eine Motorsäge besitzt. Du bist so gut organisiert, dass du auch zwölf Hektar Wald allein fällen könntest. Aber auch das ist nicht alles. Du kannst megaproduktiv in einem Job werden, den du eigentlich hasst. Du kannst nur noch identische Socken haben, damit du Zeit beim Sortieren sparst. Am Ende rangierst du selbst die Knoblauchpresse aus deiner Küche aus, weil du in mehrfachen Messungen ausgerechnet hast, dass deren Reinigung 23 Sekunden mehr Zeit kostet, als sie dir an Zeit während des Kochens einspart.

Aber ein solches roboterhaftes Leben ist nicht das Ziel. Selbstoptimierung darf nicht zum zwanghaften Dogma werden, wenn damit das Glück im Leben auf der Strecke bleibt. Sonst schneidest du dir mit der Säge am Ende selbst ins Bein.

Dein Zeitplan

Damit du genau jetzt anfangen kannst, deine Zeit zu managen, trage genau jetzt deine Maßnahmen ein, um deinen Tag besser zu planen:

	Status quo	**Ziel**	**Maßnahmen**
Arbeit	zum Beispiel: 10 Stunden	zum Beispiel: 8 Stunden	zum Beispiel: weniger Meetings
Studium			
Sport			
Pendelzeit			
Freunde & Familie			
Hobbys			
TV/Netflix			
Internet/Social Media			
Schlafen			
Kochen, Essen, Einkaufen			
Sonstiges			

Hören:

- ▸ ada, »Digitales Teamwork«
- ▸ Business Punk – How to Hack, »#30: Frank Thelen über Produktivität«
- ▸ Baby Got Business, »#2 Self-Improvement: Strukturieren & Priorisieren«

Lesen:

- ▸ Tim Reichel: *Busy is the New Stupid. Wie du endlich mehr Zeit für das Wesentliche gewinnst*
- ▸ Markus Albers: *Digitale Erschöpfung. Wie wir die Kontrolle über unser Leben wiedergewinnen*
- ▸ James Clear: *Die 1%-Methode – Minimale Veränderung, maximale Wirkung: Mit kleinen Gewohnheiten jedes Ziel erreichen* (englischer Orginaltitel: *Atomic Habits*)
- ▸ Greg McKeown: *essentialism. The Disciplined Pursuit of Less*

MIT DEM SUPERMAN-CAPPY ZUR KANZLERIN
WIE DU BERUFLICHE NETZWERKE SCHMIEDEST

In diesem Kapitel erfährst du unter anderem,

▸ wie ich zum Fan von FC St. Pauli wurde;

▸ was die japanische Tradition des Nokimai mit Hackhähnchen zu tun hat;

▸ welche Tipps und Tricks professionelle Lobbyisten nutzen – und warum Nett-sein dazugehört;

▸ warum Frisuren eine gute Idee für das Selbstmarketing sind;

▸ wie du LinkedIn für deine persönliche Marke nutzt.

»Networking & Relationship Building« nannte sich das Seminar. Eine Unternehmensberatung in Stuttgart buhlte um die Gunst der Stipendiaten der Stiftung der Deutschen Wirtschaft, damit diese sich nach ihrem Studienabschluss dort bewerben. Grund genug also, sich im besten Lichte zu präsentieren. Daher dieses exklusive Training zu beruflichem Netzwerken, direkt aus der Hand der Profis.

Die konkreten Tipps waren allerdings eher, nun ja, bescheiden: Man sollte zum Beispiel gemeinsame Interessen mit den Ziel-Kontakten finden. Wichtigstes Feld: Fußball! Das ist leider ein Gebiet, von dem ich keinerlei Ahnung habe. Ich fasste daher den Vorsatz, mich mehr mit Fußball zu beschäftigen, und lud mir die kicker news-App aufs Handy. Da blieb sie dann aber auch nach dem ersten Öffnen ungenutzt. Und, zur Hölle: Was wollte ich mit Fußball, wenn es mich einfach außerhalb der Weltmeisterschaft nicht sonderlich interessiert? Ich stellte mir also meine eigenen Netzwerk-Tipps auf. Regel Nummer 1: Verrenke dich nicht, sondern bleib du selbst.

In den Arbeitsunterlagen des Seminars gab es auch eine Seite, die mit »Basics« überschrieben war. Darauf konnte man Tricks finden wie: Namensschild tragen, lächeln, Hände schütteln (ich schreibe dieses Buch in Zeiten von Corona – da ist dieser Ratschlag wohl überholt), sich verabschieden, nach der Visitenkarte fragen und so weiter. So netzwerken vielleicht Boomer. Für mich klangen die Tipps banal oder unauthentisch. Handschriftlich ergänzte ich auf dem Blatt: »gemeinsam saufen«. Das Schaffen gemeinsamer Erlebnisse (auch ohne intensiven Alkoholkonsum) halte ich immer noch für einen wichtigen Ratschlag.

Einige Zeit später wurde ich eingeladen, in der Hauptstadtzentrale eines großen Telekommunikationskonzerns einen Vortrag zum Thema »Wie baue ich ein Netzwerk?« zu halten. Ich sagte spontan zu, wusste aber nicht so recht, was ich erzählen sollte. Also fragte ich befreundete Lobbyisten in Berlin und Brüssel nach ihren wichtigsten Erfahrungen. »Verbindlichkeit und Verlässlichkeit«, hörte ich immer wieder als Antwort, ansonsten grübelten alle und baten mich um mein Vortragsmanuskript, sobald es denn fertig sei. So hatte ich mir das nicht gedacht.

Ich hielt den Vortrag über meine eigenen Erfahrungen als langjähriger Klimaaktivist und hauptberuflicher Lobbyist beim deutschen Digitalverband. Selbst Jahre später sprechen mich immer noch Leute an, die mich dort zum ersten Mal gesehen haben, und bedanken sich für diese oder jene Einsicht, die ihnen erst dort klar geworden sei. Das ermutigte mich, hier meine Ideen in etwas längerer Form aufzuschreiben. Der Kurs in Stuttgart hat so vielleicht doch noch etwas gebracht.

Warum überhaupt netzwerken?

In einer Metrostation von Washington D.C. spielte ein Straßenmusiker auf seiner Geige. Kaum jemand blieb stehen, aber nach 43 Minuten hatte er immerhin 32,17 Dollar eingesammelt. Dann zog er wieder von dannen.

Der scheinbare Straßenmusiker hieß Joshua Bell und war ein weltberühmter Violinist. Und er spielte auf einem Instrument, das über 3 Millionen Dollar wert war.[47]

Das Experiment illustriert: Egal, was du kannst, egal, wie kompetent du bist – wenn dich niemand kennt, ja sogar wenn du bloß nicht im richtigen Licht stehst, bekommst du nur Trinkgeld. Das ist traurig, aber leider real.

Es reicht nicht, viel zu wissen und hart zu arbeiten. Die Leute da draußen müssen wissen, dass du existierst und was du kannst – sonst ist jedes Wissen und alle Arbeit umsonst. Ein belastbares Netzwerk hilft: beim Finden eines Jobs, bei der Zusammenarbeit und beim beruflichen Aufstieg innerhalb des Unternehmens, bei der Gewinnung von Kunden, bei der Kooperation mit Projektpartnern, bei der Suche nach neuen Karrierewegen. Oder eben im privaten Umfeld: jemand, der dich auf die Gästeliste im Club setzt, dir einen Geheimtipp im Studium verrät oder dir eine Wohnung vermittelt.

Netzwerken klingt nach »Vitamin B«, mit »B« für »Beziehung«, also: »Der bekommt nur den Job, weil er gute Beziehungen hat!« Das riecht nach Vetternwirtschaft und Klüngel. Aber gerade, wer noch neu im Geschäft ist oder nicht aus der ohnehin gut verdrahteten Mittel- und Oberschicht kommt, muss es schaffen, ein eigenes Netzwerk aufzubauen. Anderswo verschaffen einem die Eltern das Entree zum Traumpraktikum oder zum Spitzenjob, indem sie Tante X, Studienkumpel Y oder Geschäftspartnerin Z anrufen. Wessen Eltern einem nicht bei der Karriere behilflich sein können, der ist auf sich gestellt und muss daher erst recht Networking lernen.

Ich habe alle meine Jobs und viele Aufträge nur bekommen, weil mich Leute kannten und mich weiterempfahlen. Allerdings: Ich wurde »nur« empfohlen – das öffnete eine Tür, aber bedeutete noch lange nicht, dass ich den Job oder Auftrag wirklich erhielt. Es half nur bei meiner Sichtbarkeit – der Arbeitgeber muss mich finden können. Ob ich für die Stelle wirklich geeignet bin, ist eine andere Frage, und auch die wird rigoros geklärt – aber eben erst, nachdem man sich überhaupt erst entdeckt hat. Wer nicht weiß, dass es dich gibt, kann dich auch nicht einstellen.

Aller Anfang ist schwer, und das gilt auch fürs Networking. Ich traf mich einmal mit Rezo zum Tee, dem blauhaarigen YouTuber, und der erzählte: »Früher hat niemand meine Videos geschaut.« Jetzt hat er ein Millionenpublikum. Aber wie soll man ihn finden, wenn jeden Tag über 1 Milliarde Stunden (!) auf YouTube hochgeladen werden?[48] So ähnlich geht es uns allen: Wie soll der nächste Job, der nächste Kunde, der nächste Kontakt auf uns aufmerksam werden im Meer der Möglichkeiten?

Ein solides Netzwerk muss dabei gar nicht groß sein. Man muss nicht alle und jeden kennen; auch 1.000 LinkedIn-Kontakte bringen nichts, wenn die zwar formal online mit dir vernetzt sind, aber gar nicht wissen, wer du eigentlich bist. Lieber habe ich zehn wirklich enge Kontakte, auf die ich mich wirklich verlassen kann, als 1.000 Kontakte, die mir nie antworten. Klasse schlägt Masse.

Kontakte muss man »pflegen«, das heißt, man muss möglichst oft mit ihnen interagieren. Das kostet Zeit, und schon daher muss man sich überlegen, mit wem man eigentlich seine Zeit verbringen will. Mit engen Partnern und guten Freunden macht man das lieber als mit unangenehmen Personen. Das häufige Wiedersehen ist wichtig, weil es den sogenannten »Effekt der bloßen Darstellung« gibt (*mere-exposure-effect*): Darunter versteht man in der Psychologie das Phänomen, dass ich jemanden sympathischer finde, wenn ich sie oder ihn oft sehe (und andersrum der andere mich auch sympathischer findet).[49] Der andere kommt mir bekannt und vertraut vor – und wird daher ganz von selbst zu einem Freund. Ausnahme: Wer sich auf den ersten Blick nicht leiden konnte, dem hilft auch das Wiedersehen nicht. Eine wichtige Regel fürs Networking ist daher, sich möglichst oft bei allen möglichen Anlässen wiederzusehen. Dating funktioniert übrigens genauso: Wer aus einer flüchtigen Liebschaft eine feste Beziehung machen will, sollte sehr viel Zeit in häufiges Wiedersehen investieren (so habe ich meine Freundin überzeugt ;)).

Es gibt Leute, die nur auf Konferenzen gehen, um auf Biegen und Brechen einen Stapel Visitenkarten einzusammeln (oder loszuwerden). Nichts gegen Visitenkarten, gern auch stapelweise – aber nur dann, wenn man nicht zwanghaft bei jedem Gespräch nach der Karte fragt, um dann aufzuspringen und den nächsten Kontakt zu jagen. Und zudem würde ich das nur machen, wenn man sich in den Tagen darauf bewusst Zeit nimmt, um jeden Kontakt individuell anzuschreiben und zumindest ein »Hallo« mit einer Erinnerung an das Kennenlernen zu senden. Je mehr Visitenkarten, desto mehr Arbeit. Ein dickes Adressbuch hilft dir nicht, wenn du die Leute gar nicht wirklich kennst. Ohnehin würde ich statt Visitenkarten lieber LinkedIn empfehlen, weil man dort wirklich vernetzt bleiben kann und nicht nur bedrucktes Papier austauscht, das sowieso bei jedem Arbeitgeberwechsel veraltet.

Wer eine bestimmte Person nicht kennt, aber gern mit ihr in Kontakt treten möchte, kann sich über gemeinsame Bekannte vorstellen lassen. Es ist immer gut, jemanden zu haben, der dir eine Tür aufmacht. (Und es ist auch gut, selbst einem anderen Menschen eine Tür zu öffnen.)

Netzwerken braucht keine harte Arbeit zu sein. Meine Philosophie ist eine andere: Netzwerken sollte sich im Laufe der Zeit als natürlicher Teil des Alltags anfühlen – etwas, das man selbstverständlich macht, ohne darüber aktiv nachzudenken oder es als

»Netzwerken« zu empfinden. Kein mühsames Kontakteknüpfen, sondern eine gute Zeit mit Freunden.

Kultiviere gemeinsame Interessen

Die Managementprofessorin Lauren Rivera wurde in Yale und Harvard ausgebildet und lehrt heute an der Kellogg School of Management, einer US-Eliteschmiede. Ihr Spezialgebiet sind »professionelle Top-Dienstleister«, also Investmentbanken, Anwaltskanzleien und Beratungsfirmen. Bis ins kleinste Detail sezierte Rivera, wie diese Top-Firmen ihre Mitarbeiter rekrutieren. Sie fand heraus: Ein Kandidat, der traditionellen Oberschichtshobbys nachgeht, wie Segeln, Polo oder klassische Musik, wird extrem bevorzugt gegenüber einem Kandidaten, der Hobbys mit niedriger finanzieller Barriere nachgeht, zum Beispiel Fußball oder Country-Musik, bei ansonsten *identischen* universitären und beruflichen Qualifikationen.

Arbeitgeber suchen sich ihre Bewerber nicht nach Kompetenz aus, sondern vor allem danach, ob sie zur Unternehmenskultur passen – sprich: Golfer stellen Golfer ein. Ob jemand »dazu passt«, nannte über die Hälfte der Topmanager in einer Befragung sogar ausdrücklich als wichtigstes Einstellungskriterium– wichtiger als analytisches Denken oder Kommunikationsfähigkeit.[50]

Selten sind es also rein fachliche Qualifikationen, die entscheiden, ob man den nächsten Sprung schafft. Es sind gemeinsame Interessen und bestimmte Verhaltensweisen, die Sympathie wecken und Vertrauen schaffen. Gerade Freizeitaktivitäten werden als Indikator für Charakter und Kultur angesehen. Diese »feinen Unterschiede«, wie sie der berühmte französische Soziologe Pierre Bourdieu nannte, sind der Stoff, der eine Gruppe zusammenschweißt – und gegen andere abgrenzt.[51]

In meinem heutigen Bekanntenkreis sind Skifahren, Rennradfahren (häufig an exotischen Orten), Segeln und Jagd beliebte Freizeitvergnügen. Man hat ein gemeinsames Herzensthema, über das man leidenschaftlich schwärmt, gibt sich gegenseitig Tipps oder fährt zusammen in den Urlaub. Auch die Restaurants sind meistens dieselben; wer sich die teuren Drinks und Gerichte nicht leisten kann, ist eben raus. So werden Kontakte zu Freunden, und Freunde schustern sich gegenseitig gutdotierte Jobs und exklusive Informationen zu.

Für jemanden, der aus der Unterschicht kommt, sind die Netzwerke der Wohlhabenden schwer erreichbar. Ein normaler Skiurlaub mit der Familie kostet selbst einen Durchschnittsverdiener zwei Monatslöhne[52] – unbezahlbar.

Zum Glück gibt es auch andere Möglichkeiten, Gemeinsamkeiten zu kultivieren. Daher gab es den Fußball-Tipp auf dem Seminar in Stuttgart: Fußball ist über soziale Schichten hinweg ein vereinendes Thema. Wer sowieso ein Fan ist, kommt darüber leicht ins Gespräch. Oder man findet eine Verbindung über eine gemeinsame geografische Herkunft, und damit auch eine kulturelle Prägung. Ich als Bayer spreche sehr gern über meine Heimat. Am liebsten mit anderen Bayern, die mich wenigstens verstehen.

BEISPIEL

Selbst ich bekenne mich inzwischen als Fan des FC St. Pauli. Ich habe zwar keine Ahnung von Fußball, was ich auch offen zugebe, aber finde die antisexistische und antirassistische Vereinskultur sympathisch. Im Millerntor-Stadion gibt es außerdem eine Kita und zwei Bienenvölker, die Honig produzieren. Echt cool. Ich war sogar schon zu einer Besichtigungstour dort und bekam ein Trikot mit meinem Namen drauf geschenkt. Ich denke, das qualifiziert sogar mich ausreichend.

BEISPIEL

Unter Bayern zitiert man einmal Gerhard Polt, den großen bayerischen Philosophen, und weiß, dass man sich mag (Polts Ausführungen zum Wesen der Demokratie sind unvergessliches Kulturgut). Außerhalb der bayerischen Grenzen halten

> sogar Franken und Altbayern zusammen, die sich innerhalb Bayerns mehrheitlich zuwider sind. Aber gegen die Preußen solidarisiert man sich dann doch.

Besonders hilfreich finde ich Netzwerke für demografische Gruppen. Ein paar Beispiele: Bei »Wir sind der Osten« organisieren sich Ostdeutsche, bei den »Global Digital Women« treffen sich Frauen mit digitalen Ambitionen, und im »Netzwerk Chancen« oder bei »Arbeiterkind.de« unterstützen sich soziale Aufsteiger gegenseitig. Weil man gemeinsame Erfahrungen teilt und sich sofort versteht, wird man sich schnell vertraut, spricht sich Mut zu und spornt sich gegenseitig an.

Im politischen Betrieb ist eine Parteimitgliedschaft nicht verkehrt, um als Teil der »Szene« zu gelten. Über Parteifarben hinweg wird wertgeschätzt, wenn jemand Farbe bekennt und sich in einer Partei für unsere Demokratie engagiert. Dabei sollte man selbstredend die Partei wählen, mit der man die Grundwerte und Ideale teilt. Wer aus rein karrieristischen Erwägungen versucht, die vermeintlich richtige Partei für sein Netzwerk herauszupicken, fällt schnell negativ auf und tut sich selbst nichts Gutes.

Übrigens: Dass wir gerne die Ansichten von Menschen übernehmen, die uns menschlich sympathisch sind, heißt in der Fachsprache »Ingratiation« – eine Technik, die bewusst darauf abzielt, eine andere Person zu beeinflussen, indem man ihr gegenüber sympathischer wird. Zu den Techniken gehören Komplimente, Einigkeit in der Meinung, gemeinsame Freunde (Name-Dropping), Humor oder kleine Gefallen.[53] Ingratiation funktioniert besser, als wir uns eingestehen wollen: In Experimenten wurde nachgewiesen, dass eine Kellnerin (in dem Fall nur mit weiblichen Versuchspersonen) in einem Restaurant deutlich mehr Trinkgeld bekommt, wenn sie die Gäste für ihre Auswahl der bestellten Gerichte lobt.[54] Kleine Geste mit großer Wirkung!

Give first, ask second

Jage nicht nur den scheinbar wichtigen Kontakten hinterher. Sei ein netter Mensch – interessiere dich für den Menschen, nicht bloß für den »Kontakt«. Sortiere deine Kontakte auf keinen Fall verbissen nach deren aktueller »Nützlichkeit«. Sprich auch mit vermeintlich unwichtigen Menschen, sofern sie dir sympathisch sind. Nicht selten ist es so, dass ausgerechnet die scheinbar unwichtigen Menschen dir später unerwartet am meisten helfen.

Wenn dich jemand nach Hilfe fragt: Hilf gern, ohne eine Gegenleistung zu verlangen oder zu erwarten. Wenn jemand Hilfe brauchen könnte, ohne aktiv darum zu bitten: Biete deine Hilfe an. Denke nicht daran, was du zurückbekommst. Sondern unterstütze, wo du kannst, vor allem am Anfang einer Beziehung. Wer einmal bekommen hat, der erinnert sich und gibt dir später zurück – vielleicht zu einer Zeit und bei einer Sache, die du heute gar nicht im Blick hast. Das Prinzip der Reziprozität (Gegenseitigkeit) wird auf lange Sicht Bestand haben.

Wenn ich Presse- oder Vortragsanfragen oder Jobangebote erhalte, die ich selbst nicht annehmen kann, biete ich fast immer an, die Anfrage weiterzuleiten oder nenne konkret zwei bis drei Namen von Leuten, die aus meiner Sicht ein Match wären. Ich habe so schon mehrere Bekannte für Talkshows oder Radiointerviews vermittelt, und ich bin mir sehr sicher, dass sie auch meinen Namen nennen, wenn sie in derselben Situation sind.

BEISPIEL

> Ich organisierte eine Paneldiskussion zum Thema Künstliche Intelligenz und Ethik. Im Publikum fiel mir ein Mann auf, der mir vertraut vorkam. Ich lief zu meiner Kollegin am Empfang und fragte nach der Gästeliste – und tatsächlich: Es war der Chef-Forscher eines Autokonzerns! Meine Kollegin entgegnete ungläubig: »Wie, der Typ, der so aussieht wie ein Obdachloser? Den wollte ich schon rauswerfen!« Gut, dass sie das nicht getan hat. Man weiß nie, wer wichtig ist oder einmal wichtig wird. Daher sollte man alle Menschen mit Respekt behandeln (das gilt übrigens auch und erst recht für tatsächliche Obdachlose).

BEISPIEL

> Eine Freundin war vor einigen Jahren als »Leader of Tomorrow« zum begehrten St. Gallen Symposium eingeladen. Dort tummeln sich führende Managerinnen und Manager, Staatsmänner und -frauen, berühmte Intellektuelle aus aller Welt und treffen auf ausgewählte aufstrebende Führungskräfte aus der jungen Generation. Und sie sind natürlich entsprechend »umlagert«, weil viele den Moment nicht verpassen wollen, beispielsweise mit dem griechischen Premierminister ein paar persönliche Worte abends beim Bier zu wechseln. Statt aber den wichtigen Leuten hinterherzujagen, setzte sich die besagte Freundin lieber an die Bar zu ein paar Damen im mittleren Alter, die sonst keiner wahrnahm. Später stellte sich heraus: Es waren die Ehefrauen genau derjenigen Männer, die alle anderen im Visier hatten. Und dreimal darfst du raten, wer nun den besseren Zugang zu den wichtigen Kontakten hatte. (Übrigens waren auch viele wichtige Frauen vor Ort, wie Christine Lagarde, die damalige Chefin des mächtigen Internationalen Währungsfonds. Über den Verbleib der Ehemänner ist mir allerdings nichts bekannt.)

Als Neuling weiß man vielleicht nicht genau, was man eigentlich geben kann. Aber gerade junge Menschen sollten sich nicht unterschätzen. Führungskräfte schauen sich immer wieder nach neuen Mitarbeiterinnen und Mitarbeitern um, sie wollen am Ball bleiben, was die Denkwelt der nachrückenden Generation angeht, brauchen Rat bei digitalen Kanälen und sozialen Medien, und sind seit Fridays for Future und dem Entstehen von Start-ups mehr denn je zuvor daran gewöhnt, auch mit jüngeren Menschen auf Augenhöhe zu sprechen. Greta Thunberg war 16, als sie eine globale Klimabewegung ins Leben rief. Mark Zuckerberg war 19, als er Facebook gründete. Das haben sich viele gemerkt.

Gerade Menschen, die im Rampenlicht stehen, können sich vor Anfragen oft nicht retten. Tausende erzählen ihnen von ihren Problemen: »Ich mache gerade das Projekt XY, das ist sehr wichtig (vor allem für mich), da müssen Sie mir helfen!« Sei anders: Indem du sagst: »Ich finde Ihre Arbeit wichtig und habe mich gefragt: Wie kann ich Ihnen helfen?« Und schon weiß das Gegenüber, dass es dir nicht um dich geht, sondern um eine gemeinsame Arbeit, von der beide profitieren.

Menschen spüren, wenn man sie auf instrumentelle »Kontakte« reduziert. Empathie ist der Stoff, der Menschen zusammenhält, ob privat oder beruflich. Wenn der andere spürt, dass du ihn magst, dann mag er dich viel wahrscheinlicher auch – das Prinzip der Reziprozität gilt nachgewiesenermaßen auch für Zuneigung.[55] Sobald man andere und nicht sich selbst in den Vordergrund stellt, passieren magische Dinge. *Give first and ask second.*

Wenn du andere um Unterstützung bittest, habe Respekt vor deren Zeit. Du hast kein angeborenes Recht auf kostenlose Hilfe. Mach es der anderen Person möglichst leicht, dir zu helfen: Sag kurz und knapp, was du genau benötigst, und biete an, alles vorzubereiten, was in deiner Macht steht – und biete zum Dank einen Gefallen an, und sei er noch so klein.[56]

Ich versuche, alle Anfragen zumindest zu beantworten und auch Menschen, die mich aus dem Blauen heraus um Unterstützung bitten, möglichst gut zu helfen, wenn dies in meiner

Macht steht. Je konkreter die Anfrage, desto besser kann ich helfen. Eine Ausnahme sind Random-Anfragen, von denen ich weiß, dass sie sich gar nicht für mich interessieren, sondern lediglich Massen-E-Mails produzieren, um Geschäftspartner oder Experteninterviews zu akquirieren.

Erzwinge keinen Kontakt. Nichts ist schlimmer als Aufdringlichkeit. Es gibt tatsächlich erwachsene Menschen, die in dein Gespräch mit zwei Freunden am Rande einer Konferenz hineinplatzen, dir ihre ach so tolle neue Erfindung aufschwatzen wollen und dich drängen, ihnen deine Visitenkarte zu geben. Das ist maximal unangenehm und das Gegenteil von professionellem Networking.

Tauche bei deinen Kontakten nicht erst dann auf, wenn du etwas brauchst, nur um danach wieder in der Versenkung zu verschwinden. Alle wissen, dass die Kalender gut gefüllt sind, und haben daher Verständnis, wenn jemand sich nur selten meldet. Aber darauf kommt es an: sich wenigstens hin und wieder zu melden – und zwar ohne Anlass und ohne Agenda.

Ohne Anlass heißt auch: nicht nur einmal im Jahr, weil Facebook dir sagt, dass der andere gestern Geburtstag hatte. Das finde ich sogar die belangloseste Gelegenheit. Sondern melde dich sonst einmal – einfach nur so. Mindestens per Messenger, am liebsten aber persönlich. Persönliche Treffen zum Kaffee, Bier oder Wein sind durch nichts ersetzbar, selbst wenn sie nur kurz sind. Der persönliche Kontakt, mit Berührung, Umarmen und Small Talk, kann gar nicht hoch genug geschätzt werden.

Wenn du ein freundlicher und smarter Typ bist, verbreitet sich das weiter. Die Gerüchteküche wird ganz von selbst dazu führen, dass andere gut auf dich zu sprechen sind. Das gilt auch andersherum: Wenn du einmal jemandem erzählst, dass du Person XY nicht leiden kannst, wird diese Person das früher oder später erfahren. Die Flüsterpost ist gnadenlos. Halte dich also mit negativen Urteilen zurück. Nicht jede Abneigung muss artikuliert werden.

Man braucht nicht den Leuten nach dem Mund reden, noch muss man sich herzend in den Armen liegen. Mit vielen meiner beruflichen Kontakte, selbst mit so manchen engen Freunden, bin ich selten auf einer Linie. Das ist aber kein Grund, um Privatfehden vom Zaun zu brechen. Wenn ich erzähle, dass Politiker, die sich in der Talkshow fetzen, danach friedlich bei einem Glas Wein zusammenstehen, interpretieren manche den Zoff vor der Kamera als unehrliches, aufgesetztes Theater. Aber politische Gegner sind keine Feinde:[57] Man will sie argumentativ stellen, ohne ihre Daseinsberechtigung infrage zu stellen. Man kann andere Meinungen vertreten und sich menschlich dennoch mögen (oder zumindest nicht hassen, das hilft ja auch schon). Genauso gilt das für Kolleginnen und Kollegen am Arbeitsplatz oder für die Kontaktpersonen bei Kunden- oder Partnerunternehmen: Wenn man die Kontaktperson am anderen Ende mal bei einem erfrischenden Glas Moselriesling (oder einer Apfelschorle) kennengelernt hat, werden auch peinliche Fehler oder stressbedingte Überreaktionen nicht ganz so übelgenommen.

Politik kommt nicht ohne Kritik aus, aber sachliche Überzeugungsarbeit gelingt selten auf der öffentlichen Bühne. Noch nie habe ich eine Talkshow gesehen, bei der einer eingestand: »Ach, das ist ein gutes Argument. Da ändere ich jetzt meine Meinung!« Auch sachlich gemeinte Kritik greift den anderen an und drängt ihn in eine Verteidigungshaltung. Deswegen eskalieren Kommentare auf Facebook oder Twitter so extrem rapide: Kritik führt dort selten zur Überzeugung, weil sie eben nicht als sachliches Argument, sondern als persönlicher Angriff wahrgenommen wird. Deswegen gilt online wie offline: Verstecke deine Meinung nicht, aber schenke dem Gegenüber menschliche Anerkennung. Findet gemeinsam einen Weg, etwa: »Hm, da habe ich eine andere Perspektive. Was hältst du beispielsweise hiervon?« Und egal wie es ausgeht: Bedanke dich am Ende für den Meinungsaustausch. »Das war doch eine spannende Diskussion! Dankeschön!«

Such dir einen Mentor – oder noch besser: Lass dich finden

Ich lernte Tristan auf der Straße kennen. Die Hamburger Landesvertretung in Berlin gab ein Sommerfest, und dafür wurden die Häuserblocks rings um die Mauerstraße abgesperrt. In hinreichend betrunkener Verfassung erzählte ich diesem unbekannten Menschen vertrauensselig von meinen Problemen. Tags darauf lud er mich zum Dinner ein, und so saß ich frisch ausgenüchtert im Innenhof des Edelrestaurants borchardt, erschauderte beim Blick auf die Preise in der Speisekarte, und hoffte inständig, dass dieser Abend nicht mein Monatsbudget sprengen würde. Zwei Stunden später befand ich mich wieder in einigermaßen berauschtem Zustand, und wir tauschten fröhlich Meinungen und Ansichten über den Politikbetrieb aus.

Als Führungskraft bei einem bekannten internationalen Unternehmen und als absoluter Netzwerkprofi kann Tristan viele Türen öffnen. Nie würde er für sich reklamieren, mein Mentor zu sein, ja, er würde dies mitunter sogar abstreiten. Aber er ist ein Ansprechpartner für alle Lebenslagen, geizt weder mit Kontakten noch Wissen und hilft verlässlich, schnell und unkompliziert, egal ob es um Hilfe bei einem Visum geht, um Insidertipps für das Jobinterview oder den Kontakt zu dieser oder jener Persönlichkeit. Begehe ich einen Fauxpas, ist er nicht nachtragend. Man kennt und vertraut sich.

Eine solche Beziehung ist nie einseitig. Ich unterstütze Tristan, wo ich kann, auch wenn es nur kleine Gesten sind. Einmal lud er Freunde und Kontakte zu einem klassischen Konzert ein. Ich trank gerade ein Glas Wein, als er eilig auf mich zulief: »Wolfgang, die Frau des Ministers X ist hier und kritisiert, es gebe hier nur Adlige und Berater. Du musst sofort mitkommen.« Natürlich ließ ich mich nicht zweimal bitten und wurde der Ehegattin des Ministers vorgestellt: »Frau X, sehen Sie: ein Sozialdemokrat!« Ein andermal benötigte er jemanden, der ein Gespräch mit einem

Spitzenpolitiker in einer sehr sensiblen Situation mit viel Fingerspitzengefühl moderiert. Auch da sagte ich sofort zu.

Die besten Mentoren würden sich niemals so nennen. Ich habe daher gelernt, nie zu fragen, ob jemand mein Mentor sein möchte, weil sich das für alle Beteiligten unangenehm anhören kann. Stattdessen versuche ich, gute Arbeit zu machen, diese gute Arbeit sichtbar zu machen, und ein Mentor wird mich finden, weil er das Potenzial in mir sieht und mich unterstützen möchte.

Einen Mentor sucht man sich nicht. Man wird gefunden! Der beste Weg, einen Mentor zu finden, ist es, keinen zu suchen – dann wird es magisch passieren.

»I mentor when I see something and say ›I want to see that grow.‹«

*Oprah Winfrey, US-Talkshowlegende und erste Afro-Amerikanerin,
die Milliardärin wurde*

Ich bekam im Leben bestimmt fünf oder sechs offizielle Mentorinnen und Mentoren zugewiesen, etwa als Stipendiat bei der Friedrich-Ebert-Stiftung und der Stiftung der Deutschen Wirtschaft. Dabei handelte es sich um Alumni, die nun in höheren Positionen in Wirtschaft, Politik oder Wissenschaft saßen und die etwas an die Gemeinschaft zurückgeben wollten. Funktioniert hat der Austausch allerdings nie. Man telefoniert einmal, trifft sich vielleicht zum Kaffee und hört nie wieder voneinander. Das ist kein Wunder, weil die Mentoren meistens wenig Zeit haben und man ja auch nicht unbedingt persönlich zusammenpasst, nur weil man vom zentralen System füreinander ausgewählt wurde. Ohne Sympathie wird die Beziehung zwischen Mentee und Mentor nie aufblühen.

BEISPIEL

Eine Initiative vermittelte mich als Mentor an ein Arbeiterkind in einer Schule in Bayern, da ich eine ähnliche Biografie aufweise. In unserem Telefonat wurde schnell klar, dass sich der Schüler auf dem heimischen Hof sehr wohl fühlte und mit meiner beruflichen Karriere nichts anfangen konnte. Er wollte einfach in seinem Dorf bleiben und sich um seine Tiere kümmern – und dass es dieses Berlin gibt und andere berufliche Optionen, war ihm bewusst, aber einerlei. Mein Bruder, der das Landleben ebenfalls bevorzugt, wäre vermutlich der bessere Mentor gewesen.

BEISPIEL

Beim »Netzwerk Chancen« engagiere ich mich in einem Mentorship-Tandem mit einem jungen Studenten der Kommunikationswissenschaft. Er kommt wie ich aus Bayern und ist politisch engagiert. Wir treffen uns einmal im Monat zu einem langen Spaziergang und tauschen uns informell und ohne Agenda aus und schöpfen beide viel Inspiration aus dem Perspektivenwechsel.

Das Alter spielt dabei übrigens nur eine Nebenrolle: Ein Mentor braucht kein alter weiser Mann sein, sondern kann genauso eine junge erfolgreiche Frau sein. Wenn man selbst bereits älter ist, muss man nur mit seinem Ego verkraften können, dass jüngere Menschen ebenfalls die Mentorenrolle innehaben können. Sheryl Sandberg, Co-Chefin von Facebook, rät jungen Frauen, sich bewusst einen Mann als Mentor zu nehmen. Einerseits, weil es derzeit mehr Männer in Führungspositionen gibt und die nicht in ihren »Boys Clubs« unter sich bleiben sollten; andererseits, weil die Einblicke und Kontakte in diese Männerwelt gerade für Frauen sehr wertvoll sind.[58] Idealerweise hat man einfach mehrere Mentoren aller Geschlechter.

Ein Mentor ist übrigens nicht dasselbe wie ein Coach. Coaching involviert keine Beziehung auf Gegenseitigkeit und wird zudem in der Regel (teuer) bezahlt für zeitlich begrenzte Sitzungen. Die Initiative »Mentor Me« (*mentorme-ngo.org*), die gegen Gebühr berufliches »Mentoring« für Frauen vermittelt, müsste also richtigerweise »Coach Me« heißen (zumindest wenn man die Begriffe streng nimmt).

Ein Coach hilft dir durch gezielte Fragen und richtige Fingerzeige, deinen Weg zu finden und beruflich weiterzukommen. Der Coach ist dabei neutral, drängt dich also nicht in eine bestimmte Richtung oder urteilt über dich. Ein Coach sollte nicht nur (und nicht unbedingt) Psychologie studiert haben oder irgendein Zertifikat vorweisen können, sondern selbst handfeste Praxiserfahrung mitbringen. Gute Coaches sind noch schwerer zu finden als gute Mentoren, aber es gibt sie. Verlass dich am besten auf Tipps von Freunden oder schau dich um bei Initiativen wie »Netzwerk Chancen« (für soziale Aufsteiger), die kostenfreie Coaching-Sessions vermitteln – und ein tolles Mentorship-Programm.

Führe leichte Konversationen, ohne dass es peinlich wird

Eine leichte, beiläufige Konversation zu führen, ohne dass es peinlich wird, und mit offenem Ausgang – das ist die Kunst des Small Talks. Als Gesprächsthema bietet sich alles Mögliche an, und sei es das Wetter – in Zeiten von Fridays for Future ist das sowieso ein guter Konversationsstarter, um von dort auf Themen wie zum Beispiel den letzten Urlaub überzuleiten (»Das Wetter zu dieser Zeit in Mailand ist der Wahnsinn! Warst du schon mal da?«). Wem partout nichts einfällt, fragt ganz banal: »Und, wie bist du hier gelandet? Woher kennst du den Gastgeber?«

Oft wird behauptet, dass man Bereiche wie Politik, Religion, Krankheit oder persönliche Probleme ausklammern soll. In dieser Absolutheit halte ich das für Unsinn. Für meinen Job wäre es hochgradig dumm, ausgerechnet Politik auszusparen – das ist schließlich meine Arbeit. Zwar sollte man nicht zu allen verminten Gebieten auf Biegen und Brechen seine provokative Privatmeinung rausballern. Aber gerade beim nicht-öffentlichen informellen Gespräch habe ich die Erfahrung gemacht, dass kein Thema unpassend ist, solange man Respekt für den anderen aufrechterhält und positiv kommuniziert. Je mehr man sich selbst öffnet, desto mehr öffnet sich auch der andere – wir sind alle Menschen. Die strikte Trennung zwischen Privat und Beruflich gelingt ohnehin nicht, und ich hätte darauf auch keine Lust – dann wäre Netzwerken nämlich wirklich Arbeit. Wenn berufliche Kontakte zu Freunden werden, und deine Freunde zugleich berufliche Kontakte sind, dann macht eine solche Unterscheidung auch weder Sinn noch Freude.

Ich bin ein Freund des Duzens. Wo immer möglich, ohne die Grenze zur Unhöflichkeit zu überschreiten, duze ich ungefragt mein Gegenüber. Mir ist noch nie passiert, dass der andere sich partout das Sie erbeten hätte. Für diesen Fall würde ich mich entschuldigen – und das wäre durchaus ehrlich, weil es dann mein Fehler war, die Situation falsch einzuschätzen. Zur Entschuldigung kann ich mich immerhin darauf berufen, dass ich aus der Digitalbranche komme und das informelle »Du« dort üblich ist. Man darf das Duzen aber niemals erzwingen.

Ein Intro gegenüber neuen Kontakten klappt am besten über einen Freund, der als Wingman (oder Wingwoman) auftritt: Er kann dich in den höchsten Tönen loben, während es prahlerisch wirken würde, wenn du selbst dich so vorstellen würdest. »Das ist Kim, sie war Jahrgangsbeste an der Humboldt-Universität und gilt als Jura-Nachwuchsstar in Deutschland!« ist ein Satz, den man wegen des Gebots der Bescheidenheit kaum über sich selbst sagen würde. Auch du selbst kannst Wing(wo)man sein – aus eigenem Antrieb, sofern sich deine Begleitung dadurch nicht unangenehm berührt fühlt.

Schlange zu stehen bei einer wichtigen Person, um auch mal mit ihr reden zu können, ist langweilig und macht dich kleiner, als du bist. Deswegen sollte man das nur tun, wenn es wirklich sein muss.

Der Tausch von Visitenkarten gehört zwar zum Networking dazu, aber ist nicht essenziell – die Visitenkarte dient mir meist nur als Erinnerung für den nächsten Tag, um eine E-Mail zu schreiben oder auf LinkedIn ein kurzes »Hallo, schön dich gestern getroffen zu haben« dazulassen. Besser finde ich, den Kontakt direkt nach seinem Twitter- oder Instagram-Profil zu fragen – jeder mag neue Follower, und mit etwas Glück (beziehungsweise einer Portion Höflichkeit) folgt der andere dir auch zurück. Wenn der andere keine sozialen Medien verwendet, ist das auch okay – und der beste Konversationsstarter über die Lichtblicke und Schattenseiten digitaler Vernetzung.

Stell Fragen, aber nerve nicht

Ein völlig unterschätzter »Trick«, um auf sich aufmerksam zu machen, ist es, nach einem Vortrag oder einer Podiumsdiskussion eine Frage zu stellen. Ich denke vor oder während des Vortrags aktiv darüber nach, was ich beitragen kann, und melde mich sofort, sobald Wortmeldungen aus dem Publikum zugelassen werden (sofern mir eine sinnvolle Frage eingefallen ist). Durch eine kurze Wortmeldung weiß der ganze Saal, dass du anwesend bist, was dir beim späteren Networking unendlich viel hilft. Trotzdem gilt es, die Regeln der Höflichkeit zu wahren: Fass dich kurz, bleib freundlich im Ton und nutze die Zeit wirklich für eine Frage, nicht für ein Co-Referat.

Ich bin nicht der Typ, der öffentlich gerne Fragen stellt. Ich habe Angst, die Leute mit meiner Unwissenheit zu nerven und mich obendrein selbst dabei bloßzustellen. Aber seit ich erlebe, dass ich ausgerechnet bei denjenigen Fragen, die ich selbst besonders wenig kreativ fand, am meisten Zuspruch aus dem Publikum erhielt, änderte sich meine Einstellung. Als andere Gäste auf mich zukamen und sich für meinen ihrer Meinung nach klugen Beitrag bedankten, während ich mir nur dachte: »Oh, Gott, so klug war das nun wirklich nicht«, merkte ich: Wir werden von anderen oft positiver wahrgenommen (Fremdbild), als wir uns selbst wahrnehmen (Selbstbild), und brauchen die Bühne daher nicht zu fürchten.

Vor allem Frauen, die sich häufig mehr zurückhalten als Männer, kann ich daher nur zurufen: Springt über euren eigenen Schatten und traut euch! Sonst nehmen sich nämlich die anderen mehr Aufmerksamkeit, als sie verdienen. Als Mann kann man eine Balance in den Redeanteilen übrigens unterstützen, indem man erklärt: »Ich fühle mich sehr unwohl, nun als dritter Mann zu sprechen. Das bringt die Geschlechterbalance völlig durcheinander. Ich hoffe, dass ich nun der letzte mittelalte weiße Mann am Mikro bin!« Erfahrungsgemäß reicht diese kleine Ermunterung, und viele Frauen melden sich zu Wort.

BEISPIEL

Bei einem Treffen des World Economic Forum in Brüssel stellte ich eine Frage zur digitalen Transformation, die nicht sonderlich einfallsreich war, aber mich zu der Zeit gerade beschäftigte. Anschließend kam der Gründer und Leiter eines Unternehmens auf mich zu, drückte mir seine Bewunderung für die Frage aus und löcherte mich mit Fragen. Wir sind bis heute regelmäßig im Austausch.

BEISPIEL

Bei einem Fachkongress der SPD-Fraktion im Bundestag war ich der vierte Mann, der aufgerufen wurde, während die Frauen sich nicht meldeten. Ich erklärte: »Ich bin nun der vierte Mann, der redet. Vielleicht führt die Moderation eine Quotierung der Redezeit ein, das täte der Sache gut!« Mein Nebenmann schrie augenverdrehend dazwischen: »Mein Gott, übertreiben brauchen wir es aber auch nicht!« Ich ließ den Zwischenruf unkommentiert stehen. Anschließend meldeten sich viele Frauen zu Wort, und in der Pause traten mehrere an mich heran, um mir für mein Plädoyer zu danken. So kam mein altruistisch gemeintes Plädoyer auch mir selbst zugute. Übrigens: Ein paar Wochen später teilte mir das Büro einer Bundestagsabgeordneten mit, ein Teilnehmer der Konferenz habe sich dort über mich beschwert. Es war der seltsame Typ neben mir, der dazwischengerufen hatte. Man versicherte mir, die Beschwerde sei im Büro mit großem Amüsement aufgenommen worden, und die Abgeordnete habe mein Auftreten bei der Konferenz für vorbildlich befunden.

Trink gemeinsam Alkohol

Bei einer Japanreise lernte ich einen deutschen Ingenieur kennen, der seit ein paar Jahren in Tokyo lebte. Er berichtete mir von der japanischen Tradition des Nomikai, was übersetzt so etwas wie »Trinkgesellschaft« bedeutet. Nomikai stehen zu allen möglichen Anlässen an, vor allem beim Abschluss eines Projekts oder bei sonstigen feierlichen Momenten. Einen formalen Zwang zur Teilnahme gibt es zwar nicht, aber dem sozialen Druck kann sich kaum jemand entziehen, denn die Nomikai gelten nicht als Freizeitvergnügen, sondern als Teil der Arbeit. Man schenkt sich gegenseitig Alkohol ins Glas, und üblicherweise artet die Trinkgesellschaft in ein regelrechtes Gelage aus. Das Saufen bis zur absoluten Hemmungslosigkeit ist in Japan sozial akzeptiert – und wirkt wie ein Kitt, der den Teamgeist zusammenhält: In der streng konservativen Firmenkultur kommt vieles erst unter Alkoholeinfluss zur Sprache, und so werden unter der Oberfläche schwelende Konflikte angesprochen und beigelegt. Am nächsten Tag ist alles vergessen (zumindest offiziell).[59]

Die deutsche Tradition des Feierabendbiers ist da zum Glück wesentlich entspannter. Alkohol ist ein Nervengift, und mehr als ein Bier oder ein Glas Wein pro Abend ist schädlich für den Körper. Bei manchen Empfängen bleibe ich inzwischen sogar konsequent beim Sprudelwasser, was ich zäh gegen die Versuche meiner Freunde, mir doch einen ausgezeichneten Moselriesling von der Bar zu holen, verteidigen muss. Wer nicht trinken will, den sollte niemand dazu animieren, und das habe auch ich nicht vor.

Wie in Japan hat es aber auch hierzulande gute Gründe, warum bei allen vorstellbaren Anlässen Alkohol gereicht wird. Bei einem Glas Wein oder einer Flasche Bier redet es sich viel entspannter, man stößt gemeinsam an, und Alkohol lockert die Zunge. Solange es nicht allzu exzessiv ist, gilt nach dem Stand der Wissenschaft: Alkohol lässt Menschen geselliger, durchsetzungsfähiger und aktiver wirken, man fühlt sich selbst offener und geht aus sich heraus.[60] Studien bescheinigen: Ehepaare sind harmonischer und glücklicher, wenn sie gemeinsam trinken.[61] Und: Männer, die zweimal pro Woche mit Freunden trinken gehen, sind gesünder, weniger anfällig für Depressionen, und erholen sich schneller von einer Erkrankung. Der soziale Kontakt sorgt für ein höheres Glücksempfinden, ein sinkendes Stresslevel und ein besseres Selbstwertgefühl.[62] Gemeinsames Feiern schafft Vertrauen, und Vertrauen ist der Schlüssel zu erfolgreichen menschlichen Beziehungen – privat wie beruflich.

»Bar Talk« ist sogar nachweislich der Schmierstoff für Innovation. Der US-Wirtschaftsprofessor Michael Andrews untersuchte, wie sich die Prohibition – also das Alkoholverbot – in den USA der 1920er-Jahre auf die Anmeldung von Patenten auswirkte. Und siehe da: Überall, wo die Prohibition neu eingeführt wurde, sackte die Zahl neuer Patente anschließend spürbar ab.[63]

BEISPIEL

Eine befreundete Aktivistin und Politikerin lädt regelmäßig zu einem Dinner in kleinem Kreis zu sich nach Hause ein. Ihre Hackhähnchen-Partys sind in der Szene legendär. Man verspeist gemeinsam Hähnchen, das mit Hackfleisch gefüllt ist (vegetarische Menschen wie ich ernähren sich von Beilagen), und betrinkt sich nebenher genüsslich (wer keinen Alkohol trinkt, fällt trotzdem nicht unangenehm auf, da alle anderen umso mehr trinken). Je später der Abend, desto intimer die Gespräche, und tags darauf hat man nicht bloß neue Kontakte gewonnen, sondern neue Freunde. (Und einen dramatischen Hangover. Alkohol ist nicht gesund!)

BEISPIEL

Bei einem Bewerbungsgespräch für einen hochrangigen Posten in einer konservativen Institution erlebte ich folgende Szene:

Dame (aus der vierköpfigen Auswahlkommission): »Herr Gründinger, Sie erwähnten vorhin, dass Sie in Ihrem Team für Motivation und Vertrauen gesorgt haben. Wie machen Sie das?«

Ich: »Mit Alkohol.«

Sie: (fragender, verdutzter Blick)

Ich: »Oder etwa nicht?«

Sie: »Doch, doch! Da haben Sie schon Recht!«

Die Auswahlkommission musste noch ein paar weitere Elemente eines Kulturschocks mit mir durchmachen, aber trotzdem war ich die Runde weiter. Drei Tage später trat der Betriebsrat der Institution geschlossen zurück, aus Unmut über einige Entscheidungen der neuen Leitung. Da dachte ich mir: Hätten sie nur mehr zusammen getrunken. Dann wäre das nicht passiert.

Werde sichtbar auf Social Media

Ich gestehe: Ich habe nur 1.700 Follower auf Instagram, als ich diese Zeilen schreibe. Immerhin, aber nicht die Welt. Junge Menschen, die schon als Teenager in Handybildschirme quasselten, sind da weiter: Lilly Blaudszun beispielsweise ist 19 Jahre alt und schon jetzt die Nachwuchshoffnung der SPD. Luisa Neubauer ist 25 und das Gesicht von Fridays For Future. Rezo war 26, als er auf YouTube mit der »Zerstörung der CDU« ein Millionenpublikum erreichte und die Europawahl beeinflusste. Ohne soziale Medien hätten sie nicht diesen Fame – und nicht diesen Einfluss. Und wie regierte nochmal Donald Trump? Richtig, per Twitter.

Louisa Dellert beschäftigt sich auf Insta mit Konsum und mit dem eigenen Körper. Die »Sportkameradin« ist das sympathische Aushängeschild der Bundeswehr auf Instagram. Und Amorelie-Mitgründerin Lea-Sophie Cramer erklärt auf LinkedIn die Wirtschaftswelt. Ohne diese Plattformen wären sie alle nicht so schnell so bekannt geworden – und ihre Talente und ihr Können wären verborgen geblieben. Niemand wüsste, wer sie sind.

Auf Twitter habe ich über 6.000 Follower. Das gilt in Deutschland bereits als großer Account. Abgesehen von der rein quantitativen Zahl der Kontakte folgen mir viele Menschen, die für meine Arbeit relevant sind: Abgeordnete, Minister, Journalistinnen, Aktivisten, Start-upper, Managerinnen.

Ohne Twitter, Instagram, Clubhouse und LinkedIn – und ja: auch ohne Facebook – wäre mein Leben langweiliger und mein Beruf weniger erfolgreich. Nicht für jede Karriere ist eine solch umfassende Onlinepräsenz sinnvoll. Aber für immer mehr Berufe und immer mehr Anlässe hilft sie weiter.

Soziale Medien sind das beste Tool, um deine »Personal Brand«, also deine persönliche Marke, zu kreieren. Jeder hat eine solche Marke, ob er will oder nicht. »Den oder die kennt keiner«, ist auch eine Marke. »Dieser Wolfgang ist ein hochnäsiger Typ, der sich für den Gott von Instagram hält, obwohl er nicht mal 2.000 Follower hat« wäre eine schlechte Marke. »Dieser Wolfgang hat zwar nicht mal 2.000 Follower auf Instagram, aber seine Tipps haben mir sehr geholfen und er macht wenigstens keine Ego-Show« wäre schon besser.

> »Your brand is what people say about you when you're not in the room.«
>
> *Jeff Bezos, Gründer von Amazon*

Deine Personal Brand ist dein Markenkern: deine Identität, deine Mission, deine Botschaft. Dein Markenkern beantwortet diese Fragen:

- ▸ Wofür brennst du?
- ▸ Für was stehst du?
- ▸ Was ist dein Traum, dein Thema?
- ▸ Was sind deine Werte?
- ▸ Was kannst du richtig gut?
- ▸ Wie willst du gesehen werden?
- ▸ Was willst du den Menschen sagen?

Dein Profil und deine Posts stimmst du auf diese Marke ab. Mit harter Arbeit und etwas Glück steht dein Name bald synonym für dein Herzensthema.

Personal Branding ist kein Selbstzweck und darf nicht zur Ego-Show werden, sondern es soll dir helfen, deine Sichtbarkeit zu erhöhen. Der Arbeitsmarkt ist ein Markt. Und dieser Markt ist voll und hektisch. Wie fällst du auf unter der Konkurrenz? Wie können potenzielle Arbeitgeber (oder Kunden, Partner und so weiter) mitbekommen, dass es dich gibt? Mit Personal Branding machst du dich und deine Kompetenzen sichtbar. Die Menschen erfahren, wer du bist, bauen Vertrauen zu dir auf, verbinden ein Thema mit dir. Arbeitgeber wissen, was sie bekommen, wenn sie dich einstellen. Du findest leichter einen Job, der dir Spaß macht und zu dir passt, und du kannst mehr Gehalt und bessere Konditionen verhandeln. Du erhältst mehr Einladungen zu Events, erweiterst dein Netzwerk, und es öffnen sich Türen, die sonst verschlossen geblieben wären.

Für dein berufliches Netzwerk ist LinkedIn die Plattform der Wahl. Das ist nicht nur ein Netzwerk für die alternde Boomer-Generation, sondern auch die Generation Y und zunehmend die Generation Z ziehen nach. Auf Instagram und Facebook geht es um Foodporn und Urlaubsfotos, um Unterhaltung, Inspiration, Motivation. Auf LinkedIn herrscht ein Business-Mindset: Wer hier unterwegs ist, der will Geschäfte machen, einen Job finden (oder einen passenden Bewerber), Impulse geben und diskutieren. Das ist von Vorteil für das berufliche Netzwerken. Dazu kommt: Die organische Reichweite ist höher als bei Facebook oder Instagram, das heißt dein Content verbreitet sich weiter, ohne dass du dafür bezahlte Werbung schalten musst. Und die Filterfunktion ist genial: Unter deinen Kontakten kannst du sehr einfach eine bestimmte Person in Stadt X von Unternehmen Y finden. (Die besten LinkedIn-Hacks findest du auf 10jahreklueger.de).

Twitter, Instagram oder TikTok sind aber nicht automatisch schlechter. Es ist Typsache, welcher Kanal einem liegt und wo man daher auch am besten strahlt. Für den Anfang würde ich mich auf zwei Kanäle fokussieren.

Deine Botschaften wiederholst du immer und immer wieder. Genau deswegen folgen dir Leute: Weil sie wissen, dass du für genau dieses Thema stehst. Auch wenn dir selbst dabei langweilig wird, weil du vermeintlich immer dasselbe sagst: Deine Follower müssen eine Botschaft häufig hören, damit diese Botschaft auch wirklich ankommt. Alice Schwarzer macht seit über 50 Jahren Feminismus. Ihren Fans wird auch nicht langweilig, nur weil sie seit Jahrzehnten immer wieder die gleichen Sätze hören. Coca-Cola bringt jedes Jahr wieder den Weihnachtsmann. Erst durch Wiederholung entsteht Konsistenz.

Klasse statt Masse: Besser, du hast 1.000 treue als 100.000 untreue Follower. Menschen, die sich wirklich interessieren, kommentieren, auf deine Posts antworten und reagieren. Sonst sind alle Follower nichts wert.

Versetz dich in die Lage des Lesers: Sei lebendig, nicht abstrakt. Erzähle eine Geschichte. Am besten sind Posts, die im alltäglichen Leben der Leser tatsächlich eine Rolle spielen. Der erste Satz muss stimmen. Erzähle authentisch und ehrlich aus deinem Arbeitsalltag. Öffne dich persönlich und erlaube Einblicke in dein Privatleben. Starte Diskussionen, stell Fragen, ermuntere zum Mitmachen. Sei liebenswürdig, nicht besserwisserisch. Bleibe immer du selbst. *Walk the talk.*

Trage ein Superman-Cappy

In dem folgenden Bild ist der Digitalrat der Bundeskanzlerin abgebildet, der im August 2018 zu seiner konstituierenden Sitzung im Kanzleramt zusammentrat. Schau dir das Foto an, und beantworte die Frage: An wen würdest du dich erinnern?

Der Digitalrat der Bundesregierung. Quelle: Bundesregierung / Steffen Kugler

Ich tippe auf den sympathischen jungen Mann ganz rechts auf dem Bild mit der kurzen Hose, dem T-Shirt und der Superman-Baseballcap. Das ist übrigens Ijad Madisch, der Gründer von ResearchGate (so etwas wie LinkedIn für die Wissenschaft), einer der frühen erfolgreichen Start-up-Gründer des Landes, der sein erstes Wagniskapital von keinem geringeren Investor als Bill Gates einsammelte. Er fällt auf – und das nur, weil er sich dem Wetter angemessen kleidete. Die Zeitungen überschlugen sich mit Überschriften:

- »Ijad Madisch: Mit Superman-Cap und kurzer Hose bei der Kanzlerin« (*FOCUS*)
- »Der Mann mit der kurzen Hose will den Nobelpreis gewinnen« (*WELT*)
- »Ijad Madisch vom Digitalrat fällt auf: Darf ich in kurzer Hose zur Kanzlerin?« (RTL)
- »Dieser Mann erklärt der Kanzlerin das Internetz – und die Menschen haben Gefühle zu seinem Outfit« (*bento*)
- »Wenn die Kanzlerin mit fünf Ministern vorbeikommt, und man die lange Hose vergessen hat: a) Versteckt man sich höflich im Hintergrund ❌ b) Setzt man sein Superman-Käppi auf und stellt sich selbstbewusst in die erste Reihe ✅« (*SZ Magazin*)

Ijad selbst war übrigens überrascht, dass er auf einmal im Zentrum des Medientrubels stand: »Dass meine kurze Hose eine derart große Welle machen würde, war mir vorher nicht klar. Ich trage immer bequeme Kleidung. Bei ResearchGate trage ich immer Jogginghose und im Sommer Shorts.«[64] Das finde ich auch: Bei über 30 Grad in der Berliner Sommerhitze sollte man die Kleidungsvorschriften des letzten Jahrhunderts nicht mehr so eng sehen.

Wo wir schon bei Köpfen und deren Bedeckung sind: Sascha Lobo, der talkshowbekannte Blogger und Interneterklärer mit eigener Spiegel-Kolumne, diversen Bestsellern und gepfefferten Vortragshonoraren, trägt einen roten Irokesenschnitt – laut

Eigendarstellung aus Marketinggründen. Kaum ein Artikel über ihn kommt ohne einen Hinweis auf seine Frisur aus. Er selbst sagt von sich, er sei »Inhaber einer gutgehenden Frisur«.[65] Wenn irgendjemand das Internet erklärt haben will, dann lädt er sich den Typ mit dem Irokesenschnitt ein. Sein Ruf als Experte mit pointierten Formulierungen eilt ihm voraus – und seine besondere Haartracht sorgt dafür, dass jeder ihn wiedererkennt.

Frisur als Marketing. Sascha Lobo und der Autor auf einer Konferenz in Lissabon. An wen wird man sich wohl eher erinnern?

Ich sehe es nicht ein, in der größten Sommerhitze eine lange Hose, ein Hemd oder gar einen Anzug zu tragen, sofern ich nicht wirklich Lust dazu habe. Befreundete Lobbyisten warnten mich, dass ich nicht ernst genommen würde, wenn ich zu offiziellen Terminen im T-Shirt aufkreuze. Ich kann das nicht bestätigen und ermuntere meine Geschlechtsgenossen zu mehr Mut bei der Kleidungswahl.

Es hilft der Sichtbarkeit, nicht der Norm zu entsprechen. Wenn du auffällig aussiehst, und seien es nur bunte Socken, rote Haare oder ein Cappy, bietest du allen Umstehenden eine Gelegenheit, dich anzusprechen – und einen Grund, sich an dich zu erinnern.

BEISPIEL

Vor einigen Jahren begann ich, bunte Socken zu tragen, oft rot mit Herzchen, also völlig »unseriös«. Mittlerweile sind farbenfrohe Socken zur Mode geworden, aber damals war ich einer der Ersten. Nicht aus Kalkül, sondern weil ich der schwarzgrauen Männerstrümpfe einfach überdrüssig war. Nach einem Vortrag kam eine Dame aus dem Publikum auf mich zu: »Ich bin Journalistin und habe eine Frage an Sie. Und ich schwöre, ich bin nicht die Einzige, die das interessiert!« Ich war gespannt, welche inhaltliche Frage sie zu meinem Vortrag hatte, erfuhr aber: »Also, Ihre Socken. Wo haben Sie die her?« Ein andermal fotografierte ein Mitdiskutant bei einer Podiumsdebatte noch live auf der Bühne meine Füße und postete das Bild auf Facebook, um seinen Followern meine Socken zu präsentieren.

BEISPIEL

Im konservativ geprägten Bundeswirtschaftsministerium nahm mich einmal ein Beamter zur Seite und flüsterte mir zu: »Ich bin sehr neidisch auf Sie, dass Sie hier im T-Shirt kommen können.« Ich erwiderte, er könne das doch genauso tun. Darauf er: »Meine Frau würde mich nie so vor die Tür gehen lassen!«

BEISPIEL

In der größten Sommerhitze war ich zu einem exklusiven Mittagessen mit einem hochrangigen Politiker eingeladen. Bei über 30 Grad kam ich natürlich dem Wetter entsprechend in kurzer Hose, T-Shirt und Patagonia-Cap. Die meisten anderen Gäste kannte ich nicht, und sie beäugten mich skeptisch, als gehörte ich nicht dazu. Als der Spitzenpolitiker eintraf und ausgerechnet mich mit Vornamen und Handschlag begrüßte, änderte sich die Stimmung: Nun zollte man mir plötzlich Respekt dafür, dass ich mich traute, in einem solch legeren Outfit aufzukreuzen. Die Assistentin des Politikers erzählte mir später: »Du warst da der Einzige, der normal angezogen war. Fand ich megasympathisch!« Und das nur, weil ich mich einfach so kleidete, wie jeder es bei über 30 Grad tun sollte!

Bleib du selbst

Es bringt nichts, seine sozialen Interaktionen mit Taktiken und Tricks zu schmieren, wenn dadurch der Charakter verdirbt und die Authentizität verloren geht. Sich zu verstellen und zu jemandem werden zu wollen, der man nicht ist, nur weil es in irgendeinem Buch steht, ist es nicht wert. Wer eher der stille Typ ist, braucht nicht zur Rampensau zu werden. Und wer einfach anders tickt, der braucht sich nicht beim unsympathischen Geschäftspartner oder dem politischen Gegner einzuschleimen. Auch im Sinne einer langfristigen Strategie gehen solche rein taktischen, nicht ehrlich gemeinten Schachzüge sowieso nach hinten los und bringen daher auch für das Netzwerk nichts.

Jeden Tag nimmt jeder von uns viele verschiedene Rollen ein: Mit meiner Freundin spreche ich anders als mit meiner Chefin, mit den Kumpels beim Biertrinken in Kreuzberg anders als mit dem Verkäufer in der Bäckerei. Netzwerken heißt, die sozialen Dynamiken zu verstehen und anschlussfähig zu bleiben an die Regeln der Gesellschaft. Im privaten Alltag genauso wie im Beruf. *When in Rome, do as the Romans do.*

Idealerweise verschwimmt die Grenze zwischen bloßem Kontakt und echtem Freund im Laufe der Zeit. Freunde werden zu Kontakten, Kontakte sind auf einmal auch Freunde, und dazwischen befindet sich eine nicht näher definierte Grauzone. Dann wirst du sowieso ganz wie von selbst netzwerken, ohne das bewusst zu tun oder strategisch zu planen, ohne Kosten-Nutzen-Kalkül, sondern einfach, weil ihr befreundet seid, selbst wenn es nur eine lose Freundschaft ist. Wer sich im selben beruflichen Feld bewegt und eine gemeinsame Passion teilt, versteht sich meist ja auch persönlich sowieso gut miteinander und will sich gegenseitig unterstützen, wo es nur geht.

Genau deswegen waren so viele Profi-Lobbyisten ratlos, als ich sie nach ihren Top 10 der Netzwerk-Tipps fragte. Sie machen das ganz natürlich, ohne viel darüber nachzudenken. Klar ist man nicht immer einer Meinung, manchmal greift man sich erbittert an, aber das muss nicht zur Privatfehde ausarten. Hart in der Sache, weich zum Menschen. Selbst Gegner sind keine Feinde, sondern man verhandelt gemeinsam über ein möglichst gutes Ergebnis, und kann sich danach noch in die Augen sehen. Man sieht sich immer zweimal im Leben, und wer weiß, wo.

Netzwerken ist kein Selbstzweck. Es dient dazu, ein Ziel zu erreichen, und zwar nicht nur für deine bloße finanzielle Karriere. Mein Ziel besteht darin, Klimaschutz und Energiewende voranzubringen, damit wir nicht jeden Sommer Hitzewellen in immer wieder neuen Rekorden erleben müssen und den Planeten verheizen. Bei aller Karriereplanung und bei allem politischen Zirkus: Diese Botschaft möchte ich nie aus dem Auge verlieren. Da hilft es, dass viele Kontakte zugleich auch meine Freunde sind – und mein Denken und Tun immer wieder kritisch mit der nötigen Deutlichkeit hinterfragen.

Lesen:

▸ Volker Kitz: *Du machst, was ich will. Wie Sie bekommen, was Sie wollen – Ein Ex-Lobbyist verrät die besten Tricks* – Trotz des seltsamen Titels ein lehrreiches Buch mit instruktiven Anekdoten.

▸ Adam Grant: *Give and Take: Why Helping Others Drives Our Success*

▸ Tijen Onaran: *Die Netzwerkbibel: Zehn Gebote für erfolgreiches Networking*

▸ Tijen Onaran: *Nur wer sichtbar ist, findet auch statt. Werde deine eigene Marke und hol dir den Erfolg, den du verdienst*

▸ Vivian Pein: *Der Social Media Manager: Das Handbuch für Ausbildung und Beruf* – Das Standardwerk und Lehrbuch geht tief ins Detail.

Folgen:

▸ @kniggeakademie auf TikTok: Business-Etikette und zeitgemäße Umgangsformen

▸ @folge_richtig auf Instagram: Tipps für deinen Instagram-Account

KEINE KOMPROMISSE
WIE DU JEDE
VERHANDLUNG GEWINNST

In diesem Kapitel erfährst du unter anderem,
- was Katzen und Menschen gemeinsam haben;
- warum kompromissloses Verhandeln keine schmutzigen Tricks braucht;
- wie die Harvard Law School den Streit um eine Orange löst;
- wie du ein richtig gutes Gehalt verhandelst;
- wie sich ein Industrielobbyist einmal mit einer schlechten Verhandlungstaktik verzettelte.

Jeden Tag verhandeln wir dutzendfach: mit der Freundin über die Planung des Wochenendes, mit dem WG-Mitbewohner über den Putzplan, mit Mama über das Geschenk für Oma, mit dem Verkäufer auf eBay-Kleinanzeigen über den Preis für den Staubsauger, mit der Chefin über den Workload oder die Gehaltserhöhung und so weiter.

Dabei haben wir Verhandeln nie richtig gelernt. Zum Glück gibt es in Potsdam ein ganzes Institut, das genau das wissenschaftlich erforscht: wie man gut verhandelt. Nachdem ich ein Wochenende an der Potsdam Negotiation Academy verbracht hatte, war

ich richtig heiß darauf, die neuen Erkenntnisse in der Praxis auszuprobieren – und erzielte bei meiner Gehaltsverhandlung ein Ergebnis, das ich mir nicht hätte träumen lassen.

Später verhandelte ich als Lobbyist beim deutschen Digitalverband über vier Jahre lang mit kleinen Start-ups bis zu multi-
nationalen Konzernen über ihren Beitritt zum Verband, über
Formulierungen in Positionspapieren und die Organisation
von Veranstaltungen. Mit Abgeordneten und Mitarbeitern in
Bundesministerien diskutierte ich über Strategiedokumente,
Gesetzesentwürfe und einen Platz bei Anhörungen. Innerhalb
des Verbandes verteidigte ich meine Arbeit gegenüber anderen
Teams, verschaffte mir mehr Spielraum und erstritt eine Gehaltserhöhung. Meine Zeit als Lobbyist im Herzen der Hauptstadt
schulte mich intensiv als Verhandler.

Wenn es jemanden gibt, dessen Name synonym für Verhandlungsführung steht, dann ist es Matthias Schranner. *Forbes*
nannte ihn einen der »besten Verhandler der Welt«. Ausgebildet von
Polizei und FBI für Verhandlungen mit Geiselnehmern, Drogen-
dealern und Bankräubern, berät er heute weltweit Regierungen und
Konzerne zu Verhandlungen in schwierigen Fällen. Ich lernte Matthias vor sechs Jahren beim Jugendgipfel von Plant for the Planet
kennen, wo er Klimaaktivisten für ihre Verhandlungen mit Politik
und Unternehmen fit machte. Als ich im Cyber Innovation Hub
der Bundeswehr für das interne Trainingsprogramm zuständig war,
holte ich Matthias für einen Workshop zu uns, um unsere Soldaten und zivilen Mitarbeiter zu trainieren, wie sie in den Mühlen
der staatlichen Bürokratie die richtigen Ergebnisse erreichen – und
auch andere Verhandlungen im Alltag mit System angehen.

Schon ein kurzes Training kann einen Anfänger auf das Level
eines erfahrenen Praktikers heben. In einem Experiment ließen
zwei Forscherinnen eine Gruppe von Studierenden gegen Ver-
handlungsprofis antreten. Ergebnis: Die blutigen Beginner verloren haushoch. In einer zweiten Testgruppe absolvierten die Studierenden einen Crashkurs in Verhandlungsführung, bevor sie
gegen die Praktiker antraten – und verhandelten genauso gut![66]

Wenn du also dieses Buch liest, wirst du in Zukunft privat und beruflich mehr rausholen als bisher. Wenn du dieses Buch liest und mein Chef bist, dann überspringe dieses Kapitel bitte.

Das Harvard-Konzept: Sachbezogenes Verhandeln

Das Harvard-Konzept ist der Klassiker der Verhandlungsführung: Die US-Rechtswissenschaftler Roger Fisher und William Ury von der Harvard University formulierten darin im Jahr 1981 die Grundsätze des sogenannten »sachbezogenen Verhandelns«.[67] Ziel ist dabei, eine »vernünftige« Übereinkunft zu finden, bei der alle Seiten – so weit möglich – auf einen gemeinsamen Nutzen hinarbeiten und ihr Gesicht wahren können. Keine schmutzigen Tricks, sondern fair, sachlich und verlässlich.

Das Konzept revolutionierte das Verständnis von Verhandlung. Bis dahin dachten viele: Wer am aggressivsten auf sein Recht pocht, gewinnt. Der harte Verhandler war gefürchtet und angesehen. Nun zeigten die beiden Wissenschaftler, dass es auch anders geht – und besser. Das Konzept verbindet ganz bewusst den harten und den weichen Verhandlungsstil. Hart zu verhandeln, heißt, seine Ziele durchzusetzen. Weich zu verhandeln strebt dagegen an, die persönliche Beziehung zum Gegenüber zu erhalten, damit man sich weiterhin in die Augen sehen kann.

Die Verhandlung gilt dann als erfolgreich, wenn beide Seiten sich als Gewinner darstellen können, die Beziehung zwischen beiden Partnern erhalten bleibt, und die Verhandlung nicht mehr Zeit erfordert hat als nötig. Die Partner akzeptieren die Lösung, niemand fühlt sich übervorteilt, und sie können daher auch in Zukunft weiter zusammenarbeiten. Dafür formuliert das Harvard-Konzept folgende vier Empfehlungen.

1. Trennung von Person und Sache

Betrachte Menschen und Probleme getrennt. Egal, ob du die Person leiden kannst oder nicht: Dir geht es um die Lösung des Problems, nicht um innige Freundschaft. Was zählt: dein Ziel erreichen, mit einer Abmachung, die dein Gegenüber annehmen kann. Je unsympathischer das Gegenüber ist, umso mehr muss man warme Worte investieren, um sich erst einmal das Vertrauen zu erwerben, bevor man über die Sache sprechen kann. Wer zurückschreit, trägt zur Eskalation bei, und ein Abbruch der Verhandlung wird wahrscheinlich. Hart in der Sache, weich zum Menschen!

»Weich zum Menschen« zu sein, heißt allerdings nicht, seine eigenen Interessen aus falscher Freundlichkeit hintanzustellen. Wer bei aggressivem Feilschen einknickt, der macht seine Taschen leer. Der Klügere gibt eben nicht nach, denn sonst gewinnt der Dumme.

Keinesfalls darf man sich bei verhärteten Fronten oder unsympathischen Partnern zu persönlichen Attacken verleiten lassen. Es muss immer darum gehen, die Interessen des Gegenübers zu verstehen und mögliche Lösungen auszukundschaften, die für beide akzeptabel sind. Brücken bauen statt Gräben ausheben!

2. Interessen, nicht Positionen

Als er noch Außenminister war, erzählte Frank-Walter Steinmeier eine Geschichte: Ein Affe sieht im Urwald einen Fisch im Fluss schwimmen und denkt sich: »Mein Güte! Der arme Kerl ertrinkt! Ich muss ihn retten!« Eilig springt er zum Fluss und holt den Fisch aus dem Wasser. Scheinbar schnappt der Fisch nach Luft, doch nach einigen Minuten stirbt er. »Wäre ich doch bloß früher hier gewesen«, trauert der Affe, »dann hätte ich ihn noch rechtzeitig retten können.«

Was sagt uns diese Geschichte? Wenn wir uns nicht in das Gegenüber hineinversetzen können, wird jede Verhandlung scheitern. Es geht daher darum, die Interessen des anderen zu verstehen – und nicht nur zu spekulieren, was er hypothetisch wollen könnte. Anstatt mit fertigen Lösungskonzepten aufzukreuzen, sollte man daher viele Fragen stellen. Wer den anderen versteht, kann bessere Lösungen finden.

»Statements provozieren Widerstand, Fragen dagegen Problemlösungsvorschläge.«

Harvard-Konzept

Dabei gibt es einen gravierenden Unterschied zwischen Feilschen um Positionen und Erfüllen von Interessen. Eine Position ist ein Standpunkt, zum Beispiel die Forderung nach einer Orange. Ein Interesse ist dagegen das dahinterliegende Motiv oder Bedürfnis, zum Beispiel der Wunsch, eine Limonade zu machen. Positionen kann man ändern, Bedürfnisse nicht. Deswegen ist es wichtig, die Motive hinter den Forderungen zu verstehen, damit die Verhandlung gelingen kann.

Konzentriere dich auf die Motive und Bedürfnisse des Gegenübers (warum er etwas fordert), nicht auf dessen Standpunkte oder Positionen (was er fordert): Was könnt ihr tun, um beide möglichst zufrieden zu sein?

BEISPIEL

Das berühmte Beispiel aus dem Harvard-Konzept handelt von zwei Schwestern, die sich um eine Orange streiten. Jede will die Orange haben, keine möchte nachgeben. Keine Lösung in Sicht – bis sie herausfinden: Die eine benötigt den Orangensaft für eine Limonade, die andere möchte vom Abrieb der Orangenschale einen Kuchen backen. So können sie sich einigen: Anstatt die Orange in der Mitte zu teilen (das wäre ein Kompromiss – und für beide schlecht), bekommt die eine den Saft, die andere die Schale. Beide haben gewonnen, niemand hat verloren.

BEISPIEL

> Mit einer Freundin eskalierte eine triviale Nebensächlichkeit ungeahnt. Sie wollte am Flughafen einen Kaffee trinken, ich lehnte ab und erklärte, 6 Euro für einen miesen Starbucks-Kaffee seien mir zu teuer. Sie fauchte mich an: »Was soll das, warum kannst du nicht einmal 6 Euro ausgeben!« Ich atmete tief durch und erkundigte mich mit bewusst übertriebener Höflichkeit, welche Lösung sie vorschlug. Ich erkannte: Ihr eigentliches Motiv war, dass sie einen Kaffee wollte – im Unterschied zu ihrer erklärten Position, dass ich ebenfalls einen Kaffee trinken sollte. »Kein Problem«, antwortete ich, »setz dich doch gern schon mal hin, ich hole ihn dir!« Sie bestand darauf, mir einen Fünf-Euro-Schein in die Hand zu drücken. Und ich durfte sogar mal probieren.

3. Gemeinsam Win-win-Optionen entwickeln

Entwickle gemeinsam mit der Gegenseite mehrere mögliche Optionen, zwischen denen man auswählen kann und die für beide Seiten von Vorteil sind (Win-win). Du setzt den anderen nicht vor ein fertiges Angebot, sondern betonst die Gemeinsamkeiten und erarbeitest gemeinsam unterschiedliche Möglichkeiten: »Wie können wir hier weitermachen?« »Hast du einen Vorschlag, wie wir hier beide weiterkommen?«

Eine Win-win-Lösung ist nicht zu verwechseln mit einem Kompromiss: Bei einem Kompromiss feilschen beide Seiten miteinander mit einem halbgaren Ergebnis, mit dem niemand so richtig zufrieden ist. »Wenn alle gleich unzufrieden sind, ist es die fairste Lösung«, ist falsch. Sich »in der Mitte« zu treffen, mögen viele intuitiv als fair empfinden, weil beide Seiten etwas von ihren Forderungen abgeben. Aber das ist es nicht! Denn wenn Partner A ein faires Angebot macht, Partner B aber eine völlig überzogene Position vertritt, dann ist die »Mitte« eben alles andere als fair. Wenn sich der Partner also auf die Mitte als Maßstab beruft, um sich damit einen Vorteil zu verschaffen, dann sollte man sich auf dieses Spiel nicht einlassen.

Eine wichtige Strategie ist dabei die Erweiterung der Verhandlungsmasse. Bei einem fixen Verhandlungsgegenstand ist am Ende ein Nullsummenspiel nahezu unvermeidlich. Das heißt: Einer muss abgeben, damit der andere gewinnen kann; ist die Verhandlungsmasse dagegen flexibel, kann man mehr Optionen austesten. Beim Kaufpreis eines Autos muss die Verkäuferin im Preis runtergehen, wenn die Kundin gewinnen soll – ein fauler Kompromiss. Der bessere Weg besteht darin, den Verhandlungskuchen größer zu backen: Beim Autokauf kann der Preis derselbe bleiben, wenn die Verkäuferin anbietet, eine verlängerte Garantiezeit, die Winterreifen, einen Kindersitz oder ähnliche Boni kostenfrei draufzulegen. Bei einem solchen Deal haben beide Seiten gewonnen. Bei Gehaltsverhandlungen lässt sich die Verhandlungsmasse über das Festgehalt hinaus erweitern: Die Zahl der Urlaubstage, Wochenarbeitszeit, Home-Office, ein Mini-Sabbatical, Fortbildungen, eine einmalige Bonuszahlung und so weiter gehören genauso dazu.

BEISPIEL

Beim Digitalverband bestand eine meiner Aufgaben darin, Unternehmen als Mitglieder zu gewinnen. Ich sprach mit großen Konzernen ebenso wie mit kleineren Firmen, um sie zu überzeugen, bei uns Mitglied zu werden. Einmal wollte ein Unternehmen gern beitreten, hatte aber nur ein Budget von 5.000 Euro zur Verfügung, während der formale Mitgliedsbeitrag bei 7.500 Euro lag. Man hatte uns versichert, dass man in diesem Jahr für eine Mitgliedschaft nicht mehr im Budget aufwenden könne, und bat um einen Rabatt. Wir schlugen folgenden Deal vor: Der Mitgliedsbeitrag für das erste Jahr wird auf 5.000 Euro gesenkt, aber dafür soll das Unternehmen eines unserer Events mit 2.500 Euro sponsern. Sponsoring ist ein anderer Budgettopf, kann also beim Unternehmen intern anders verbucht werden, und das Unternehmen hat einen zusätzlichen Nutzen (wie etwa die Platzierung eines Logos oder eines Speakers). Diese Abmachung konnte auch der Partner intern durchsetzen – und wir hatten ein neues Mitglied gewonnen.

BEISPIEL

Bei den Koalitionsverhandlungen der Landesregierung Berlin im Jahr 2016 soll es so gewesen sein, dass die Grünen das Verbot von Pferdekutschen in der Stadt forderten, um den Tieren das Leid zu ersparen. Die SPD sagte zu, wünschte sich aber im Gegenzug neue Stellen bei der Polizei. Zack, abgemacht! Diese Bündelung wesensfremder Gegenstände mag für manch »sachlichen« Beobachter als Kuhhandel oder wie auf einem Basar wirken. Aber es sind genau solche Pakete, die in einer komplexen Situation das Geben und Nehmen erleichtern und so den Erfolg einer Verhandlung begünstigen.

BEISPIEL

Die USA und die Sowjetunion verhandelten in den 1950er-Jahren über ein Verbot von Atomversuchen. Die kritische Frage: Wie viele Inspektionen erlaubten sich die beiden Länder zur Kontrolle der Abmachungen? Die USA bestanden auf zehn Inspektionen, die Sowjetunion wollte hingegen nur drei erlauben. An diesem Punkt scheiterten die Gespräche. Dabei hätte man klären können, was »Inspektion« überhaupt bedeutet: Wie lange, mit wie vielen Kontrolleuren, unter welchen Bedingungen? Statt die Verhandlungen abzubrechen, hätte man nach einem Win-win suchen können.

4. Objektive Kriterien

Orientiere dich bei der Lösung an objektiven Kriterien, die von beiden Seiten akzeptiert werden können, zum Beispiel Branchenstandards, Rankings oder was auf dem Markt üblich ist. Bei Gehaltsverhandlungen können objektive Kriterien beispielsweise sein: Richtlinien der Berufsverbände, durchschnittliche Marktlöhne oder Lohnforderungen analog zu Branchentarifverträgen.

BATNA – Best Alternative To Negotiated Agreement

Neben den vier Prinzipien gibt es noch eine zusätzliche Harvard-Regel: die beste Alternative zu einem Verhandlungsergebnis oder kurz BATNA (*Best Alternative To Negotiated Agreement*). Der Begriff bezeichnet die rote Linie, die man niemals übertritt und ab der man die Verhandlung notfalls scheitern lassen muss.

BATNA ist die Notlösung für schwierige Fälle. Hat eine Seite mehr Macht oder Information als die andere, kann die strukturell unterlegene Partei die andere Seite nur selten zu Kooperation bewegen. Bei einem Vorstellungsgespräch bei einer großen Firma stehen oft viele Kandidatinnen und Kandidaten Schlange und gerade als Neuling oder Quereinsteiger tritt man weniger souverän auf. Für solche Fälle, in denen die Karten ungleich gemischt sind, verlässt man die Verhandlung lieber, bevor man sich unterbuttern lässt.

Diese rote Linie muss man sich vor der Verhandlung genau überlegen: Wo breche ich ab, wenn ich nicht weiterkomme? Bei einer Gehaltsverhandlung wäre dies beispielsweise, wenn die neue Firma nicht mehr bietet, als man sowieso schon im jetzigen Job bekommt. Dann lohnt das Weiterverhandeln nicht mehr – und es ist der Punkt gekommen, freundlich die Verhandlung zu verlassen.

Die Grenzen des Harvard-Konzepts

Das Harvard-Konzept versucht, Verhandlungen zu versachlichen: entlang rationaler, objektiver Kriterien, mit der Idee einer »vernünftigen« und »fairen« Lösung und einem Win-win für alle. Dieser Ansatz ist nützlich. Aber zugleich stößt er an Grenzen:

1. **Im Zwischenmenschlichen ist rein gar nichts rational.** Der Mensch ist kein *homo oeconomicus*, der rein auf seinen objektiv größten Eigennutzen bedacht ist. Daniel Kahneman hat den Wirtschaftsnobelpreis erhalten, weil er eine ganze Palette psychologischer Verzerrungen nachweisen konnte, die unsere Vernunft trüben. Zum Beispiel empfinden wir es als schmerzhafter, wenn wir 10 Euro verlieren, als dass wir an Glück empfinden, wenn wir 10 Euro gewinnen – obwohl es sich rein sachlich um dieselbe Summe handelt. Wut, Stress, Verlustangst, Neid, Gier, Stolz, Scham und viele andere Emotionen gehören zum Menschsein dazu und lassen sich nicht ausblenden. Wer rein rational vorgeht, wird daher oft verlieren.

2. **Objektive Kriterien helfen oft nicht weiter.** Objektive Kriterien können nützlich sein, um als Maßstab für Gespräche zu dienen. Das Problem: Objektive Standards existieren häufig nicht, oder sie sind intransparent, oder nicht alle Partner erkennen sie an, oder sie lassen eine große Bandbreite und einen großen Interpretationsspielraum zu. Außerdem: Wer emotional gehört werden will, der lässt sich mit vermeintlich objektiven Argumenten nicht bewegen.

3. **Das BATNA-Konzept taugt nicht immer für schwierige Verhandlungen.** Komplexe Situationen kennen häufig keine »beste Alternative zu einer Verhandlungslösung«. Beispielsweise verbietet eine gegenseitige Abhängigkeit, die Verhandlung einfach abzubrechen, weil das Problem dadurch nicht verschwindet. Die Verhandlung muss also erfolgreich sein, alles andere wäre nicht akzeptabel. Wenn

die Polizei mit Geiselnehmern verhandelt, muss die Verhandlung erfolgreich sein – sonst sterben die Geiseln. Und selbst wenn es eine solche rote Linie gibt: Oft legt man diese Untergrenze zu niedrig fest und fordert dann in der Hitze der Verhandlung zu wenig – man gibt auf und zieht sich auf sein Mindestangebot zurück, obwohl man mehr rausholen könnte. Psychologisch birgt BATNA daher ein Risiko.

Das Harvard-Konzept braucht ein Update. Und dieses Update kommt vom FBI.

Das FBI-Konzept: Verhandeln wie mit Geiselnehmern

Verhandlungen mit Geiselnehmern, Bankräubern oder Terroristen sind wohl die extremsten Situationen, die man sich vorstellen kann: Eine Seite will sich unbedingt durchsetzen, ohne Rücksicht auf Verluste; Stress, Angst, Druck und andere Emotionen nehmen schnell überhand; die Forderungen sind absolut irrational (»eine Million Lösegeld!«); und es gibt keine akzeptable Alternative zu einer Verhandlungslösung, kein BATNA, denn die Alternative wäre der Tod der Geiseln.

Kaum jemand hat so viel Erfahrung mit Verhandlungen in Extremsituationen wie das amerikanische FBI. Aus Jahrzehnten der Praxis, in der es oft wortwörtlich um Leben und Tod ging, hat das FBI ein Set an Prinzipien und Techniken destilliert.

Einige Ideen des Harvard-Konzepts bleiben: respektvolle statt aggressive Kommunikation sowie die Suche nach Bedürfnissen und Motiven statt Feilschen um Positionen.

Der wichtigste Unterschied: Das FBI-Konzept verabschiedet sich von der Idee einer »rationalen« oder »objektiven« Verhandlung. Stattdessen rückt die emotionale Seite in den Fokus. Man will die Gegenseite nicht logisch überzeugen, sondern konzentriert sich darauf, den Partner emotional einzubinden und damit den Weg zu einer rationalen Lösung überhaupt erst zu ebnen.

Einige Elemente davon bauen auf dem Harvard-Konzept auf und entwickeln es weiter, betonen aber deutlich stärker die Rolle von Emotionen. Die beiden Strategien stehen sich also nicht diametral gegenüber, sondern vermischen und ergänzen sich.

Vertrauen aufbauen

In stressigen Situationen tendieren wir dazu, das Ganze möglichst schnell hinter uns bringen zu wollen. Wir üben zeitlichen Druck aus – sowohl auf uns selbst als auch auf die Gegenseite. Das erzeugt Hast und Unruhe und sorgt am Ende für schlechtere Ergebnisse. Oder aber wir versuchen, möglichst sachlich auf ein schnelles Vorankommen zu drängen, und ignorieren den Stress, die Unsicherheit oder andere emotionale Bedürfnisse der Gegenseite. Auch das riskiert den Misserfolg.

Wenn man eines von Verhandlungen mit Verbrechern lernen kann: Man muss dem anderen die Chance geben, sich emotional abzukühlen, damit eine rationale Verhandlung erst möglich wird. Unter Druck neigen Menschen zu unüberlegten Reaktionen. Daher: Lass dir Zeit, bau in Ruhe Vertrauen auf, und schaffe die Chance, sich gegenseitig zu verstehen. »Von meiner Seite aus haben wir keine Eile. Oder wie schnell sollte es von Ihrer Seite aus gehen?« ist ein Satz, den man fallen lassen kann. Ein Satz, den ich ebenfalls sehr liebe: »Ich spiele immer mit offenen Karten, in Verhandlungen und auch sonst. Wenn man blufft, fällt das im Nachhinein auf, und dann steht man blöd da. Deswegen lege ich immer alle Karten auf den Tisch.«

Ohne Vertrauen nimmt uns das Gegenüber nicht als Partner, sondern als Gegner wahr. Von Gegnern aber wird jedes noch so unbewusste, vermeintlich unbeträchtliche Verhalten als hinterlistiger Winkelzug interpretiert. Jedes freundliche Lächeln wird auf einmal zur arroganten oder schnippischen Geste, jeder gut gemeinte Satz zu einer versteckten Kritik, jedes Wort wird auf die Goldwaage gelegt. Als Gegner kann man nichts mehr richtig machen.

Deswegen ist Vertrauen die Grundlage für jede erfolgreiche Verhandlung, wenn diese denn von Dauer sein soll. Man kann zwar unter Druck einmal den anderen übertrumpfen und gewinnen, wird dann aber in Zukunft immer als manipulativ wahrgenommen werden, egal wie ehrlich man es meint. Wenn man den Bogen überspannt, schnellt er umso heftiger zurück.

Wenn es echte Deadlines gibt, sollte man diese ehrlich kommunizieren. Ansonsten gilt: keinen zeitlichen Druck aufbauen. Hat sich eine Verhandlung festgefahren, bietet sich eine Unterbrechung an. Man geht einen Kaffee holen, plaudert über alle möglichen Dinge außerhalb der Verhandlungssache, sammelt sich – und sorgt so für Entspannung, macht den Kopf frei und ermöglicht eine Lösungsfindung.

BEISPIEL

Die Vereinten Nationen baten den damaligen Außenminister Frank-Walter Steinmeier, einen Beitrag zur Befriedung des bürgerkriegsgeplagten Libyen zu leisten. Steinmeier ließ die zentralen Konfliktparteien ausfindig machen und flog sie mit der Luftwaffe zu Gesprächen nach Berlin. Nach der Landung lud er sie zu einem Abendessen ein: »Es wird ein Essen zum Kennenlernen!« – »Wir wollen die anderen aber gar nicht kennenlernen! Die kennen wir gut genug! Das sind unsere Feinde!« Widerwillig sagten sie dennoch zu. Der Clou: Das Dinner fand auf einem Ausflugsschiff auf der Spree statt, und wenn man erstmal auf dem Dampfer ist, kann man nicht mehr so leicht runter. Steinmeier erinnert sich: »Und so haben wir die verfeindeten Delegationen mehrere Stunden lang die Spree hoch und runter geschippert, bis sich schließlich alle an den Esstisch setzten und Fühlung aufnahmen. Am Ende des Abends war das Eis gebrochen, und am nächsten Tag konnten politische Gespräche im Auswärtigen Amt beginnen.«[68]

BEISPIEL

> Meine ersten Wochen bei einem meiner Arbeitgeber waren die Hölle. Mindestens drei Kollegen hatten sich gegen mich verschworen, stellten mich als Lügner hin und verleumdeten mich bei jeder Gelegenheit. Die Stimmung im Team war gegen mich, schon bevor ich überhaupt da war. Für jede E-Mail brauchte ich ewig, weil ich bei jedem Wort sensibel darauf achten musste, dass es nicht absichtlich falsch verstanden werden konnte. Egal was ich sagte oder tat, immer fand man etwas, was man negativ auslegte und mir immer wieder ankreidete. Meine Strategie lautete: exzellente Arbeit leisten, betont freundlich bleiben und mit vielen Kollegen abends ein Bier trinken. Nach zwei Monaten hatte ich mir einen Ruf als sympathischer und kompetenter Kollege erworben. Einer meiner Widersacher konvertierte zu einem glühenden Unterstützer. Schließlich merkten auch meine anderen Gegner, dass sie sich mit ihrem Kreuzzug keine Freunde mehr machen konnten und stellten ihre Fehde ein.

Apropos Vertrauen: Eine Verhandlung sollte man sich so vorstellen, als ob man mit seiner Katze reden würde. Das meint der US-Rhetoriktrainer Jay Heinrichs, der die NASA und das Pentagon ebenso berät wie multinationale Konzerne – und er hat völlig Recht![69] Katzen sind keine rationalen Kreaturen: Sie trauen lieber einem sympathischen Gegenüber, als dass sie ein sachliches Argument verstehen würden. Mit Schuldzuweisungen oder Drohkulissen hätte man bei einer Katze kein Glück; die Katze würde einfach weglaufen und sich verkriechen, oder im schlimmeren Fall kratzen und beißen. Auch bei meinen menschlichen Gesprächspartnern will ich weder das eine noch das andere erreichen. Mein Ziel besteht vielmehr darin, eine gemeinsame Verständigungsgrundlage zu schaffen, bei der man sich vertrauen kann. Wenn wir etwas von Katzen lernen können, dann ist es: Überzeuge deinen menschlichen Verhandlungspartner nicht durch rationales Argumentieren, sondern durch schnurrende Freundlichkeit.

»Cats and people alike frequently talk nonsense. Both often behave illogically. But if you know a few tricks, you can get along with even the most stubborn and senseless cat or human.«

Jay Heinrichs, US-Rhetoriktrainer

Positive Kommunikation

Harvard und FBI sind sich einig: Eine Verhandlung ist kein Kampf der Gladiatoren, sondern eine gemeinsame Entdeckungsreise zu einer Lösung. Und Lösungen sind etwas Gutes. Man kann also mit guter Laune in eine Verhandlung gehen, ja: sich sogar darauf freuen. Verbreite positive Stimmung, lächle, sprich mit ruhiger und relaxter oder sogar fröhlicher Stimme. Bedanke dich häufig, vor allem dann, wenn das Gegenüber dir ein Eingeständnis macht.

Wer sich unter Druck gesetzt oder moralisch belehrt fühlt, reagiert mit »Reaktanz« (emotionaler Überreaktion):[70] Er macht die Dinge nun erst recht, die er eigentlich nicht machen soll. Wenn Druck durch eine Drohkulisse aufgebaut wird, möchte jeder gewinnen, aber keiner sein Gesicht verlieren, und niemand rückt von seiner Position ab. Das führt zu Stillstand und Misstrauen. »Entweder ich bekomme eine Gehaltserhöhung oder ich kündige!« – Wer das einmal gesagt hat, der muss seine Drohung wahrmachen und tatsächlich kündigen, wenn ihm die Gehaltserhöhung verweigert wird. Zieht er die Kündigung nicht durch, verliert er jede Glaubwürdigkeit für alle künftigen Gespräche. Mit jemandem, der nur mit Druck seine Ziele zu erreichen glaubt, arbeitet man im Übrigen auch nicht gern zusammen. Mit Drohungen, Vorwürfen oder Lügen kommt man nicht ans Ziel.

Auf keinen Fall darf man die Gegenseite als »unfair«, »unsachlich« oder »unvernünftig« herabwürdigen. Genauso wenig darf man seine eigene Lösung als »fair«, »sachlich« oder »vernünftig« darstellen, denn das heißt implizit, dass die Gegenseite dies eben nicht ist. Das Wort »fair« hebt man sich am besten auf, bis man ein gemeinsames Ergebnis gefunden hat: »Das ist doch ein faires Ergebnis! Danke für die harte, aber immer faire Verhandlung, bei der sich beide Seiten aufeinander zubewegt haben!«

Negative Vibes hältst du aus und verurteilst sie nicht. Halte inne, höre zu, atme durch, mach eine Sekunde Pause und reagiere lösungsorientiert. Bei Vorwürfen entschuldigst du dich: »Entschuldigung, das war nicht okay von mir, verzeih bitte!« oder »Verzeih, da habe ich mich falsch ausgedrückt« (anstatt: »Da hast du mich aber falsch verstanden!«). Sich zu entschuldigen, ist keine Schwäche, sondern räumt emotionale Barrieren aus dem Weg.

Respektvolle Kommunikation heißt nicht, aus Höflichkeit seine Forderungen zu reduzieren. Es gibt keine unhöflich hohen Forderungen. Du kannst alles fordern, solange du es freundlich, positiv und ruhig vorträgst.

»Verhandlungen scheitern nicht, weil eine zu hohe Forderung gestellt wurde. Verhandlungen scheitern, weil respektlos kommuniziert wurde.«

Matthias Schranner, Ex-Verhandler bei der deutschen Polizei und dem FBI und einer der »weltweit führenden Verhandlungsexperten« (Forbes)

BEISPIEL

Bei einem Treffen von Lobbyisten mit einem SPD-Minister dachte ein Vertreter der Metallindustrie, es sei eine gute Idee, den Minister wegen seiner Rentenreform mit wütendem Tonfall anzugehen. Den Minister ließ die verbale Attacke kalt: »Wissen Sie«, wies er den Lobbyisten in die Schranken, »wir müssen Menschen, die lange und hart gearbeitet haben, eine anständige Rente garantieren können. Davon lebt die Solidarität in diesem Land. Aber interessant, wie Sie über dieses Thema denken. Das merke ich mir, und zwar sehr genau.« Boooom, das saß! Da hat der Lobbyist ein Eigentor geschossen – denn ein sozialdemokratischer Politiker lässt sich ungern von überbezahlten Anzugträgern vorschreiben, wie er seine Sozialpolitik zu machen hat. Der Lobbyist stand ab dem Zeitpunkt auf einer gedanklichen Blacklist und wird so schnell keinen Termin mehr im Ministerium bekommen. Anschließend trug ich meine eigene Kritik an der Rentenreform bedacht freundlich vor. Der Minister antwortete sehr ausführlich und bat um Verständnis für die Wichtigkeit der Sache.

Taktische Empathie

Chris Voss, Ex-Chefverhandler des FBI für Geiselnahmen, schwört auf »taktische Empathie«: Empathie ist die Fähigkeit, sich in die Gefühle und Weltsicht des Gegenübers einzufühlen und diese in Worte zu fassen. Man muss sich die Perspektive der Gegenseite nicht zu eigen machen oder ihr zustimmen, aber man muss sie nachvollziehen können. Zur Taktik wird Empathie dann, wenn man sie gezielt einsetzt, um die Motive und Interessen der Gegenseite aufzudecken, emotionale Hürden zu erkennen und mögliche Lösungswege zu analysieren.

> »As negotiators we use empathy because it works.«
>
> *Chris Voss, Ex-Chefverhandler des FBI bei Geiselnahmen*

Menschen wollen gehört und verstanden werden. Das Gegenüber soll spüren, dass du ihm zuhörst. Es möchte Beachtung und Wertschätzung für seine Gefühle und seine Lebenssituation. Lass den anderen daher lange ausreden. Je mehr der andere spricht, desto besser ist es. So gibt er viele Informationen preis, die dir bei der Verhandlung nützen, und entwickelt das Gefühl der Kontrolle und Sicherheit.

Wenn der andere spricht, signalisiere mit einem Nicken, einem »Okay« oder »Mhm«, dass du ihm aufmerksam folgst (vor allem am Telefon, wenn man sich nicht sieht). Mach dir Notizen, wenn es die Situation erlaubt. Frag immer wieder nach. Fass in eigene Worte, was der andere gesagt hat: »Wenn ich dich richtig verstehe – und bitte korrigiere mich, wenn ich etwas falsch verstanden habe –, denkst du so ...« Sprich negative Emotionen an: »Es scheint, dass dich etwas ärgert.« Frage nach, woher das Gefühl rührt und wie man es lösen kann.

Am Ende öffnet sich das Gegenüber, weicht seine defensive Haltung auf und ist schließlich zu einer tatsächlich rationalen Lösungsfindung imstande. Das braucht mitunter viel Zeit – ist es aber wert, denn sonst droht die Verhandlung zu scheitern.

Wir reden uns gern ein, der andere verhalte sich falsch und müsse sich ändern. Wir selbst dagegen verhalten uns in unserem Selbstbild natürlich immer richtig, und sogar, wenn wir einmal einen Fehltritt begehen, verzeihen wir uns schnell. Wer glaubt nicht von sich selbst, ein guter Mensch zu sein? Wenn aber alle glauben, gute Menschen zu sein, dann gibt es keine schlechten Menschen. Am Selbstbild des anderen wird man in einer Verhandlung wenig ändern können. Und das ist okay: Es geht nicht darum, das Gegenüber umzuerziehen oder zu bevormunden, sondern eine gemeinsame Lösung zu finden. Keine Umerziehungsmaßnahmen, keine wohlfeilen Ratschläge, keine Vorwürfe, kein Herunterspielen seiner Bedürfnisse. Man braucht den anderen nicht zu lieben, aber sollte ihn respektieren und ihn so nehmen, wie er ist.

BEISPIEL

Ein befreundeter Bergführer trommelte eine Wandergruppe zusammen, um gemeinsam einen 4.000-Meter-Gipfel zu besteigen. Einer der Mitwanderer wütete am ersten Abend über die Covid-Politik der Regierung und äußerte sich verächtlich über Virologen und andere Wissenschaftler. Ich sah ihn schon an der Grenze zu einer Verschwörungsideologie, aber da ich die nächsten Tage auf 4.000 Meter mit ihm steigen musste, lag eine gute Stimmung in meinem ureigenen Interesse. Ich fragte interessiert nach – und stellte fest: Er war lediglich enttäuscht vom schlechten Management der Regierung, weil er schulpflichtige Kinder hatte und jetzt neben dem Job auch noch die Kinderbetreuung übernehmen musste. Und das ist

> ja ein fairer Punkt. Je höher wir stiegen, desto mehr schloss ich
> meinen Mitwanderer sogar ins Herz.

Das Gesicht des anderen wahren

Wenn die eine Seite sich als Verliererin begreifen muss, dann wird
sie schon bald auf eine neue Verhandlung drängen – und die wird
dann umso schwerer für alle Beteiligten, denn der Verlierer möchte diesmal unbedingt siegen. Bei einer guten Verhandlung können beide ihr Gesicht wahren, nicht im Sinne eines faulen Kom-
promisses, sondern weil beide sich auf eine gemeinsame Lösung
einigen. Selbst Verlierer sollten vom Platz gehen dürfen, ohne
ausgelacht und ausgebuht zu werden. Siegesgesten über die Freude an einem optimalen Verhandlungsergebnis sind fehl am Platze.
Stattdessen denkt man daran, dass auch das Gegenüber das Ergebnis rechtfertigen können muss: vor der Chefin, dem Betriebsrat, den Kollegen, der Öffentlichkeit ... Die Dankesrede für die
harte Verhandlung mit einem für alle Seiten schmerzlichen, aber
fairen Ergebnis muss man im Kopf immer mitdenken.

Spiegeln

Man »spiegelt« den anderen, indem man dessen letzte Worte
wiederholt, mit leicht fragender Stimme: »Du bist ein echtes
Arschloch!« – »Ein echtes Arschloch?« Oder: »Das ist aber doch
unfair!« – »Das ist unfair?« Spiegeln soll nicht aggressiv klingen,
sondern lediglich die Worte der Gegenseite wiederholen, ohne
selbst ein Statement abzugeben. Es bringt das Gegenüber dazu,
nochmal in sich zu gehen, seine Worte zu überdenken, sich emotional zu entladen und weitere Informationen preiszugeben. Man
kann sehr lange immer wieder den anderen spiegeln, bis man
endlich die emotionalen Hürden überwunden und eine Lösungsfindung ermöglicht hat.

Getting to No

Das Harvard-Konzept rühmt sich mit dem Slogan: »Getting to Yes« – man will die Gegenseite zu einem Ja bringen. Das FBI-Konzept dreht den Spieß um und will bewusst eine Sackgasse schaffen, also eine Frage stellen, bei der das Gegenüber Nein sagt oder zumindest Nein sagen könnte.

Menschen brauchen das Gefühl, Nein sagen zu können, wenn sie es wollen. Das verschafft ihnen ein Gefühl von Sicherheit und Kontrolle: Man weiß, dass man nicht über den Tisch gezogen oder in etwas hineingedrängt wird. So legt man die Grundlage für Vertrauen und damit für den Erfolg der Verhandlung. Wer zu schnell das Ja will, der löst Reaktanz aus, also eine emotionale Überreaktion. Das Gegenüber verkriecht sich in seine mentale Wagenburg, wird defensiv, misstrauisch und launenhaft. Ein Nein erlaubt es, die echten Motive hervorzukehren und ehrlich zu werden. Mitunter verlangsamt es zwar das Verhandeln, aber ermöglicht dafür eine echte Lösung.

Ein Nein ist nur selten ein kategorisches Nein, sondern es kann vieles bedeuten:

▸ Ich bin mir unsicher.
▸ Ich brauche mehr Zeit.
▸ Ich brauche mehr Informationen.
▸ Mir ist etwas anderes wichtig.
▸ Ich fühle mich überfordert.
▸ Ich fühle mich überrumpelt.
▸ Ich kann mir das nicht leisten.

Wenn jemand Nein sagt, kann man kurz pausieren, innehalten und schließlich fragen: »Hm, okay. Das klappt also leider nicht. Wie können wir denn weitermachen, damit wir eine passende Lösung finden?« So ist ein Nein nicht das Ende der Verhandlung, sondern erst der Anfang.

BEISPIEL

Ein schlechtes Beispiel war der SPD-Haustürwahlkampf, in dem ich mich bei der Bundestagswahl 2017 engagierte. Die Partei-zentrale schickte uns vorgefertigte Texte für die Gespräche an der Wohnungstür mit potenziellen Wählern. Der Start sollte in etwa so lauten: »Hallo, wir kommen von der SPD und wir würden Ihnen gern Ihre Kandidatin vorstellen!« Diese Strate-gie bescherte uns wenig Glück. Besser wäre gewesen: »Hallo, sind Sie mit der Politik der Regierung zufrieden?« – »Nein, die Regierung ist furchtbar!« – »Das haben wir gemeinsam, denn das finden wir auch! Wir kommen von Ihrem SPD-Ortsverein. Glauben Sie, dass die Lage sich bessert, wenn Merkel weiter die Macht hat?« – »Nein, das wird immer so weitergehen!« – »Wenn Sie wollen, dass sich etwas verbessert, dann lasse ich Ihnen mal diese Infos hier. Wenn Sie irgendetwas brauchen, melden Sie sich gern bei uns.«

Offene Fragen

Geschlossene Fragen haben nur zwei Antworten: A oder B, Ja oder Nein. Sie sind definitiv schlecht geeignet, eine Lösung zu finden, denn sie verengen den Raum der denkbaren Möglichkeiten.

Besser sind offene Fragen, die keine feste Antwort haben. Mit einem »Warum« sollte man behutsam umgehen, denn es wird oft als Vorwurf verstanden statt als neugieriges Nachforschen. Bes-ser eignen sich »Wie« oder »Was«: »Wie fix ist denn Ihr Gehalts-angebot?« »Was kann man denn noch am Gehalt machen?« »Wie stehen Sie denn zum Thema Überstunden?« »Wie kann ich mir denn die Arbeitskultur bei Ihnen vorstellen?« »Das ist schwer, wie soll ich das machen?«

Offene Fragen ermuntern die Gegenseite, über einen Vor-schlag nachzudenken, der für beide Seiten akzeptabel ist. Fragen sollen den anderen nicht angreifen oder unter Druck setzen, son-dern ihm zu verstehen geben, was das Problem ist, und ihm ein

Gefühl der Kontrolle vermitteln. Weil der andere ein Angebot entwickelt, kann er viel leichter zustimmen – denn es war ja seine Idee und er bekam nicht deine Meinung übergestülpt.

Schweigen ist Gold: Dein Zuhören ermuntert den Partner, weiterzureden und seine Interessen offenzulegen. Damit erfährst du, welche Interessen er hat, und kannst anschließend besser darauf eingehen. Bei persönlichen Angriffen hilft Schweigen als Abwehrreaktion: Das Gegenüber kann Dampf ablassen. Danach kann man wieder in aller Ruhe einsteigen.

Fokus auf Lösungen für die Zukunft

Die Suche nach einem Schuldigen oder die Klärung der Frage, wer »Recht hat«, bringt nichts. Wenn ein Schuldiger gesucht wird, will keiner der Schuldige sein. Ergebnis sind Stillstand und Misstrauen. Daher gilt: Probleme der Vergangenheit sind egal. Das Einzige, das zählt, ist eine Lösung für die Zukunft.

Das gilt auch für Gehaltsverhandlungen: Man begründet den Wunsch nach einer Gehaltserhöhung nicht mit einem Blick auf die harte Arbeit in der Vergangenheit, sondern es zählt einzig und allein, was in der Zukunft passiert.

BEISPIEL

Ich war mit dem Rucksack in Myanmar unterwegs und musste abends eine weit entfernte Busstation erreichen. Dafür hatte mir das Hostel ein Sammeltaxi bestellt. Der Fahrer erschien, rief einen Namen – nicht meinen! – und ging wieder. Nach einer Weile wurde ich nervös und erkundigte mich beim Empfang: Wo ist mein Taxi? Die Angestellte telefonierte mit dem Taxiunternehmen und geriet in Streit darüber, wer nun die Schuld trage, dass ich nicht abgeholt wurde. Während sie immer mehr am Telefon in Rage geriet, versuchte ich einzuwirken: »I don't care about who is to blame, just send another taxi!« Doch sie ließ nicht locker, der Streit zog sich immer länger. Die Schuld war mir egal, denn ich musste eine schnelle Lösung finden. Am Ende erreichte ich gerade rechtzeitig die Busstation. Zum Glück fahren die Busse in Myanmar nicht pünktlich ab.

Keine Rechtfertigungsfalle

Das Verständnis davon, was als »rational« oder »sachlich« anzusehen ist, geht zwischen zwei Menschen oft meilenweit auseinander. Daher: Stell deine Forderung – ohne Begründung, Argumente oder Rechtfertigung, zumindest zum Einstieg. Wer sich einmal einlässt auf die logische, rationale Begründung seiner Forderungen, kommt aus diesem Verteidigungsmodus nicht mehr heraus. Stattdessen trägt man seine Forderung einfach vor – und wartet schweigend auf die Reaktion der Gegenseite: »Ich möchte eine Gehaltserhöhung um 3 Prozent.« Punkt. Anschließend kann der andere immer noch eine Begründung erfragen; auch dann sollte man sich möglichst nicht in die Rechtfertigung begeben, sondern den Wunsch zu einer gemeinsamen Lösung ansprechen: »Ich hoffe, dass wir auch in Zukunft noch zusammenarbeiten können, und bin mir sicher, wir können das zusammen lösen.«

BEISPIEL

Vor dem Supermarkt hatte ein Zeitungsverkäufer seinen Stand aufgebaut, um Kunden für Abonnements zu gewinnen, und drückte mir eine Zeitung in die Hand. »Danke«, sagte ich, und wollte weitergehen. »Lesen Sie gern Zeitung?«, fragte er. »Ja, aber nur online. In Print lese ich lieber Bücher.« – »Warum lesen Sie denn nur online?« – »Tagesaktuell brauche ich keine gedruckte Zeitung.« – »Warum denn nicht?« – Und so ging es noch drei Sätze weiter, bevor ich ihm das Exemplar wieder in die Hand drückte und mit meinen schweren Einkaufstaschen weiterzog. Der Verkäufer machte alles falsch: Er versuchte, mich mit vielen Warum-Fragen in die Rechtfertigungsfalle zu locken. Am Ende wären mir die Argumente ausgegangen, und ich hätte keinen Grund mehr vorweisen können, dass ich das Abo nun einmal nicht will. Da blieb mir nur der Abbruch der Verhandlung.

Immer eine Hintertür offenlassen

Der »Möglichkeitsraum« oder »Verhandlungskuchen« sollte möglichst groß sein. Je mehr Optionen man hat, desto eher kann man sich einigen. Daher betont man ausdrücklich, dass man offen ist für viele Vorschläge. Lösungswege entwickelt man immer gemeinsam und ohne Druck.

Wer dem anderen ein »finales« oder »letztes« Angebot vorlegt nach dem Motto »Friss oder stirb!«, verpasst eine noch bessere Lösung und riskiert obendrein den Abbruch der Verhandlungen. Besser: Man hält immer eine Hintertür offen, um selbst in festgefahrenen Situationen noch zu einer Lösung zu finden.

Am besten, man spricht immer im Konjunktiv: »Könnte man das so machen ...?«, »Wäre das vorstellbar ...?«, »Wäre das eine Idee ...?« Selbst wenn eine Verhandlung abgebrochen wird, kann man sich einen Ausweg offenhalten: »Schade, dass es heute nicht gepasst hat. Aber die Dinge ändern sich ja oft sehr schnell. Lassen Sie uns doch gern im Kontakt bleiben! Vielleicht ergibt sich ja in Zukunft eine Möglichkeit zur Zusammenarbeit.«

Gewinnen wollen!

»Mal schauen, was rauskommt« ist eine Einstellung, die nicht zum Erfolg führt. Wer genau weiß, was er anstrebt, und sich mental darauf vorbereitet, fährt bessere Ergebnisse ein. Man darf nicht darauf vertrauen, dass die Gegenseite wie von selbst irgendwann aufgibt. Wenn beide Seiten so denken, gerät man in die Klemme. Man muss gewinnen wollen – keine faulen Kompromisse!

Vorbereitung und Einstieg in die Verhandlung

Vor der Verhandlung legst du drei Ziele fest und schreibst diese Ziele auf, damit du sie unverrückbar schwarz auf weiß stehen hast und nicht unter Stress oder Unsicherheit davon abweichst:

1. Das **Wunschziel** ist das eigentlich angestrebte Ziel, realistisch, aber ambitioniert.
2. Das **Optimalziel** liegt über dem Wunschziel, mitunter deutlich darüber, ist aber nicht völlig utopisch.
3. Das **Minimalziel** ist die rote Linie, bei der man die Verhandlung ohne Ergebnis verlässt (BATNA). Zum Beispiel: 20 Prozent mehr Gehalt im Vergleich zum derzeitigen Job oder das marktübliche Gehalt als Standard.

Wenn man über Zahlen verhandelt, also etwa über Preise oder Kosten, sollten die Ziele ungerade sein: also beispielsweise 72.000 statt 70.000. Eine solche Zahl wirkt weniger willkürlich und scheinbar logisch und mit System kalkuliert.

Neben dem wichtigsten Ziel erarbeitest du einen Forderungskatalog mit mindestens 20 Stichpunkten, die man nach Wichtigkeit sortiert. Sinn dieses langen Forderungskatalogs ist es, möglichst viele Optionen zu sammeln und in die Verhandlung einzubringen, um einen Ausgleich zu Eingeständnissen beim Hauptziel zu erhalten oder das Ergebnis mit Kleinigkeiten zu optimieren.

Zusätzlich notierst du dir, wie es zur Verhandlung kam und aus welchem Grund man zusammenkommt. Außerdem sollte man sich natürlich über die Gegenseite informieren und wissen, mit wem man worüber spricht. Ein paar solide Informationen reichen zur Vorbereitung. Spekulationen über die möglichen Motive des Gegenübers sind dagegen reines Rätselraten und trüben eher den Blick.

BEISPIEL

> In einer Gehaltsverhandlung notierte ich mir drei Ziele*:
> Wunschziel 72.000 Euro, Optimalziel 96.000 Euro, Minimalziel
> 64.000 Euro. Um das marktübliche Gehalt herauszufinden und
> damit einen Orientierungswert zu haben, fragte ich Freunde
> aus der Branche, recherchierte in den Gehaltsreports der Job-
> portale XING und stepstone, und konsultierte Datenbanken
> wie absolventa.de, gehalt.de und gehaltsreporter.de.[71] Neben
> dem Festgehalt notierte ich weitere Punkte, um den Ver-
> handlungskuchen möglichst groß zu backen: jährlicher
> Leistungsbonus, einmaliger Startbonus, Unternehmensan-
> teile, betriebliche Altersvorsorge, Urlaub, Arbeitszeit, mobiles
> Arbeiten, Zuschuss für Möbel fürs Homeoffice, automatische
> Gehaltserhöhung nach einem Jahr, Möglichkeit zu (Mini-)Sab-
> baticals, Spesenkonto, teure Fortbildung, fancy Jobtitel, ÖPNV-
> Ticket, Zuschuss zu Sportkursen, andere Mitarbeiterangebote.
> (*Die hier verwendeten Zahlen sind rein exemplarisch.)

BEISPIEL

> In einer anderen Gehaltsverhandlung fragte mich die Firma
> nach meiner Vorstellung. Ich antwortete: »Ich bin auch mit
> einer Unternehmensberatung im Gespräch. Dort wäre ich
> mit meinen Kompetenzen 110.000 Euro wert plus Firmen-
> wagen. Das ist natürlich eine hohe Summe, und es gibt ja
> auch noch andere Faktoren.« Damit setzte ich einen hohen
> Maßstab für die Verhandlung und fragte anschließend nach
> nichtfinanziellen Punkten: »Wie ist es denn bei Ihnen mit der
> Arbeitszeit?« Da die Firma mit Standardverträgen operierte,
> in denen Urlaubstage und so weiter unverrückbar festgelegt
> sind, blieb ihr nichts anderes übrig, als sich beim Gehalt zu be-
> wegen. Ich erhielt zwar keine 110.000 Euro, aber deutlich mehr
> als andere Mitarbeiter in derselben Position – und die Zusage,
> dass ich meine Arbeitszeit selbst frei bestimmen kann, solange
> das Ergebnis stimmt.

BEISPIEL

> Wenn ich Artikel auf eBay-Kleinanzeigen verkaufe, wollen die Käufer den Preis runterhandeln: »Für 20 statt 30 Euro nehme ich es.« Seit ich ungerade Preise angebe (27 Euro statt 30 Euro), habe ich nie mehr erlebt, dass ein Käufer den Preis infrage stellt. Eine Käuferin meinte nur an der Tür: »27 Euro habe ich mir sofort gemerkt. Ein komischer Preis. So ungerade.«

Für dich selbst musst du dein Ziel exakt kennen. In der Verhandlung kann es aber sinnvoll sein, nicht einen festen Punkt zu nennen (96.000 Euro), sondern eine Spanne (72.000 bis 96.000 Euro). Diese Spanne muss allerdings bewusst formuliert sein: Die untere Linie ist das Wunschziel, das du eigentlich anstrebst, die obere Linie ist das überhöhte Optimalziel. Dein eigentliches Minimalziel hältst du bedeckt.

Das hat drei Vorteile: Erstens setzt du einen psychologischen Anker beim Gegenüber: Im Vergleich der beiden Zahlen sieht dein Wunschziel spottbillig aus. Zweitens vermeidest du das Risiko, eine zu niedrige Forderung zu stellen. Aus Angst, sich mit einer hohen Forderung lächerlich zu machen, fordert man oft zu wenig. Man senkt also das Risiko, sich zu billig zu verkaufen. Drittens wirkt man weniger aggressiv und lädt damit zum konstruktiven Verhandeln ein. Mit einer Spanne vermeidet man diesen Fehler. Eine Studie der Columbia Business School zeigt: Wer mit einer Spanne verhandelt statt mit einem festen Punkt, der kann höhere Forderungen durchsetzen.[72]

BEISPIEL

In meiner bereits erwähnten Gehaltsverhandlung antwortete ich auf die Frage nach meiner Vorstellung: »Bei anderen Arbeitgebern zahlt man für eine solche Position zwischen 72.000 und 96.000 Euro.« Die untere Linie war hierbei mein eigentliches Wunschziel. (Und das habe ich dann auch bekommen.)

Wer sollte das erste Angebot machen: Stellst du zuerst deine Forderung, oder erfragst du das erste Angebot beim Gegenüber? Das hängt von der Situation ab. Wer selbst startet, hat immer das Risiko, unabsichtlich zu niedrig zu greifen, weil man sich nicht mit utopischen Forderungen lächerlich machen will. Bei einer niedrigen Einstiegsforderung schnürt man sich die Luft nach oben ab – man kann ja nicht plötzlich seine eigene Forderung erhöhen. Bei komplexen Verhandlungen, in denen man nicht die volle Bandbreite der Optionen versteht, ist dieses Risiko des Zu-tief-Einsteigens umso höher.

Daher kann es ratsam sein, die Gegenseite zu einem Angebot aufzufordern. So vermeidest du das Risiko des zu tiefen Einstiegs. Weiterer Vorteil: Das Gegenüber bekommt das Gefühl, die Situation unter Kontrolle zu haben. Das entspannt und erleichtert die weitere Verhandlung. Vorsicht: Auch wenn das erste Angebot über deinen Erwartungen liegt, sollte man unbedingt widerstehen und nicht sofort zugreifen, sondern lieber weiterverhandeln, indem man sich unverbindlich bedankt und zum Beispiel über das Gehalt hinaus nichtfinanzielle Gegenstände ins Gespräch bringt und dabei immer wieder zum Gehalt zurückkehrt. Je weniger der andere bei nichtfinanziellen Punkten nachgibt, desto mehr wird er beim Gehalt nochmal eine Portion drauflegen.

Wenn die Optionen transparent sind oder andere Gründe dafürsprechen (zum Beispiel verlangen viele Arbeitgeber schon bei der Bewerbung die Angabe der Gehaltsvorstellung), kannst du mit deiner Forderung einsteigen. Du nennst die Forderung kurz, klar und knapp, ohne Begründung, Argumente oder Rechtfertigung, und wartest auf die Reaktion des Gegenübers.

Zu Beginn der Verhandlung bedankst du dich beim Gegenüber für die Zeit und die Gelegenheit. Wenn es sich anbietet, lobst du das Gegenüber für eine bestimmte Tätigkeit, zum Beispiel für die tolle Vorbereitung des Kaffees, der schon am Tisch bereitsteht. Komplimente über Äußerlichkeiten sind vermintes Terrain und meistens nicht angebracht. Dein Ego gibst du an der Tür ab: Du machst dich bewusst klein und bereitest damit eine positive Atmosphäre, die es der Gegenseite erlaubt, ihre Verteidigungshaltung aufzugeben und sich dadurch mehr auf die Verhandlung einzulassen.

BEISPIEL

Vor einiger Zeit führte ich ein Jobinterview für eine hohe Position in der Digitalwirtschaft und diskutierte direkt mit demjenigen, der sich von seinem Posten zurückzog und der nun einen Nachfolger suchte. Wir kannten uns schon vorher, frühstückten ausgiebig zusammen, tauschten Anekdoten aus, und es passte für beide Seiten. Über das Gehalt hatten wir kein einziges Wort gewechselt. Als wir das Frühstückslokal verließen, entspannte sich folgender Dialog:

▸ Partner: »Ich setze dich mal auf die Shortlist. Warst du eigentlich ja sowieso schon.«
▸ Ich: »Wir müssen noch über das Finanzielle reden.«
▸ Partner: »Was willst du denn?«
▸ Ich: »Sechsstellig muss es schon sein.«
▸ Partner: »Mit einer 1 oder 2 vorne?« (= 100.000 oder 200.000)
▸ Ich: »Eine 2 muss nicht sein. Ich bin ja bescheiden, weißt du.«
▸ Partner: »Manche wollen ja irre Gehälter. Aber eine 1 ist gar kein Problem.«

Damit war ich mir sicher, dass ich auf jeden Fall ein sechsstelliges Gehalt bekommen würde – und mit viel Luft nach oben.

Klassische Verhandlungstaktiken – und was sie wirklich bringen

Hinauszögern

Eine freundliche Art, sich aus einer Entscheidung herauszuhalten, ist das Hinauszögern: Man lehnt nicht ab oder argumentiert dagegen, sondern versucht, die Entscheidung auf die lange Bank zu schieben. Man fragt das Gegenüber nach Details, wie man die Forderung am besten umsetzen sollte, und bittet zum Beispiel um die Ausarbeitung eines Konzepts. Das signalisiert Wertschätzung, bindet Ressourcen und lässt Zeit verstreichen – und selbst wenn das Papier irgendwann tatsächlich fertig werden sollte, hat man immer noch nichts versprochen. Im Gegenteil: Man kann immer und immer wieder um Überarbeitung des Vorschlags bitten, bis dem anderen die Puste ausgeht.

Diese Taktik ist wirksam, aber ich würde sie nur einsetzen, wenn ich wirklich an einer gemeinsamen Lösung interessiert bin und tatsächlich mehr Informationen vom Gegenüber benötige. Zumindest würde ich nie mein Gegenüber täuschen: Ich würde immer ehrlich sagen, dass ich nichts versprechen kann, aber man vielleicht andere Ideen finden könnte.

BEISPIEL

Der Vorsitzende einer politischen Partei lud mich einmal zum Kaffee in die Parteizentrale ein. Es war eine freundliche Unterhaltung, aber sobald ich konkrete Forderungen stellte, konterte er: »Schreib doch mal ein Papier dazu, dann können wir mal eine Veranstaltung dazu machen.« Das Papier entstand natürlich nie.

BEISPIEL

Bei einem meiner ehemaligen Arbeitgeber hatte ich in meinen Texten den Gender-Doppelpunkt eingeführt, also zum Beispiel »Leser:innen« geschrieben. Das zu 90 Prozent männliche Leitungsgremium entschied daraufhin, dass ab sofort nur noch das Maskulin zu verwenden sei, vorgeblich aufgrund der Einheitlichkeit der Veröffentlichungen – im 21. Jahrhundert trauten sich selbst alte weiße Chefs nicht mehr zuzugeben, dass man dieses Gendergedöns für überzogenen Schwachsinn hielt. Ich erarbeitete eine Beschlussvorlage für eine einheitliche Schreibweise, aber stieß auf Ablehnung: Die Vorlage sei ja viel zu einfach, da bräuchte man schon ausgefeilte Richtlinien. Also erarbeitete ich eine seitenlange Formulierungshilfe. Seitdem liegt dieses Dokument unbearbeitet rum: Man wolle sich genug Zeit einräumen »für intensive Beratungen zu diesem wichtigen Thema«. Bis heute wurde kein Beschluss getroffen. Man berät offenbar sehr intensiv.

Oder man macht das Gegenteil: Man verkürzt die Verhandlungszeit absichtlich, um dem Gegenüber die Chance zu nehmen, überhaupt Forderungen zu stellen oder Allianzen zu schmieden. Dann musste die Entscheidung »leider« bereits fallen, bevor der andere überhaupt verhandeln konnte.

So kann man Widerstand geschickt neutralisieren – ich rate aber zu Vorsicht und sparsamer Dosis: Schon aus Gründen der Höflichkeit kann man nicht bei jedem Mal zu diesem Mittel greifen. Und wenn man über die Köpfe des Gegenübers hinweg entscheidet, schadet das der Beziehung. Man sollte sich also genau überlegen, ob es das Risiko wert ist, sich auf diese Weise Gegner zu züchten.

BEISPIEL

Ich bekam den Auftrag, eine Arbeitsgruppe zu Künstlicher Intelligenz neu zu organisieren. Ein Problem war die bisherige Zusammensetzung der Teilnehmer: fast ausschließlich mittelalte Männer mit engem Fachbezug. Die durfte ich nicht vor den Kopf stoßen, zugleich aber konnte ich sie nicht weiter involvieren, wenn die Arbeitsgruppe erfolgreich sein sollte. Ich vereinbarte informell einen Termin mit meinen gewünschten neuen Mitgliedern und lud die bisherigen Teilnehmer erst kurzfristig ein. Keiner der alten Runde kam. Und es beschwerte sich übrigens auch niemand: So wichtig war ihnen das Thema dann plötzlich doch nicht mehr, dass sie dafür extra kurzfristig anreisen würden.

BEISPIEL

In Deutschland ist gesetzlich verankert, dass Ministerien betroffene Interessengruppen bei Gesetzesvorlagen konsultieren müssen. Nicht immer haben die Beamten aber Lust, sich mit Lobbyisten auseinanderzusetzen, weil man sich bereits längst entschieden hat, wie man das Gesetz gestalten will. Was macht man also? Man setzt den Termin für die Befragung so kurzfristig fest, dass die Interessenvertreter keine Zeit haben, sich vorzubereiten. Eine 48-Stunden-Frist für einen Gesetzestext von 300 Seiten kann da schon mal vorkommen.

Good Cop, Bad Cop

Viele kennen es von Verhandlungen auf Märkten und Basaren im Ausland: Es drängen sich viele kleine Geschäfte, die ähnliche Waren darbieten. Touristen schlendern durch die Gassen, auf der Ausschau nach Mitbringseln. Ein idealer Spielplatz, um ein Rollenspiel auszuprobieren: Good Cop, Bad Cop.

Das läuft so: Im Internet oder durch Mundpropaganda informiert man sich, was ein guter Deal wäre, zum Beispiel etwa 10 Prozent des in Deutschland üblichen Preises. Als Verhandlungsteam ist man zu zweit: Ein Teilnehmer (*good cop*) äußert sein prinzipielles, aber nicht überschwängliches Interesse an einem Artikel, während der andere Teilnehmer (*bad cop*) ihm den Kauf ausreden will (»Aber das ist nur eine Fälschung«, »Du hast doch schon drei Stück davon«, »Die habe ich woanders günstiger gesehen«). Das setzt den Verkäufer unter Zugzwang, den Preis nach unten zu drücken, um überhaupt noch einen Deal zu machen – denn besser mit wenig Marge verkauft als gar nicht.

Ich finde, solche Tricks müssen nicht sein. Man kann auch ohne den Aufwand von Rollenspielen eine gute Verhandlung führen. Gerade auf großen Märkten weiß der Verkäufer, dass der Abbruch der Verhandlung dem Interessenten leichtfällt, denn derselbe Artikel ist ja tatsächlich 20 Meter weiter ebenfalls auf Lager. Und was ist, wenn man allein unterwegs ist und keine Rollenspiele machen kann? Dann kann man ohnehin nicht auf diese Taktik zurückgreifen.

Ein üblicher Trick der Verkäufer ist es übrigens, einem die Ware in die Hand zu drücken: Damit fällt es schwerer, Nein zu sagen. In einem solchen Fall kann man zuerst leicht positiv reagieren, dann nach dem Preis fragen und – egal wie hoch er ist – den Gegenstand zurückgeben. Damit ist die Verhandlung eröffnet, nur mit weniger emotionaler Vorbelastung.

BEISPIEL

In einem Geschäft in der Türkei übertrieben es zwei Freunde von mir mit dem »Bad cop«-Spiel. Der Bad cop wiederholte immer wieder, der Preis sei zu hoch für diese schlechte Ware – bis der wütende Verkäufer die beiden hochkant hinauswarf. Der Fehler war dabei nicht, einen niedrigeren Preis zu fordern. Sondern der Fehler war, den Verkäufer immer wieder mürrisch für die angeblich schlechte Ware anzugreifen. Das kratzte an seiner Ehre und brachte ihn gegen die reichen Touristen auf. Besser wäre es gewesen, zu sagen: »Es ist sicherlich mehr wert, als ich bieten kann. Können wir da nicht noch was machen?«

Einschalten höherer Instanzen

Um eine Entscheidung zu beeinflussen, beruft man sich auf eine höhere Hierarchieebene oder die Kompetenz anderer Abteilungen – auch wenn man selbst entscheiden könnte oder problemlos grünes Licht erhalten würde: »Danke für die Anfrage, ich muss dies erst intern klären.« So kann man unliebsame Anfragen neutralisieren oder zumindest hinauszögern.[73] (Und oft muss man sich ja wirklich erst Zeit für die interne Klärung erbitten.)

Andersherum kann man sich ebenfalls auf höhere Instanzen berufen, nicht um eine Forderung abzuwenden, sondern selbst etwas einzufordern. Wer beispielsweise bei einem Automobilhersteller arbeitet und das Unternehmen in Richtung Elektromobilität pushen will, kann aus der letzten Rede des Vorstandsvorsitzenden zitieren: »Wie vom CEO auf der Jahreshauptversammlung eingefordert, möchte ich hiermit ...«

Es gibt dabei aber Probleme: Ein bloßer Verweis auf ein abstraktes Unternehmensziel reicht oft nicht aus. Gerade in großen Organisationen schafft man dadurch mitunter sogar Widerstand: Mitarbeiter sind genervt vom »Innovationsgerede«, wollen gar nicht »agil« werden, und widersprechen offen der Vorstandsmeinung. So züchtet man sich Gegner, die jede Entscheidung durch bloßes Nichtstun verschleppen können oder sie sogar aktiv sabotieren. Verweise auf Datenschutz oder andere rechtliche Bedenken blockieren schnell jedes Weiterkommen. Wer sich hingegen mit dem Gegenüber gut versteht und sich gegenseitig vertraut, bekommt auch knifflige Fälle rasch gemeinsam gelöst.

BEISPIEL

Für die Freigabe einer Nebentätigkeit hatte ich bei einem früheren Arbeitgeber viele potenzielle Gegner: meine Teamleitung, deren Abteilungsleitung, deren Bereichsleitung sowie die auf Skepsis getrimmte Compliance-Abteilung. Jeder einzelne Akteur hätte die Freigabe torpedieren können, und es hätten sich gute Argumente dafür finden lassen. Aber dank gegenseitigen Vertrauens unterstützten alle Führungskräfte meinen Antrag. Und die Compliance-Abteilung überzeugte ich mit dem Satz: »Es ist schön, mit Ihnen zu sprechen. Danke, dass Sie mir helfen, damit alles seine Ordnung hat. Die Regeln haben ja einen guten Grund!« Und auch diesen Dank meinte ich übrigens ernst – denn sobald ein Problem auftauchen sollte, muss ich jederzeit auf die glasklare Rechtmäßigkeit meines Handelns verweisen können. Daher ist es wirklich gut, dass es Regeln gibt.

Charme und Flirten

Frank Flynn von der Columbia Business School und Cameron Anderson von der New York University wagten im Jahre 2003 ein Experiment. Sie verteilten den Lebenslauf der erfolgreichen Silicon-Valley-Investorin Heidi Roizen unter einer Gruppe von Wirtschaftsstudierenden. An eine zweite Testgruppe gaben sie denselben Lebenslauf aus – mit dem einzigen Unterschied, dass sie dort den echten Namen Heidi durch »Howard« ersetzten. Anschließend fragten sie beide Gruppen, wie sie die Person aus dem Lebenslauf einschätzten. Das verblüffende Resultat: Sowohl weibliche als auch männliche Studierende hielten Heidi und Howard zwar für gleichermaßen kompetent, aber fanden Howard sympathischer und teamfähiger. Heidi dagegen schätzten sie als aggressiv und selbstsüchtig ein – niemand, die sie einstellen oder mit der sie gern zusammenarbeiten würden.[74]

Das Experiment belegt: Eine ansonsten identische Person kann unterschiedlich bewertet werden, je nachdem, ob sie eine

Frau oder ein Mann ist. Ein sympathisches und authentisches Auftreten ist aber für alle Geschlechter wichtig. Weil man nicht allein und über Nacht die gesellschaftlichen Rollenbilder neutralisieren kann, ist es extrem wichtig, sich dessen bewusst zu werden, wie man beim Gegenüber wirkt – denn das hat Folgen für den Erfolg einer Verhandlung.

Laura J. Krey, Professor of Leadership sowie Faculty Director am Center for Equity, Gender, and Leadership an der University of California, hat gemeinsam mit ihrem Team erforscht, wie sich das Verhalten bei Frauen und Männern auf den Verhandlungserfolg auswirkt. Ihr Ergebnis: Frauen erzielen bessere Verhandlungsergebnisse, wenn sie ihren Charme spielen lassen, indem sie zum Beispiel Lob und Anerkennung aussprechen.[75] Allerdings kann diese Taktik auch nach hinten losgehen: Die Bilanz dreht sich um, wenn Frauen zu offensiv flirten, etwa offensichtlichen Augenkontakt herstellen, feminine Körperbewegungen machen oder sonstiges leicht lasziv es Verhalten zeigen. Dann fallen ihre Ergebnisse sogar deutlich schlechter aus als bei neutralem Verhalten![76] Ebenso wenig hilft es als Frau, so »hart« aufzutreten, wie man es Männern gemeinhin nachsagt: Kühles oder kompetitives Verhalten wirkt bei Frauen häufig nicht authentisch, wird als unsympathisch empfunden und führt zu schlechteren Resultaten, wie die Psychologieprofessorin Laurie Rudman von der Rutgers University in New Jersey belegen konnte.[77]

Bei Männern kann zu viel Charme allerdings ebenfalls nachteilig wirken. Ein zu herzliches Auftreten gilt nicht als männlich konnotiert und wird mitunter als schleimerisch oder gar aufdringlich wahrgenommen. Ein Naturgesetz ist das freilich nicht. Mir fällt vor allem ein befreundeter Lobbyist eines großen Technologiekonzerns ein, den man als den menschgewordenen Charme bezeichnen könnte – und der gerade dadurch erfolgreich ist, denn diese Charaktereigenschaft ist bei ihm nicht aufgesetzt und wirkt dadurch authentisch. Es gibt eben einen

Unterschied zwischen ehrlicher Freundlichkeit und gestelzter Schleimerei.

Beim »Battle of Sexes«, einem Experiment an der Universität Hohenheim, traten unterschiedliche Gruppen gegeneinander an, um als Abgesandte einer imaginären Firma einen Deal zu verhandeln. Bei »Frauen« gegen »Männer« schnitten die Männer signifikant besser ab. Bei Teams von befreundeten Frauen gegen Teams von befreundeten Männern erzielten dagegen beide gleich gute Ergebnisse. Und: Frauen verhielten sich diplomatischer, ohne dass es den Ergebnissen geschadet hätte – eine Firma, die langfristige Geschäftsbeziehungen pflegen möchte und nicht nur auf kurzfristigen Profit setzt, sollte also auch auf dieses Geschick setzen.[78]

Wir sind alle mit bestimmten Rollenbildern aufgewachsen, wie sich die Geschlechter vermeintlich zu verhalten haben. Diese soziale Prägung wirkt nach, in allen von uns. Der beste Rat ist wohl: Verstell dich nicht, und sei du selbst. Sei dir aber auch bewusst, wie du damit auf dein Umfeld wirkst – dann kannst du die sozialen Konventionen ja immer noch brechen, wenn du willst.

Üben, üben, üben!

Selbst erfahrene Politiker und führende Manager versagen. Das spektakuläre Scheitern der Jamaika-Koalition nach der Bundestagswahl 2017, als wochenlange Tag-und-Nacht-Verhandlungen über Nacht zunichte gemacht wurden, ist das beste Beispiel. Hier lief alles falsch, was falsch laufen konnte: Verhandlungen bis in die Nacht, damit jede Partei sich als die »härteste« präsentieren konnte; fast stündliche öffentliche Verlautbarungen über das unfaire und unsachliche Gebaren der gegnerischen Parteien; minütliche Leaks aus den internen Gesprächen; und kaum jemals der erklärte Wille, gemeinsam zu einer Lösung zu finden. Die nächsten Koalitionsverhandlungen sollten in kleiner Runde und abgeschottet ohne Internetzugang in einem Schloss weit weg von Berlin stattfinden.

Im Alltag kommen Verhandlungen oft unerwartet: mit dem Mitbewohner, der Freundin oder der Chefin. Oder das Gegenüber überrumpelt einen mit einer überraschenden Ansage, auf die man nicht vorbereitet war. Die Situation ist in der Regel komplexer als angenommen, und man muss mit begrenzter Zeit und unvollständiger Informationslage unmittelbar eine Entscheidung treffen. Nicht immer wird man daher brillieren, nicht immer das beste Ergebnis erzielen, nicht immer froh nach Hause gehen.

Aber die Strategien und Werkzeuge aus diesem Kapitel helfen, Verhandlungen besser zu führen. Wichtig ist wie immer: viel üben, auch im kleinen Rahmen, wo es nicht viel zu verlieren oder zu gewinnen gibt. Meine Freundin verdreht jedenfalls schon die Augen, wenn ich sage: »Danke, schön, dass du das ansprichst. Lass uns doch gern darüber verhandeln.«

Lesen:

▸ Matthias Schranner: *Das Schranner-Konzept. Die neuen Prinzipien für die Verhandlungen der Zukunft* – Das beste Buch über Verhandlungsführung, das ich je gelesen habe.

▸ Chris Voss: *Never Split the Difference: Negotiating as if Your Life Depended on It*

▸ Jay Heinrichs: *Thank You for Arguing. What Aristotle, Lincoln, and Homer Simpson Can Teach Us About the Art of Persuasion*

▸ Jay Heinrichs: *How to Argue with a Cat: A Human's Guide to the Art of Persuasion* – Du solltest aber Katzenvergleiche mögen, denn er hat viele davon.

▸ Roger Fisher & William L. Ury: *Getting to Yes. Negotiating an agreement without giving in* – Das Harvard Konzept: Klassiker der Verhandlungsführung.

Hören:

▸ GQ – Nice am Stil, »Alles was man über Verhandlungen wissen muss mit Verhandlungsexperte Matthias Schranner«

▸ Talks at Google, »Ep47 – Chris Voss: Never Split the Difference«

Schauen:

▸ *Thirteen Days* – spannender Politthriller über die Verhandlungen in der Kubakrise.

▸ Gary Noesner, *Moving from Conflict to Cooperation*, auf YouTube.

▸ YouTube-Kanal »The Schranner Institute«, unter anderem mit NYPD-Chefverhandler Jack Cambria.

Surfen:

▸ Harvard Law School Negotiation Program, pon.harvard.edu/free-reports

Tun:

▸ »Master Class« mit Chris Voss, kostenpflichtiger Online-Kurs, unter masterclass.com/classes/chris-voss-teaches-the-art-of-negotiation. Mit Fokus auf dem FBI-Konzept.

▸ Negotiation Academy Potsdam, negotiation-academy-potsdam.de – intensive Seminare, leider sehr kostspielig (circa 1.000 Euro). Am besten den Arbeitgeber überzeugen, die Kosten als Fortbildung zu übernehmen. Der Fokus liegt auf dem Harvard-Konzept.

▸ Yale University, »Introduction to Negotiation: A Strategic Playbook for Becoming a Principled and Persuasive Negotiator«, coursera.org/learn/negotiation – Kostenfreier Onlinekurs der US-Elite-Universität, leider aber sehr mathematiklastig, weil man die Verhandlungsmasse in vielen Übungen in konkreten Zahlen berechnen muss. Eindeutiger (und etwas zu deutlicher) Fokus auf dem Harvard-Konzept.

DETOX YOUR LIFE
WIE DU MIT ACHTSAMKEIT BESSER IM JOB UND GLÜCKLICHER IM LEBEN WIRST

In diesem Kapitel erfährst du unter anderem,

▸ warum Spiritualität kein Hokuspokus ist;
▸ wie zwei Lebenskrisen mich dazu zwangen, mir mehr Achtsamkeit zu verschreiben;
▸ warum Digital Detox nur die halbe Miete ist;
▸ welche Morgenroutinen du ausprobieren kannst;
▸ weshalb »Bäume umarmen« eine anerkannte Wissenschaft in Japan ist.

Meine erste Lebenskrise erlebte ich mit Mitte 20. Ich arbeitete neben dem Studium bis zur totalen Erschöpfung unbezahlt an ehrenamtlichen Projekten, bis ich eines Tages einen Hörsturz erlitt. Der Tinnitus machte mich so wahnsinnig, dass ich nicht mehr leben wollte. Eine Auszeit im beschaulichen Celle, zu Hause bei den Eltern meiner damaligen Freundin, ließ es zu, dass ich mich mit dem dauerhaften Piepen im Ohr langsam arrangieren konnte. Der Laptop blieb dort aus. Außer Kochen, Spazierengehen und Fahrradfahren tat ich einfach nichts. Bis heute höre ich ständig ein Piepen, wenn ich innehalte. Pausenlos.

Sechs Jahre später stürzte mich eine unglückliche Kombination aus Überarbeitung und toxischer Beziehung in eine Depression. Ich war an der Schwelle zum Burnout oder vielleicht schon mittendrin, und das mit Anfang 30. Mein Körper wehrte sich, indem mir Haare im Bart und auf dem Kopf ausfielen. Mitten auf meinem Kopf hatte ich ein Loch in den Haaren. Ich sah ziemlich scheiße aus und fühlte mich auch so. Erst eine radikale Kürzung meiner Arbeitszeit auf unter 40 Stunden und eine Selbstverpflichtung zu drei Abenden pro Woche Sport in der Sonne halfen mir, langsam wieder zu mir selbst zu finden. Dazu kam eine kognitive Verhaltenstherapie.

Heute habe ich wieder volles Haar. Nur zwei kleine Löcher im Bart blieben übrig und dienen mir als tägliche Mahnung, gut zu mir selbst zu sein.

Ich musste auf die harte Tour lernen, achtsam zu sein. Wenn man zu spät auf die Warnsignale des Körpers hört, dann ist es eben zu spät. Mein vegetatives Nervensystem habe ich über Jahre mit viel Arbeit, viel Stress und wenig Erholung kaputtgemacht. Ich muss im Alltag sehr stark darauf achten, es zu reparieren – und es mit Arbeit und Stress nicht gleich wieder zu übertreiben. Das war mein Weg zu Achtsamkeit, zu Mindfulness.

Wenn ich wegen Burnout oder Depression ausfalle oder wegen körperlicher Erschöpfung oder psychischer Probleme nicht meine ganze Energie geben kann, hilft das niemandem. Am wenigsten hilft es dem Unternehmen, für das ich arbeite. Gerade, wer seine Arbeit liebt, muss umso mehr auf sich achtgeben.

Andere haben ähnliche Geschichten durchgemacht. Sascha Pallenberg, damals Head of Transformation bei Daimler, konnte nach einer Operation am Ischiasnerv ein halbes Jahr nicht laufen. »Ich wurde immer fetter«, sagt er. Beim Joggen wurde er von anderen überholt – und zwar von 70-jährigen Senioren. Irgendetwas musste er ändern. Etwas widerwillig probierte er Yoga aus.

Und so fand einer, der früher damit gar nichts anfangen konnte (»Ich lauf doch nicht mit Räucherstäbchen rum!«) zu Achtsamkeit und Spiritualität. Heute pocht er auf seine Auszeiten vom Alltagsstress: »Tatsache ist: Das tut so gut!«[79]

»Bei so einem Yoga-Ding ist spirituelle Musik und da vorne läuft so ein Yogi rum, der dir erzählt, was du machen sollst. Als ich das das erste Mal gemacht habe, kam ich mir wie der absolute Vollhorst vor. Ich kam im Schalke-Trikot dahin, und das waren alles Super-Profis, die ihre eigene Matte am Start hatten und alle schon in diesem lustigen Yoga-Sitz dasaßen. Und auf einmal fangen die mit so Übungen an wie: ›Und jetzt küssen wir unsere Knie.‹ Ich dachte mir nur: Wie soll ich das denn machen? Da kannst du gleich den Orthopäden anrufen! Aber je länger und öfter man das macht, desto besser wird es.«

Sascha Pallenberg, Tech-Blogger und Ex-Head of Transformation bei Daimler

Achtsamkeit ist das Buzzword des modernen Müßiggangs. Es beschreibt die Fähigkeit, sich selbst der Situation, in der man sich befindet, bewusst zu werden; sich selbst zu spüren, den Moment bewusst zu erleben, ohne ihn zu bewerten; Zeit für sich zu haben, um über sich und sein Leben nachzudenken, ohne dass dies einen Anlass oder ein Ziel haben würde.

Dieses Bedürfnis kommt nicht von ungefähr.

Kaum ein anderer hat die Sehnsucht nach einem Ruhepol in der Moderne intensiver erforscht als Hartmut Rosa, Professor für Soziologie an der Universität Jena. Unser Wirtschaften wird immer rastloser, sagt Rosa, genauso wie unser privates Leben. Wir verpressen und verdichten immer mehr in immer kürzerer Zeit. Jeder Schritt ist durchgetaktet, der Kalender von morgens bis abends gefüllt. Die meisten Menschen wissen gar nicht mehr, wofür sie eigentlich arbeiten, außer dass man ihnen einmal im Monat einen Lohn als »Schmerzensgeld« überweist. Wir fühlen uns pausenlos erreichbar, gehetzt, getrieben. Dieser »rasende Stillstand«, wie Hartmut Rosa die innere Leere nennt, führt zu einer »kollektiven Erschöpfung«.[80]

Nur: Was hilft einem diese Gesellschaftsanalyse im persönlichen Alltag? Kann sich der Einzelne überhaupt der Beschleunigungslogik entziehen? Muße, das ist ja eigentlich so etwas wie Nichtstun, oder? Anleitungen zum Nichtstun wirken etwas seltsam. Wie tut man Nichts? Braucht man dazu einen Ratgeber?

Während meiner Depression schenkte mir ein Freund ein kleines Heft. Es handelte sich um eine Streitschrift des französischen Arztes und Arbeiterführers Paul Lafargue, betitelt mit: »Das Recht auf Faulheit oder Zurückweisung des ›Rechts auf Arbeit‹«, erschienen 1848. In dem Pamphlet wetterte Lafargue gegen die Sozialisten, die seiner Meinung nach auf der falschen Spur waren: »Sie verkündeten das Recht auf Arbeit als ein revolutionäres Prinzip! (…) Nur Sklaven wären zu solch einer Schäbigkeit imstande gewesen.« Stattdessen sollten die Arbeiter sich »darauf beschränken, nicht mehr als drei Stunden am Tag zu arbeiten und den Rest des Tages und der Nacht zu faulenzen und zu feiern«.[81] Klingt fast ein wenig wie Berlin in den 1990er-Jahren.

Muße ist ein Lob der Faulheit. Und jeder braucht ein Recht darauf! Leerlauf – oder, wenn man so will: Langeweile – gehört dazu. Und sie inspiriert! Isaac Newton soll die Arbeit auf der elterlichen Farm vernachlässigt haben, um stattdessen Bücher zu lesen – und saß unter einem Baum, als er die Schwerkraft entdeckte. Karry Mullis entdeckte das Prinzip der Polymerase-Kettenreaktion, die ihm den Chemie-Nobelpreis einbrachte, nicht im Labor, sondern auf dem kalifornischen Highway.[82] Joanne K. Rowling soll sich im Zug gelangweilt haben, als sie die Idee zu Harry Potter hatte. Die besten Ideen kommen auch uns heute meistens nicht beim Brainstormen, sondern beim Einschlafen, beim Joggen oder unter der Dusche. Das ziellose Umhertreibenlassen ist gut für Geist und Seele.[83]

»Die besten Ideen habe ich unter der Dusche. Zum Glück dusche ich jeden Tag.«

Dorothee Bär, Staatsministerin im Kanzleramt und Digitalbeauftragte der Bundesregierung

»Problems often get solved in my mind during my restroom breaks. (Yes, I seem most productive during breaks, so maybe my employer should pay me to take breaks. Boss, I hope you are reading this.)«

Chade-Meng Tan, Mitarbeiter Nummer 107 bei Google[84]

BEISPIEL

Auf den nicht ganz ernst gemeinten Namen »Vorglühen« für eine politische Frühstücksveranstaltung kamen wir, als wir eigentlich eine Party planten. Die Gäste fanden es witzig, einen Termin zum »Vorglühen« im dienstlichen Kalender stehen zu haben. Es war ein voller Erfolg.

Es ist wahnsinnig schwer geworden, einfach nichts zu tun. Forscher der University of Virginia baten Testpersonen, auf einem Stuhl zu sitzen – einfach nur so, das war's. Die Probanden empfanden die Stille als so unangenehm, dass sich viele (genauer gesagt: ein Viertel der Frauen, zwei Drittel der Männer) mit bereitgestellten Geräten sogar selbst schmerzhafte Elektroschocks verpassten, um sich von ihrer Langeweile abzulenken. Und das nach nicht einmal einer Viertelstunde der Faulheit![85]

Die meisten Tiere liegen die meiste Zeit nur dösend herum. Und das hat einen Grund: Sie füllen ihre Energiespeicher auf. Je fauler Meeresschildkröten sind, desto besser werden Qualität und Menge ihrer Eier.[86] Das sollte man mal für den Menschen untersuchen!

Arbeit mag zum modernen Menschsein dazugehören. Aber sie darf nicht das Leben bestimmen. Stell dir vor, du bist 90 und blickst auf dein Leben zurück: Was wirst du als schönste Zeit in Erinnerung behalten? Vermutlich deine Reisen, tolle Abende mit Freunden, die erste Liebe, den Spaß beim Sport. Vermutlich aber nicht: die Überstunden bei der Arbeit.

Nicht jeder Stress belastet. Es gibt auch positiven Stress, den »Flow«, der uns beflügelt. Aber auch dann brauchen Körper und Geist genügend Pausen. Selbst positiven Stress hält man auf Dauer nicht durch. Gerade, wer gewohnt ist, im Beruf viel zu leisten, überträgt dieses Ethos häufig auch auf die Freizeit. Statt einfach nur zu joggen, trainiert man dann gleich für den Marathon. Müßiggang ist das nicht!

Der Arzt Gunter Frank und die Psychologin Maja Storch sprechen von der »Mañana-Kompetenz«[87] – der Fähigkeit, einfach sagen zu können: »Das mache ich morgen.« Leitend ist dabei die Erkenntnis: Arbeit geht nie aus! Egal, wie viel man heute abackert, morgen geht es wieder ungebremst von vorn los.

Daher ist auch das Buzzword »Work-Life-Balance« großer Bullshit. Diese Idee wird oft so fatal falsch verstanden, dass man sich auch noch in der Freizeit bis oben mit Terminen zukleistert, um sich noch etwas mehr »Life« im Ausgleich zur »Work« zu verschaffen. Inzwischen ist eine globale Industrie entstanden, die Work-Life-Balance zum Konsumgut macht. Aber auch Yoga am Morgen und Wellness-Hotels am Wochenende helfen nicht weiter, wenn man sein restliches Leben so weiterlebt, als gäbe es kein Morgen; wenn wir unsere Freizeit, also die eigentlich freie Zeit, unter einem Immer-mehr-immer-schneller-Diktat mit vermeintlichen Achtsamkeitsterminen vollstopfen. Kann man so wirklich den Kopf freikriegen und einfach mal an Nichts denken? Ist das wirklich noch Muße? Und: Gehört »Work« nicht auch zum Leben dazu? Findet die Arbeitszeit etwa außerhalb der Lebenszeit statt? Eigentlich müsste es daher doch »Life-Life-Balance« heißen! Und diese Balance funktioniert nur mit weniger Arbeitszeit. Um Muße zu ermöglichen, braucht es den Feierabend. Mañana.

Es gibt Start-up-Gründer und aufstrebende Anwälte, die damit prahlen, wie sie ihren Körper auf wenig Schlaf getrimmt haben, um 5 Uhr aufstehen und irgendwelche Morgenroutinen durchführen. Nichts gegen Morgenroutinen – ich finde sie sogar wichtig –, aber noch wichtiger wäre: Ausschlafen! Das haben Unternehmen, Politik und Lkws gemeinsam: Wer am Steuer sitzt, sollte ausgeschlafen sein.

Natürlich spricht nichts dagegen, auch seine Freizeit zu planen – einschließlich Yoga, Wellness und Achtsamkeitsritualen. Aber man sollte sich auch bewusst Lücken gönnen, um sich einfach nur so treiben lassen und zu schauen, was passiert. Und es gibt ein paar Möglichkeiten, wie man sich auch bei krass gefüllten Terminkalendern eine Oase des Sich-Sammelns aufbauen kann. Darüber will ich in diesem Kapitel sprechen.

»I am the most aggressive guy on internet on the planet. I will die to win and i expect the same from you!«

Oliver Samwer, legendärer Internetunternehmer, in seiner berüchtigten »Blitzkrieg«-E-Mail an seine Mitarbeiter (2011). Ich finde: Sterben ist keine gute Idee.[88]

»Your work is going to fill a large part of your life, and the only way to be truly satisfied is to do what you believe is great work. And the only way to do great work is to love what you do. If you haven't found it yet, keep looking. Don't settle. As with all matters of the heart, you'll know when you found it.«

Steve Jobs, Gründer von Apple, in seiner berühmten Ansprache vor Absolventen der Stanford University (2005)

Warum Digital Detox auf halbem Weg stehen bleibt

Ich liebe das Internet. Aber es bringt auch Kollateralschäden: Wir sind pausenlos erreichbar, checken selbst beim Essen unsere sozialen Medien, bilden uns ein, dass es uns schlecht geht (weil es den anderen auf Instagram irgendwie immer gut geht), und spüren eine omnipräsente unterschwellige Angst, etwas zu verpassen: die sogenannte FOMO – Fear of Missing Out.[89]

Das Smartphone ist so etwas wie eine Fernbedienung für das Leben geworden, und es stiftet einen gigantischen Nutzen. Aber noch haben wir nicht gelernt, mit dieser Technologie souverän umzugehen. Mobiles Internet, wie wir es heute kennen, ist eine unglaublich neue Erfindung. Die Älteren erinnern sich: Das erste iPhone wurde erst 2007 von Steve Jobs auf den Markt gebracht. Microsoft-Boss Steve Ballmer lachte damals noch: So ein teures nutzloses Handy würde sich niemals verkaufen![90] Das Lachen sollte ihm bald vergehen.

Wir sind erst ansatzweise dabei, Kulturtechniken zu entwickeln, um mit dem Stressfaktor Smartphone umzugehen. Als Kur gilt gemeinhin Digital Detox: das komplette Abkapseln für ein paar Tage oder im »Extremfall« für ein paar Wochen.

Ich finde, das ist falsch gedacht. Denn sobald ich zurück im normalen Leben bin, geht es ja wieder genauso weiter wie zuvor. Detox ist nicht nachhaltig, und das ist der Knackpunkt. Klar: Ein Urlaub ohne dauerhaften Internetzugriff ist wohltuend. Totalabstinenz ist aber auch im Urlaub unnötig und häufig maximal unpraktisch. Denn gerade auf Reisen benötigt man das Smartphone, um zu navigieren, das nächste Hostel zu buchen oder während der sechsstündigen Busfahrt einen Podcast zu hören.

Statt für Totalabstinenz werbe ich für digitale Achtsamkeit. Die Menge macht das Gift, und wer nur wenig Gift in sich hat, braucht auch kein Detox. Lieber geht man auch im Alltag bewusst mit Bildschirmen um, setzt sich Limits (etwa »Kein Smartphone nach 21 Uhr«) und reduziert seine Bildschirmzeit an freien Tagen (zum Beispiel »Kein Smartphone am Sonntag«), anstatt das digitale Leben rundherum als krankmachend zu verteufeln.

Konkrete Ideen: die kleinen roten »Badges« ausschalten, die anzeigen, wie viele neue Nachrichten man bekommen hat; den Messenger auf offline stellen, sodass nicht mehr ersichtlich wird, wann du zuletzt online warst; im Urlaub zum Beispiel eine Social-Media-Pause einlegen; Fotos auf Instagram erst nach dem Urlaub oder nur einmal pro Woche posten; die Icons von Facebook, WhatsApp und so weiter auf dem Screen weiter nach hinten schieben und in einem Ordner mit einem langweiligen Namen wie »Sonstiges« ablegen, damit man weniger Anreiz verspürt, draufzuklicken; oder gleich soziale Medien für den Urlaub deinstallieren; dasselbe gilt für News-Apps wie *Bild*, *Spiegel* oder *kicker*.

Selbst ich als Politikjunkie halte es auch mal zwei Wochen ohne Nachrichten aus, und alles, was ich verpassen könnte, ist sowieso in zwei Wochen wieder vergessen. Das Leben geht weiter, und die Menschheit existiert auch ohne meine Twitter-Kommentare. Die Welt vermisst mich nicht. Das mag schmerzlich sein, aber auch befreiend.

Schlafen

Es gibt Leute, die damit prahlen, wie wenig Schlaf sie brauchen. Manche Selbsthilfebuchautoren empfehlen gar die Technik des »polyphasischen Schlafens«, mit der man die Schlafenszeit stückelt und radikal reduziert.

»Bullshit«, sagt dazu Professor Ingo Fietze, Chef des Schlaflabors der Berliner Charité.[91] Und auch ich finde: Es ist schön, faul im Bett zu liegen, am liebsten zu zweit. Im Übrigen fühle ich mich häufig erschöpft, weil der über die Jahre akkumulierte Stress mein Nervensystem strapaziert hat. Ich brauche Schlaf! Und nun wollen mich Workaholics dazu bringen, meine Nachtruhe zu kürzen? *No way!*[92]

Nur die wenigsten Menschen brauchen biologisch wirklich wenig Schlaf. Sie sind aber nicht die Mehrheit und erst recht kein Maßstab. Außerdem finde ich: Es zählt nicht die bloße Quantität der wachen Stundenzahl, sondern die Qualität des Wachseins. Lieber verbringe ich 15 Stunden wirklich produktiv und aktiv, als 20 Stunden halbverschlafen und erschöpft herumzudaddeln. So hole ich mehr aus dem Tag raus und habe mehr Freude daran – trotz rechnerisch weniger Stunden.

Schlaf reinigt den Körper von Stoffwechselabfällen, stärkt das Erinnerungsvermögen, unterstützt die Immunabwehr und das Muskelwachstum und hilft beim Schlankwerden (oder -bleiben). Schlafmangel bewirkt genau das Gegenteil: kognitive Beeinträchtigung, schwächeres Immunsystem, Infektionen, Übergewicht, Migräne, Allergien, vermehrte Gefahr von Unfällen und Verletzungen, höheres Risiko von Herzinfarkt und Schlaganfall – vergleichbar mit den Folgen von Rauchen und Diabetes.[93] Die Harvard Medical School wies nach, dass mehr Schlaf die sogenannten grauen Zellen im Gehirn wachsen lässt, was mit psychischer Gesundheit verbunden wird.[94]

Ganze Regale voll wissenschaftlicher Forschungsliteratur belegen: Genug Schlaf ist die Voraussetzung für Leistung und Lebensqualität. Bereits ein paar Stunden Schlafentzug beeinträchtigen die geistige Leistungsfähigkeit wie zwei Shots Wodka. Das übrigens, obwohl sich Menschen, die wenig schlafen, zwar oft wach fühlen, es aber tatsächlich nicht sind – wie unter anderem Aufmerksamkeits- und Reaktionstests wissenschaftlich nachweisbar zeigen.[95] Man stelle sich einen unausgeschlafenen Manager wie einen Alkoholiker vor. Wie soll so jemand die besten Entscheidungen treffen in einer Welt, die immer rasanter und komplexer wird?

In einer aufsehenerregenden Studie untersuchten Psychologen die Gründe hinter dem Erfolg der weltbesten Violinisten. Und fanden heraus: Die besten Violinisten üben sehr viel, ähnlich wie ihre Konkurrenz – aber sie schlafen 8,6 Stunden am Tag, eine Stunde mehr als der Durchschnitt. Dadurch sind sie konzentrierter während ihrer Übungsstunden und holen so mehr heraus.[96]

Als die Stanford University die Spieler des Uni-Basketball-teams für mehrere Wochen zwei bis drei Stunden mehr schlafen ließ als sonst, erreichten die Spieler eine kürzere Reaktionszeit, eine höhere Schnelligkeit und eine präzisere Wurfgenauigkeit.[97]

Was für Top-Musiker und Top-Athleten gilt, das stimmt auch für alle anderen, die Top-Ergebnisse liefern wollen.

Es gibt so ziemlich nichts im Leben, was durch Schlaf nicht besser würde – und so ziemlich nichts, was durch Schlafmangel nicht schlechter würde. Die Forschung empfiehlt sieben bis acht Stunden Schlaf, und den sollte sich jeder Mensch auch ganz bewusst gönnen.[98] Nichts gegen Frühaufstehen und Morgen-routinen. Oft schafft man mehr, wenn man rechtzeitig aus dem Bett kommt (was wiederum nur dann möglich ist, wenn man am Abend zuvor früh genug schlafen geht – was ja oftmals das eigent-liche Problem beim frühen Aufstehen ist). Aber kurzer Schlaf darf nicht zum Fetisch werden. Das kostet Erholung, die der Körper braucht, macht krank und mindert die Leistungsfähigkeit.[99]

Meine zehn Tipps für besseren Schlaf:[100]

1. **Checke deine Hardware.** Lange schlief ich mit einer durch-gelegenen Matratze, zu dicker Decke und zu großem Kissen. Morgens wachte ich auf und fühlte mich schon erledigt. Die »Infrastruktur« muss stimmen: gute Matratze (checke die Ergebnisse bei Stiftung Warentest), Nackenkissen und – eventuell – eine sogenannte Gewichtsdecke: Die ist um die zehn Kilo schwer. Der Druck fördert die Ausschüttung des Glückshormons Serotonin und des Nachthormons Melato-nin und senkt die Ausschüttung des Stresshormons Corti-sol. Mehrere Experimente belegen die positive Wirkung auf den Schlaf, beispielsweise in einem Test mit zwölf Mönchen als Versuchspersonen.[101] Noch besser als eine Gewichts-decke ist natürlich ein menschlicher Schlafpartner an dei-ner Seite.

2. **Finde deinen Schlafrhythmus.** Gehe abends möglichst immer um dieselbe Zeit zu Bett und stehe morgens um die-

selbe Zeit auf. Der Körper braucht gewohnte Strukturen, sonst reagiert er mit Trägheit.[102] Schlafe genug: Zwischen 7 und 8 Stunden sollten es normalerweise sein. Statt den Wecker fünfmal zu snoozen, stehe lieber sofort auf und gönne dir dafür mehr richtige Schlafenszeit. Ob du ein Morgen- oder Abendtyp bist (»Lerche« oder »Eule«), kannst du online in einem Chronotypen-Test herausfinden, zum Beispiel beim Leibniz-Institut für Arbeitsforschung.[103]

3. **Orientiere dich an der Sonne.** Unsere innere Uhr ist nach dem Sonnenlicht gestellt.[104] Beim Aufstehen sollte man daher den Kontakt mit Sonnenlicht erhöhen (Vorhänge weit auf, Frühstück auf dem Balkon, mit dem Rad zur Arbeit, Morgenlauf), am Abend dagegen senken (im Winter ist das in unseren Breitengraden weniger ein Problem). Ins Schlafzimmer sollte möglichst wenig künstliches Licht zum Beispiel von Straßenlaternen eindringen, aber so viel Sonnenlicht einfallen können, dass man von selbst am Morgen aufwacht: Das Sonnenlicht trifft auf die geschlossenen Augenlider und signalisiert dem Gehirn, die Produktion des Schlafhormons Melatonin zu stoppen. Moderne Leuchten (wie Philips Hue) können so eingestellt werden, dass sie parallel zum Sonnenaufgang immer heller werden, um so das natürliche Aufwachen zu fördern.

4. **Aktiviere den Nachtmodus auf dem Smartphone.** Bildschirme bei Smartphones und Laptops emittieren sogenanntes blaues Licht, das die Produktion des Schlafhormons Melatonin unterdrückt und dem Gehirn vorgaukelt, es sei Tag. Das hält künstlich wach.[105] Der Nachtmodus reguliert die Farben des Bildschirms automatisch nach Sonnenuntergang. Beim iPhone findest du den »NightShift« unter Einstellungen > Anzeige & Helligkeit, bei Android unter Einstellungen > Anzeige, oder mit der App Twilight oder Digital Wellbeing. Für Laptops helfen Programme wie zum Beispiel Flux.[106]

5. **Fahre Körper und Geist herunter.** Eine Stunde vor dem Schlafengehen gilt: keine Bildschirme; weniger Licht; keine schwere Kost (weder zu essen noch geistig). Lieber ein beruhigendes Shutdown-Ritual: ein Abendspaziergang, leichte Lektüre, Meditation. Wenn es dir hilft, stell dir einen täglichen Wecker, der dich daran erinnert, rechtzeitig abzuschalten.

6. **Verwende dein Bett nur zum Schlafen (und für Sex).** Das Handy gehört nicht ins Schlafzimmer, sonst kontrollierst du abends nochmal die E-Mails oder checkst Instagram. Verwende das Bett wirklich nur zum Schlafen, zum Lesen vor dem Einschlafen und für Sex, und kauf dir einen analogen Wecker.

7. **Schränke Koffein, Alkohol und nächtliche Snacks ein.** Koffein unterdrückt das Einschlafen und verringert die Schlafqualität. Deshalb sollte man Kaffee, schwarzen und grünen Tee möglichst nur in der ersten Tageshälfte trinken. Ich trinke meinen letzten Espresso vor 15 Uhr. Alkohol verkürzt die Tiefschlafphase und sollte daher vor dem Schlafen ebenfalls vermieden werden (was im realen Leben gelegentlich schwer umsetzbar ist). Und auch ein spätes, vor allem kohlenhydratreiches Abendessen lässt den Körper nachts nicht zur Ruhe kommen.

8. **Sei wie Dan Draper und leg einen Mittagsschlaf ein.** Zu lang gefeiert oder gearbeitet? Dann versuche, trotzdem morgens wie gewohnt aufzustehen und leg lieber einen kurzen Mittagsschlaf ein. Schon zehn Minuten helfen. Dan Draper in Mad Men konnte es. Du kannst es auch.

9. **Wähle Einschlafmittel sorgsam aus.** Viele schwören auf die abendliche Tasse Tee zum Einschlafen. Das hilft als Ritual, um zur Ruhe zu kommen, aber hat sonst keine biologische Wirkung. Wenn du mehr brauchst, um einschlafen zu können, nimm hochdosierten Baldrian. Auch Antihistaminika helfen, ursprünglich ein allergielinderndes Mittel bei Heuschnupfen, allerdings mit Nebenwirkungen.

Sprays oder Tabletten mit Melatonin sind beliebt, aber die schlaffördernde Wirkung einer künstlichen Zuführung ist nur dünn belegt, und es können Nebenwirkungen wie Kopfschmerzen und Schwindel auftreten. Beim Jetlag nach Fernreisen kann Melatonin aber helfen, um dem Körper zu signalisieren: Jetzt ist Nacht.[107] Von esoterischen Pflanzenextrakten wie zum Beispiel der Schlafbeere (auch bekannt als Winterkirsche oder Ashwagandha) würde ich lieber die Finger lassen, denn ihre Gesundheitsrisiken sind nicht gut erforscht.[108]

10. **Tracke deinen Schlaf, wenn du Daten liebst.** Ich bin kein großer Fan des Schlaf-Monitorings mithilfe von Apps oder Armbändern. Das Gefühl, sogar noch während des Schlafs »getestet« zu werden, kann das Einschlafen erst recht schwer machen. Außerdem sind die meisten Apps und Devices, mit denen die Schlafqualität anhand von Körperbewegungen gemessen werden soll, nicht allzu akkurat.[109] Solange es aber nur darum geht, einmal zu testen, ob man schlechter schläft, wenn man Alkohol getrunken oder spät gegessen hat, reicht eine App wie SleepScore oder SleepCycle. Dann hat man allerdings das Handy die ganze Nacht mit im Bett liegen. Eine Alternative ist der stylische Oura-Ring des gleichnamigen finnischen Start-ups, der auch die Herzfrequenz und andere Indikatoren misst und sich in mehreren Tests zur Datenqualität gut schlägt.[110] Ob man dafür wirklich 300 Euro hinblättern will, ist aber eine andere Frage.

»Let him sleep, so when he is awake, he can move mountains.«

Frank Thelen, Seriengründer und Tech-Investor

»I am more alert and I think more clearly. I just feel so much better all day long if I've had eight hours (of sleep).«

Jeff Bezos, Amazon-Gründer

Morgen- und Abendroutinen

Jeder Mensch hat eine Routine, seinen Morgen und Abend zu verbringen – meistens unbewusst und aus bloßer Gewohnheit, routiniert eben. Meine Morgenroutine bestand lange darin, kurz zu duschen und die Zähne zu putzen, um gleich danach ins Büro oder zum ersten Termin zu radeln. Dort kam ich dann halbverschlafen und etwas zerzaust an, war aber schon mittendrin im Trubel des Berufsalltags und gab mir keine Chance, mich erst zu sammeln und bewusst in den Tag zu starten.

Routinen sind eingeübte, quasi automatisierte Handlungsabläufe, oft verbunden mit kleinen Ritualen. Je komplexer und schnelllebiger unsere Welt wird, desto wichtiger sind Routinen. Wir haben nur ein begrenztes »Entscheidungsbudget« pro Tag: Wir können nur eine bestimmte Zahl an Entscheidungen bewusst treffen. Dafür sind Routinen da: Sie entlasten das Gehirn, machen Energie für andere Entscheidungen frei und geben Struktur. Routinen helfen, in einer komplexen Welt zu entscheiden, und sei es nur über die Farbe des T-Shirts. Wenn ich mein »Budget« schon für die Garderobe verbrauche, bleibt weniger Kapazität für andere, eigentlich wichtige Entscheidungen.

Mark Zuckerberg trägt immer graue T-Shirts[111], und Barack Obama trägt nur graue oder blaue Anzüge. Beide geben ausdrücklich genau diesen Grund an: um Kapazität für das Wesentliche zu haben.

> »I don't want to make decisions about what I'm eating or wearing. Because I have too many other decisions to make. You need to focus your decision-making energy. You need to routinize yourself. You can't be going through the day distracted by trivia.«[112]
>
> *Barack Obama, 44. Präsident der Vereinigten Staaten von Amerika*

Mark Zuckerberg ✔ is 😊 feeling undecided. •••
January 25. 2016 · Palo Alto, CA, United States · 🌐

First day back after paternity leave. What should I wear?

👍 1.2M   83K Comments 39K Shares

Reduktion von Komplexität: Die T-Shirt-Frage. Quelle: Post auf der Facebook-Page von Mark Zuckerberg.

Routinen können für jeden anders sein, und sie sind nicht unverrückbar. Am besten, man experimentiert damit herum und adaptiert sie für sich selbst genau so, dass es für einen passt und man sich wohl fühlt.

Meine aktuelle Morgenroutine sieht beispielsweise wie folgt aus:

- Bett machen, Vorhänge auf, Schlafzimmer lüften
- Vitamine und Mineralstoffe einnehmen (für mich: B12, Eisen, Magnesium, im Winter Vitamin D)
- einen halben Liter Wasser trinken
- eventuell logopädische Stimmübungen
- drei Sätze mit zwölf Klimmzügen (an meiner Klimmzugstange zu Hause)
- warm duschen, am Ende sehr kalt aufdrehen für 20 Sekunden (weckt garantiert auf und bringt den Kreislauf in Schwung)
- Kaffee zubereiten und entspannt trinken (erst 60 bis 90 Minuten nach dem Aufstehen – sonst blockiert das Koffein die morgendliche Ausschüttung des Wachmacher-Stresshormons Hydrocortison, das den Stoffwechsel aktiviert)[113]

Das ist nur ein Beispiel, keine Blaupause. Deine Morgenroutine kann ganz anders aussehen. Einige Ideen:[114]

- Bewegung jedweder Art (Yoga, Liegestützen, Joggen, Spaziergang mit dem Hund ...)
- Atemübungen nach der Methode von »Ice Man« Wim Hof, neunfacher Weltrekordhalter einschließlich längster Zeit in einem Eisbad (mehr unter kurzlink.de/wimhof)[115]
- Meditation (Energie tanken, bevor das Chaos losgeht; 5 bis 10 Minuten reichen)
- kohlenhydratarmes Frühstück (reguliert den Blutzuckerspiegel und vermeidet Downs; zum Beispiel Rührei mit Tomaten, Naturjoghurt mit Nüssen, ein Apfel)
- Smoothie selbst machen und genussvoll trinken (Zutaten nicht auspressen, sondern pürieren, und nicht mit Saft mischen; genug Gemüse beimischen, nicht nur Obst – ansonsten bestehen die Drinks nur aus

Wasser und Zucker, und alle wertvollen Nährstoffe sind weggeschreddert)

▸ Dankbarkeitsritual (such dir eine Sache, für die du dankbar bist, und werde dir dieser Sache bewusst – und wenn es nur vermeintliche Kleinigkeiten sind: der Kaffee, das Wetter, deine Wohnung ...)

▸ Ziele für den Tag aufschreiben oder laut für sich aussprechen

▸ energetische Playlist hören (Spice Girls & Britney Spears ☺)

Die beste Morgenroutine fängt bereits am Abend zuvor an: mit genug Schlaf. Eine Abendroutine dient dazu, Körper und Geist herunterzufahren und das Signal zu senden, dass Nachtruhe einkehrt. Das reduziert den Stresspegel und sorgt für besseren Schlaf. Einige Ideen:

▸ eine Tasse Kräutertee trinken

▸ reflektieren, was den Tag über passiert ist, Gedanken aufschreiben, Kopf freikriegen

▸ Wasserflasche für die Nacht und den nächsten Morgen auffüllen

▸ Sachen für den nächsten Tag vorbereiten, zum Beispiel die Kleidung zurechtlegen oder die Tasche packen

▸ das Licht dimmen

▸ das Schlafzimmer lüften

▸ das Smartphone eine Stunde vor dem Schlafengehen weglegen (bekomme ich selbst manchmal nicht hin)

▸ Meditation (5 bis 10 Minuten reichen bereits, aber gern länger)

▸ ein Kapitel in einem Buch lesen

▸ Sex (beruhigt und lässt den Tag ausklingen)

Probiere selbst aus – und such dir deine eigene Routine aus, die für dich am besten ist. Überfordere dich nicht: Es dauert, sich etwas Neues anzugewöhnen.

»Teile deine Energie ein und strukturiere deinen Tag mit einer Routine.«

Thomas Reiter, erster deutscher Astronaut, der einen Weltraumspaziergang machte, über die Frage nach dem Durchhalten in der Quarantäne in der Raumstation

Meditation

Meditation wird für das 21. Jahrhundert, was Zähneputzen für das 20. Jahrhundert war: Sie wird bald nicht mehr nur von einer Minderheit praktiziert werden, sondern von (fast) allen. Zähneputzen ist gut für die Zähne, Meditation ist gut für den Geist. Nichts daran ist mysteriös oder esoterisch. Natürlich gibt es auch religiös oder spirituell aufgeladene Meditationen. Aber in erster Linie ist sie einfach nur mentales Training.

Die Wissenschaft belegt: Meditation hilft, Stress abzubauen, zur Ruhe zu kommen, die Aufmerksamkeit zu schärfen und klarer zu werden. Man wird entspannter, glücklicher – und leistungsfähiger. Selbst in der digitalen Innovationseinheit der Bundeswehr habe ich ein Meditationstraining eingeführt, mit bestem Feedback der Soldaten. Bill George, Managementprofessor an der Harvard Business School, sagt: »Meditation lohnt sich, denn wenn du voll präsent sein kannst, bist du produktiver und triffst bessere Entscheidungen.«[116] Das gilt nicht nur für den Job, sondern auch für den Rest des Lebens.

»I like to joke that meditation is like sweating in the gym, minus the sweating, and the gym.«

Chade-Meng Tan, Software-Entwickler und offizieller Wohlfühlbeauftragter bei Google[117]

»When you train the mind to focus on something like the breath, it also gives you the discipline to focus on much bigger things and to really tell the difference between what's important and everything else.«

Yuval Noah Harari, israelischer Historiker und vermutlich der bedeutendste Intellektuelle des frühen 21. Jahrhunderts[118]

Man braucht dazu nichts außer einem ruhigen Raum, in dem man nicht gestört wird und bequem sitzen kann. Der traditionelle Buddhismus kennt vier Körperhaltungen der Meditation: sitzend, stehend, gehend und liegend – also praktisch, wie man will. Wichtig ist nur eins: Man sollte eine Haltung wählen, die es erlaubt, aufmerksam und ruhig zugleich zu sein. Der Rücken sollte aufrecht sein, die Brust ausgestreckt, Schultern entspannt, Hals und Kopf in Verlängerung der Wirbelsäule. Egal ob im Schneidersitz, auf einem Stuhl oder in einer beliebigen anderen Position: Hauptsache bequem und aufrecht. Das ist wichtig für die Atmung und die Konzentration. Man kann die Augen schließen oder offenhalten; beides ist erlaubt. Ich empfehle, sie zu schließen.

Die Atmung steht im Zentrum. Für eine Kurzmeditation atmet man dreimal lange durch die Nase ein und dreimal lange durch den Mund aus. Oft löst das bereits Gähnen aus. Aber das liegt nicht daran, dass diese Übung den Körper müde macht – sondern sie lässt den Körper merken, wie müde er bereits ist. In jeder Stresssituation versuche ich, auf genau diese Weise buchstäblich tief durchzuatmen.

Wer mehr Zeit hat, stellt sich einen Timer auf 5 oder 10 Minuten, gern länger. Man schließt die Augen, atmet tief und ruhig, zählt vielleicht die Atemzüge und ist einfach nur da, wenn es geht. Wahrscheinlich kommen der inneren Ruhe immer wieder störende Gedanken in die Quere, aber das macht nichts. Man akzeptiert die Gedanken und bringt den Fokus wieder zurück auf den Atem.

Bereits diese 5 oder 10 Minuten am Tag sind ein guter Anfang, idealerweise täglich etwa um dieselbe Uhrzeit. Wann genau, ist einem selbst überlassen: morgens nach dem Aufstehen, um sich zu sammeln und zu sich zu kommen; nach dem Mittagessen, um das Nachmittagstief zu überwinden und sich eine Auszeit von der Hektik zu nehmen; abends, um runterzukommen und sich auf die Nacht einzustimmen. Immer, wenn man wenig Energie verspürt oder der Stress einen überwältigt, ist eine gute Zeit für eine Meditation – und auch ansonsten so oft und so lang man möchte.

Wer Probleme hat, sich zu fokussieren, kann eine geführte Meditation ausprobieren. Die Apps Headspace, Calm, Balloon, 7Mind und Breethe bieten in der kostenfreien Basisversion verschiedene Einführungskurse an. Außerdem gibt es etliche kostenfreie Anleitungen auf YouTube und Spotify, zum Beispiel die »Mindfulness Meditations« mit Mark Williams vom Mindfulness Centre der University of Oxford oder die Meditationen des von Google initiierten Search Inside Yourself Leadership Institute unter siyli.org.

BEISPIEL

Da saß ich also. In der Wüste vor Dubai hatten wir unsere Zelte aufgeschlagen, und nachts versammelten wir uns am Lagerfeuer. Vielleicht 30 Leute waren gekommen, einer direkt aus Davos vom World Economic Forum, als das internationale Sandbox-Netzwerk seine Mitglieder zu einem Retreat einlud. Charles Michel, Experimentalpsychologe an der Oxford University und aus der Netflix-Serie *The Final Table* bekannter Spitzenkoch, rührte einen Kakao an. Wir reichten den Krug von Mensch zu Mensch, wie einen Joint. Charles leitete das Ritual an: Schließe die Augen; werde dir bewusst, welche Bauern und Arbeiter die Kakaobohnen angebaut und geerntet haben, in der Hitze der kolumbianischen Sonne; wie weit die Zutaten gereist sind; wie unvorstellbar es ist, dass wir diesen Trank vor uns haben; rieche daran; nimm einen Schluck, nimm die Konsistenz wahr; auf der Zunge, unter der Zunge, am Gaumen. Manche mögen das für

> übertrieben halten. Aber die Kakaozeremonie lehrte mich, mir
> bewusst zu werden über unsere Lebensmittel und darüber, wie
> sie schmecken, wenn man sie achtsam verzehrt.

Cannabis-Öl (CBD)

Auf dem Flohmarkt im Berliner Mauerpark erstand ich ein kleines Fläschchen Cannabidiol (CBD). Drei Tropfen in den Mund, erläuterte die Verkäuferin am Stand, und es hilft gegen Kopfschmerzen, Nervosität und Schlafstörungen. Alle paar Stunden ein Tropfen, und man bleibt fokussiert und fühlt sich weniger gestresst. Microdosing für die Performance.

CBD ist ein Extrakt aus der Hanfpflanze und quasi die brave kleine Schwester von THC (Tetrahydrocannabinol): Es wirkt beruhigend, krampflösend und schmerzlindernd, aber ohne zu berauschen oder süchtig zu machen. Erst seit kurzem sind CBD-Produkte auf dem Markt. Der Hype brachte den boomenden Cannabis-Start-ups das Geschäft ihres Lebens.

Nach einem Monat Selbstversuch stellte ich fest: Ich merkte keinen Unterschied. Überrascht war ich darüber allerdings nicht. Die wissenschaftlichen Belege für die Wirksamkeit der Produkte, wie sie derzeit auf dem Markt sind, sind dünn und widersprüchlich.[119] Zwar weisen viele Studien auf mögliche therapeutische Effekte hin. Allerdings wurden viele einschlägige Studien an Mäusen oder anderen Tieren durchgeführt oder nur mit einer Handvoll menschlicher Probanden – und sind daher nicht verallgemeinerbar.[120] Ein Report der Weltgesundheitsorganisation[121] sieht Potenzial beispielsweise bei der Linderung von Schmerzen oder der Behandlung psychischer Krankheiten, wo CBD auch schon im Einsatz ist – aber in relativ hoher Dosierung oder in Kombination mit anderen Wirkstoffen zur Behandlung bestimmter Krankheiten, nicht in geringen Dosen für gesunde Menschen im Alltag.

Viele medizinische Anwendungen beginnen erst bei einer Dosierung von 1 Gramm. In Experimenten zu Lampenfieber begann die angst- und stresslösende Wirkung erst ab mindestens 300 Milligramm – eine geringere Dosis zeigte keinen Effekt.[122] Ein fünfprozentiges CBD-Spray enthält in einem Sprühstoß aber gerade einmal 10 Milligramm. Um auf eine wirksame Dosis zu kommen, müsste man mehr als das halbe Fläschchen leer trinken. Damit sind dann rund 20 Euro weg. Ein teurer Spaß.[123]

Dazu kommt, dass die Konzentrationen auf den Produkten häufig falsch angegeben sind: Stichproben fanden in zwei Drittel der Produkte deutlich mehr oder weniger CBD als offiziell deklariert. So kann man seine Dosierung nicht vernünftig planen. Außerdem entdeckte man in manchen Produkten stark erhöhte Mengen des berauschenden THC, was absolut illegal ist.[124] Mit zu viel THC im Hanfextrakt wirst du nicht entstresst, sondern dir wird schlecht, du bekommst Schweißausbrüche oder Angstgefühle.[125] Die Werbeaussage »THC-frei« ist übrigens irreführend. Ganz frei sind die Produkte nämlich nie. Es kommt nur darauf an, welche Grenzwerte man nimmt: den Grenzwert für Betäubungsmittel (aka Drogen) oder den Grenzwert für Lebensmittel. Manche Hersteller orientieren sich lieber am Grenzwert für Drogen, denn der ist deutlich laxer und somit leichter einzuhalten.

Unter meinen Freunden ist CBD trotzdem recht beliebt, weil sie die heilende Wirkung angeblich selbst spüren. Das kann aber auch der Placebo-Effekt sein. Beispielsweise verabreichte die University of Kentucky variierende Dosen von CBD an eine Testgruppe von Probanden, während eine Kontrollgruppe nur ein Scheinmedikament bekam. Das Ergebnis: Es gab keinen Unterschied bei medizinisch messbaren Indikatoren wie Herzrate oder Aufmerksamkeit.[126] Ein bisschen wie Hipster-Homöopathie – es wirkt nicht über den Placebo-Effekt hinaus.

Das Potenzial von CBD ist vielversprechend, keine Frage. Aber ein paar Tröpfchen im Kaffee oder als Mundspray haben keinen Effekt, der wissenschaftlich nachvollziehbar wäre. In der Form, wie die CBD-Öle derzeit auf dem Markt sind, sind sie vermutlich nichts weiter als ein teures Lifestyle-Produkt.

»CBD is being used over the counter in a range of ways that is not supported by the science. There is still much we don't know. But aggressive marketing, hype, and word of mouth have made CBD like a drug version of the emperor's new clothes. Everyone says it works, but lab studies suggest that it's really not what people think.«[127]

Dr. Jordan Tishler, Harvard Medical School, Präsident der US Association of Cannabis Specialists

»When everyone is convinced that they're right with no data, I call that religion — and CBD is currently religion for the average person.«

Dr. Orrin Devinsky, Direktor des Langone Comprehensive Epilepsy Center an der New York University[128]

Yoga

In meiner ersten Stunde Yoga erging es mir ähnlich wie Tech-Blogger Sascha Pallenberg, den wir am Anfang des Kapitels kennenlernten. Etwas steif und unbeholfen versuchte ich in der hintersten Ecke, möglichst nicht unangenehm aufzufallen und ansonsten die nächsten 90 Minuten zu überleben.

Der Druck zum Super-Yogi muss nicht sein, wie YouTube-Yogalehrerin Adriene Mishler einmal sagte: »Many people think they can't do yoga because they're not strong or flexible enough, or that they're not doing it right. Forget that. If you're showing up, and you're breathing, you're doing it right.« So einfach kann das manchmal sein.

Ich kann mich kaum zu meinen Zehen strecken, und schon allein deswegen ist Yoga für mich nicht nur Muße, sondern auch krasser Sport. Yoga steigert die Flexibilität des Körpers, stärkt die Muskeln und lindert Stress, Angst, Depression, Schlafprobleme, Durchblutungsstörungen, Kopf-, Nacken- und

Rückenschmerzen. Yoga wird in allen möglichen Spielarten und Variationen feilgeboten, manche eher kraftbetont, andere eher meditativ, mit unterschiedlichen Leveln an Spiritualität, die auf Einsteiger mit einem rationalen Mindset durchaus befremdlich wirken kann.

Als blutiger Anfänger geht man am besten behutsam an die Sache ran, um ein Gefühl für den eigenen Körper zu gewinnen.[129] Auf YouTube gibt es etliche Tutorials, zum Beispiel auf den Kanälen »Mady Morrisson« oder »Yoga with Adriene«.[130] Damit man die Übungen richtig ausführt, sollte man vor allem am Anfang zu Offline-Stunden physisch ins Studio gehen, wo die Trainerin oder der Trainer die Körperhaltung korrigieren kann. Außerdem macht es im Studio mehr Spaß und gibt mehr Motivation.

Journaling

Wer zu Papier bringt, was einen bewegt, erhält einen klaren Blick darauf, was wirklich in einem vorgeht. Das Führen eines Tagebuchs, bekannt als Journaling, ist daher ein Weg zur Selbstentdeckung.

Mein letztes Tagebuch führte ich als Student und mache seither nur alle paar Monate eine geführte Reflexion, etwa zum Jahreswechsel, zum Geburtstag oder auf Retreats. Aber auch dieses Buch, das du gerade vor dir hast, half mir durch das bloße Aufschreiben, mich selbst, meine Vergangenheit und meine Ziele für das Leben zu reflektieren. Der Unterschied beim Journaling ist: Du schreibst für dich allein, nicht für andere. Man bringt einfach seine Gedanken zu Papier, ohne viel nachzudenken. Man gibt sich zum Beispiel drei Minuten Zeit, beantwortet einen »Prompt« (Frage, Stichwort, Aufgabe), mit offenem Ende – egal, was einem in den Kopf kommt, es wird einfach aufgeschrieben, egal ob es zu dem Prompt passt oder nicht.

Einige Ideen für mögliche Prompts:

- Ich fühle mich gerade wie …
- Ich denke gerade viel darüber nach, dass …
- Ich bin mir bewusst, dass …
- Was mich motiviert, ist …
- Heute möchte ich …
- Was mich gerade verletzt, ist …
- Ich wünschte mir, dass …
- Meine Leidenschaft ist …
- Meine Ideale sind …
- Ich stehe jeden Morgen auf, weil …
- Mich nervt, dass …
- Ich habe einen Fehler gemacht, indem …
- Liebe ist …
- Ich habe meinen Kindheitstraum …
- Ich bereue, dass …
- Wenn ich etwas in meinem Leben ändern könnte, wäre es …
- Am glücklichsten war ich als …
- Was mich im Leben am meisten geprägt hat, war …
- Am liebsten würde ich …
- Mein ideales Leben in fünf Jahren wäre …

Wenn einem nichts einfällt, notiert man eben, dass einem gerade nichts einfällt, solange bis einem wieder etwas in den Sinn kommt, was man aufschreiben kann.

Weiterer Müßiggang

Ich liebe das Wort »Müßiggang«. Es klingt so altmodisch und doch irgendwie intellektuell. Was man daraus für sich macht, ist eine Sache der persönlichen Vorlieben. Hier ein paar Ideen:

- **Massagen:** Als ich an der University of California in Santa Cruz studierte, belegte ich einen Kurs in Schwedischer Massage und bin seitdem ein großer Fan (und zu einem Drittel zertifizierter Masseur in Kalifornien). Massagen wirken sich wohltuend auf den Körper aus: Sie entspannen die Muskeln, verbessern die Durchblutung, transportieren überschüssige Gewebeflüssigkeit ab, können Schmerzen und Verspannungen lindern.[131] Sofern nicht gerade Lockdown ist, gönne ich mir einmal im Monat eine Shiatsu-Massage, so etwas wie sanfte Akupunktur ohne Nadeln. Die Berührung vermittelt dem vegetativen Nervensystem: Alles ist gut! Es ist Zeit, den Stress loszulassen!

- **Sauna:** Kaum etwas befreit so von Stress wie eine Kombination aus Sport und Sauna. Zumindest mir geht es so – und die Wissenschaft gibt mir Recht: Saunieren mit Wechselbad (kalt duschen, in ein kaltes Becken oder in ein Eisloch im zugefrorenen See springen) wirkt sich positiv auf das Wohlbefinden aus, stärkt die Immunabwehr, härtet gegen Erkältungen ab, entspannt die Muskeln, transportiert Schadstoffe aus dem Körper und verbessert die Haut.[132] Idealerweise geht man öfter als einmal die Woche. Da die meisten Fitnessstudios und viele Hallenbäder eine Sauna haben, ist Saunieren zumindest in größeren Städten problemlos möglich.

- **Bäume umarmen:** Kein Scherz! In Japan gilt »Waldbaden« sogar als Medizin und wird von Fachärzten als Therapie verschrieben. Bereits der bloße Anblick von Natur gibt uns Gelassenheit: Spaziergänge im Grünen reduzieren das Stresshormon Cortisol, senken die Pulsfrequenz und den Blutdruck und schalten das vegetative Nervensystem auf Ruhe. In Studien reichten schon 20 Minuten aus, damit sich die Testpersonen messbar entspannten.[133]

BEISPIEL

Während des Corona-Lockdowns habe ich mir angewöhnt, (fast) jeden Sonntag ins Grüne zu fahren und 15 Kilometer zu wandern. Die Energie pushte mich durch die ganze Woche.

▸ **Sex und mehr:** Klar, Sex macht gesund und glücklich. Wahrscheinlich gibt es kein besseres Rezept gegen Stress und Hektik. Dabei kommt es aber nicht nur auf den Akt an sich an, sondern auch auf das Kuscheln danach und die Gespräche, die man gemeinsam führt und die menschliches Vertrauen aufbauen.[134] Übrigens: Auch Umarmungen zwischen Freunden oder auch nur flüchtigen Bekannten stärken soziale Bindungen, Psyche und Immunsystem. Wer sich oft umarmt, wird beispielsweise weniger anfällig für Erkältungen.[135] Bei all dem spielt das »Kuschelhormon« Oxytocin eine Rolle.[136]

BEISPIEL

Seit einem zweistündigen Hugging-Workshop beim Burning-Man-Festival in der Wüste Nevadas gebe ich gelegentlich selbst Hugging-Workshops, in denen sich Menschen auf verschiedene Arten umarmen und sich über ihre Erfahrungen austauschen. Einmal überredete ich das ganze Team meines Arbeitgebers, auf der Wiese nebenan einen solchen Workshop durchzuführen. Die anfängliche Skepsis wich schnell einem regen Interesse: Wie begrüße ich Menschen im Alltag? Wie umarme ich eigentlich? Gibt es so etwas wie »richtiges« Umarmen? Die beste Teambuilding-Maßnahme aller Zeiten!

▸ **Tantra:** Nicht zu verwechseln mit der Liebeskunst Kamasutra: Tantra-Massagen sind gefühlvolle und intime Berührungen aller Bereiche des Körpers bis zum Höhepunkt. In den 1960er-Jahren schwappten hinduistische und buddhistische Strömungen aus Indien in die USA hinüber, inspirierten die Hippie-Bewegung und legten den Grundstein für den heutigen Neotantrismus, eine Verbindung von Spiritualität und Sexualität. Im Vordergrund steht nicht die sexuelle Ekstase – obwohl die auch dazugehört –, sondern das langsame Herantasten an Sinnlichkeit. Wer sich auf dieses Experiment einlässt, der kann für seine Sinneserfahrung im Umgang mit anderen Menschen, nicht nur in der Liebe, sehr viel an Erfahrung ziehen.

BEISPIEL

Bei meinem ersten Tantra-Workshop im Soho House in der Berliner Torstraße, in einem abgedunkelten Raum mit Kerzenlicht und vielen Kissen, wagten wir uns in einer stundenlangen Session sehr allmählich voran: Die mir zugewiesene Partnerin und ich schauten uns tief und lange in die Augen, was überraschend unangenehm und anstrengend sein kann, aber auch ultraschnell Vertrauen erzeugt. Dann berührten wir uns zärtlich an Händen und Unterarmen, zuerst ich, dann sie. Das dauerte lange, mindestens eine Stunde. Schließlich erreichten wir den augenöffnenden Moment: Wir massierten uns an Schultern, Rücken, Kopf und Nacken. Zuerst sollte ich meine Partnerin so massieren, wie ich glaubte, dass es ihr guttut, anschließend in einer Art und Weise, wie ich selbst meine Partnerin berühren wollte. Ich lernte: Nicht nur wir, sondern alle zufällig zusammengewürfelten Paare berichteten, dass diese zweite Massage sich viel schöner, erotischer und intimer anfühlte als die erste Massage – und zwar nicht nur für mich selbst, sondern auch für die jeweiligen Partner. Wenn also ich mir erlaube, es zu genießen, einen anderen Menschen zu berühren, dann genießt dieser Mensch dies auch mehr! (Vertrauen und Sicherheit vorausgesetzt.)

▸ **Chi Gong:** Aus der chinesischen Tradition stammend, verbindet Chi Gong (auch bekannt als Qigong) eine Mischung aus Bewegungsübungen, Atmung und Meditation. Bereits mit zehn Minuten am Tag können die bewussten Bewegungen die Gelenke mobilisieren, Muskeln entspannen und zur Gelassenheit beitragen.[137]

BEISPIEL

In Guatemala lernte ich einen deutschen Backpacker kennen, der wegen Schmerzen an der Schulter zum Arzt ging. Der gab ihm als Hausaufgabe auf, täglich Chi Gong zu praktizieren. Mein Reisegefährte war von der vermeintlichen Quacksalberei gar nicht begeistert, aber zog es trotzdem durch. Ich machte die YouTube-Übungen mit, damit er sich nicht ganz so doof vorkam. Also standen wir jeden Morgen in unserem Hostelzimmer, atmeten tief und bewegten uns sehr konzentriert. Und es wirkte! Seine Schulter schmerzte bald weniger, und ich spürte mehr Ruhe und Energie.

▸ **Nichtstun:** Die edelste Form der Achtsamkeit ist der zweckbefreite Leerlauf. Nichtstun in Gestalt des Dösens auf dem Sofa oder auf der Liege auf dem Balkon. Auch dafür gibt es übrigens ein Wort: »Wu Wei«, die taoistische Praxis des bewussten Nichtstuns. Ich habe für mich die Idee der Mikropausen adaptiert: Die winzigen Momente beim Warten an der Ampel, an der S-Bahn-Station oder in der Schlange im Supermarkt, in dem viele sich angewöhnt haben, auf das Handy zu schauen, gönne ich mir bewusst als Phase des gedanklichen Umherschweifens.

Die Liste ist keineswegs abschließend: Autogenes Training,[138] progressive Muskelentspannung, Tai-Chi, Reiki, Mindfulness-based Stress Reduction (MBSR)[139] und viele andere Verfahren können ebenfalls helfen. Es gibt nicht »die« eine Technik. Lass dich inspirieren, dich selbst nach Methoden und Ritualen der Entspannung und Achtsamkeit umzusehen, die du für dich am passendsten findest.

Achtsamkeit ist nichts, das man durchpowern muss. Es wäre schlimm, sich zu stressen, um Muße zu haben! Zweckbefreites Chillen, Faulenzen, Nichtstun sind genauso elementar wie Yoga, Chi Gong oder die Entspannungstechnik deiner Wahl. Und dazu eine Tasse Kräutertee.

Lesen:

▶ Miriam Junge: *Kleine Schritte mit großer Wirkung: Mit minimalen Veränderungen zu maximaler Zufriedenheit.*

▶ Milena Glimbovski & Jan Lenarz: *Ein guter Plan* (jährlich) – Mischung aus Terminkalender und Achtsamkeitstraining.

▶ Brian Rea: *Death Wins a Goldfish. Reflections from a Grim Reaper's Yearlong Sabbatical* – Der Sensenmann hat Burnout und begibt sich in den Urlaub auf die Erde. Witziger Comic mit einem wahren Kern.

▶ Michael Ende: *Momo oder Die seltsame Geschichte von den Zeit-Dieben und von dem Kind, das den Menschen die gestohlene Zeit zurückbrachte* – Für manche ein Märchenroman, für andere eine vorausschauende kritische Analyse des Zeitgeists.

Hören:

▶ ada, »Gutes digitales Leben«

▶ Business Punk – How to Hack, »#20 Sascha Pallenberg über Work-Life-Balance«

▶ Business Punk – How to Hack, »#2 Magdalena Rogl über Morning Routines«

▶ Michael »Curse« Kurth – »Aufladen statt ausbrennen«

Schauen:

▶ *From Business to Being* – Dokumentation über drei Manager auf der Suche nach einem Weg raus aus dem Hamsterrad und über die Frage, wie man die Arbeit in sein Leben integrieren kann, ohne auszubrennen.

▶ Chade-Meng Tan, *Search Inside Yourself*, Talks at Google, auf YouTube – Dieser Kurs in achtsamkeitsbasierter emotionaler Intelligenz gehört zu den beliebtesten Schulungen unter Google-Mitarbeitern. Er wurde konzipiert vom Software-Entwickler Chade-Meng Tan, Google-Mitarbeiter Nummer 107 und offizieller Wohlfühlbeauftragter des Unternehmens. Das dazugehörige Buch wurde ein Bestseller.

▸ »MaiLab«, YouTube – Die Harvard-Chemikerin und Bundesverdienstkreuzträgerin Dr. Mai Thi Nguyen-Kim klärt auf über Schlafentzug, Burnout und vieles mehr.

▸ JP Sears, »Becoming an Expert Yoga Teacher«, YouTube – witzig und wahr.

Tun:

▸ *New York Times,* »Healthy Habits Challenge«, nytimes.com/programs/healthy-habits-challenge – ein 28-tägiger Plan um Körper, Kopf und Geist zu hegen und zu pflegen, mit einer Inspiration pro Tag.

▸ Center for Humane Technology, humanetech.com – Tristan Harris, Ex-Googler und Tech-Philosoph, erklärt mit seinem Konzept »time well spent«, wie du deine Zeit online bewusst nutzt.

▸ Onlinekurs von John Kabat-Zinn zu Mindfulness & Meditation, masterclass.com

ZU ALT, UM JUNG ZU STERBEN

WIE DU DICH GESUND ERNÄHRST UND 100 JAHRE LEBST

In diesem Kapitel erfährst du unter anderem,

▸ was japanische Inseln, italienische Bergdörfer und kalifornische Kirchengemeinden gemeinsam haben;

▸ wie Arnold Schwarzenegger über Fleisch denkt;

▸ warum Smoothies nur halb so gesund sind, wie du glaubst;

▸ was der Blutzuckerspiegel ist und wie er deinen Körper beeinflusst;

▸ warum Kaffee mit Butter und Kokosöl dich angeblich kugelsicher macht (und was wirklich dran ist).

Ich war nie sonderlich sportlich. Bei den Bundesjugendspielen war die Teilnehmerurkunde das Höchste der Gefühle (sofern ich nicht »zufällig« krank war). Ich war nicht dick, ganz im Gegenteil: Ich war dürr wie eine Bohnenstange. Meine schmächtige Statur bescherte mir auf meinen Südamerika-Reisen meinen spanischen Spitznamen »el flaco« (»der Dünne«) – und das war nicht als Kompliment gemeint. Ich habe Sport regelrecht gemieden, denn es war einfach nicht mein Ding. Wie sollte ich als dürrer Lauch mich auch behaupten?

Heute laufe ich einen Halbmarathon in 1:38:01 Stunden, ohne danach zu humpeln. Das ist keine Spitzenleistung, aber eine wirklich gute Zeit. Ich spiele recht gut Beachvolleyball, auch wenn mein Trainer regelmäßig beklagt, ich solle bloß niemandem erzählen, dass er mein Trainer ist. 20 Klimmzüge am Stück schaffe ich locker. Und ich habe einen Sixpack.

Ich bin kein Bodybuilder, kein Muskelpaket, kein Extrembergsteiger – und möchte das alles auch gar nicht unbedingt werden. Wenn ich Freunden erzähle, wie ich als Teenager als vermutlich unsportlichster Typ der Schule gemobbt wurde, fragen sie sich, ob ich ihnen einen Bären aufbinde. Heute fühle ich mich ganz wohl in meinem Körper, und ich finde, das ist ein gutes Ziel.

Es geht mir nicht um krassen Leistungssport oder fiese Diäten, sondern um die Grundlagen dafür, sein Leben lang fit und gesund zu werden und zu bleiben. Darum geht es in diesem Kapitel.

»If I gave you a car, and it'd be the only car you get the rest of your life, you would take care of it you can't believe. Any scratch, you'd fix that moment, you'd read the owner's manual, you'd keep a garage and do all these things. You get exactly one mind and one body in this world, and you can't start taking care of it when you're 50. By that time, you'll rust it out if you haven't done anything.«

Warren Buffett, Multimilliardär und Star-Investor, über seinen Rat an junge Menschen. Er selbst ist dabei nicht das beste Vorbild: Seine Liebe zu McDonald's ist legendär.

Blue Zones: Die Hotspots der 100-Jährigen

Was haben die italienische Mittelmeerinsel Sardinien, das japanische Okinawa-Archipel, und das Städtchen Loma Linda im Süden Kaliforniens gemeinsam? Nicht viel, möchte man meinen: Sie befinden sich auf unterschiedlichen Kontinenten, praktizieren verschiedene Kulturen und Religionen und haben voneinander vermutlich nie gehört.

Dann kam Dan Buettner. Der Extremradsportler und Forschungsreisende der National Geographic tat sich mit Wissenschaftlern des US National Institute of Ageing zusammen, um sogenannte »Blue Zones« ausfindig zu machen: Regionen, in denen erstaunlich viele Menschen über 100 Jahre alt werden und selbst im hohen Alter unvorstellbar gesund und fit sind. Buettner und sein Team entdeckten solche Oasen der Hundertjährigen verstreut über die Erdteile, in italienischen Bergdörfern, auf japanischen Inseln, in amerikanischen Methodistengemeinden und anderen Ecken des Planeten, wie sie ungleicher kaum sein könnten. Und doch fanden sie neun Lebensgewohnheiten, die alle diese blauen Zonen gemeinsam hatten:[140]

1. **Regelmäßige, leichte körperliche Aktivität:** Die Hundertjährigen hatten kein Fitnessstudio. Sie trieben sowieso meistens gar keinen Sport in dem Sinne, was wir unter Sport verstehen. Vielmehr gehörte die Art und Weise, wie sie ihr Leben organisierten, untrennbar mit mäßiger, aber dafür regelmäßiger Bewegung zusammen – und zwar lebenslang: die wöchentlichen Wanderungen der kalifornischen Adventisten oder die Hügel und Berge, die den sardinischen Alltag prägen. Und: Alle hatten einen Garten.

2. **Lebenssinn:** Im Japanischen gibt es den Begriff des *ikigai* – »der Grund, warum man morgens aufsteht«. Danach gefragt, musste niemand auf Okinawa lange überlegen – sie alle wussten sehr genau, wofür sie lebten: um die

Ur-Ur-Ur-Urenkelin im Arm zu halten oder um Fisch für die Familie zu fangen.

3. **Stressabbau:** Egal, wie viel zu tun ist, egal, wie viel Stress sie haben: Die Gemeinde in Loma Linda begeht jeden Freitagabend bis Samstagabend den alttestamentarischen Sabbat, einen 24-stündigen Ruhetag, den sie mit Gottesdienst, Naturausflügen und der Familie verbringen. Und auch die anderen Religionen und Kulturen kannten Rituale, um Stress zu begrenzen.

4. **Mäßige Kalorienzufuhr:** Auf Okinawa stießen die amerikanischen Forscher auf die konfuzianische Diät des »hari hachi bu«: Hör auf zu essen, wenn dein Magen zu 80 Prozent voll ist. In der Tat gibt es Hinweise darauf, dass eine dauerhaft hohe Kalorienzufuhr nicht nur dick macht, sondern auch das Leben verkürzt. Auf Okinawa haben die Einheimischen einen Trick, um das Hungergefühl zu überlisten: Sie essen einfach von kleineren Tellern.

5. **Pflanzlich basierte Ernährung:** Langlebige Kulturen sind nicht unbedingt strikt vegetarisch oder vegan. Aber das Gros der Nahrung ist pflanzlich; die Menschen essen selten Fleisch, und wenn, dann meist nur in kleinen Portionen. Auf Okinawa verzehrt man achtmal mehr Tofu als in den USA, die kalifornischen Freikirchler richten ihre Ernährung nach den größtenteils fleischlosen Vorschriften der Bücher Mose aus, und alle haben ungewöhnlich viele Hülsenfrüchte (Bohnen, Linsen, Erbsen) auf dem Tisch.

6. **Mäßiger Alkoholkonsum:** Die Hundertjährigen tranken ihr Leben lang wenig Alkohol – und wenn, dann überwiegend Wein.

7. **Intaktes Sozialleben:** Die Hundertjährigen waren nie allein. In allen Regionen waren die Menschen entweder in ein funktionierendes soziales Netzwerk hineingeboren oder haben sich mit Menschen umgeben, die zu ihnen passten. Ob der lebenslang enge Freundeskreis der »moai« auf Okinawa, die selbstgewählte Gemeinde in Kalifornien oder der

kulturelle Respekt vor den Älteren in Sardinien: Alle hatten ein soziales Netzwerk, das sie stützte, und in dem sie selbst bis ins hohe Alter aktiv und integriert blieben.

8. **Spiritualität oder Religion:** Man muss nicht an irgend-einen himmlischen Gott glauben. Aber es gibt Hinweise darauf, dass religiöse oder spirituelle Rituale helfen, Sinn im Leben zu finden, zur Ruhe zu kommen und ein Gemein-schaftsgefühl zu erfahren.

9. **Family first:** Die Familie ist in den Kulturen der Hundert-jährigen wichtiger als alles andere. Alle Generationen leben häufig unter einem Dach. Vor allem die Hilfe der Alten bei der Kinderbetreuung ist für alle ein Segen.

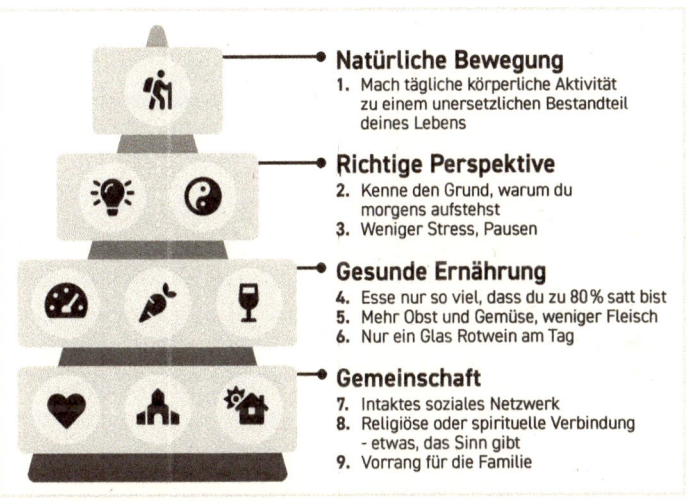

Die neun Lebensgewohnheiten der Hundertjährigen. Eigene Darstellung in Anlehnung an Dan Buettner in Blue Zones.

Die Geheimnisse der Hundertjährigen wird man im modernen Leben nicht alle kopieren können. Aber einige Lektionen können wir mitnehmen.

In Deutschland sind über 70 Prozent der Todesfälle auf nur vier Ursachen zurückzuführen: Herz-Kreislauf-Erkrankungen,

Krebs, chronische Lungenerkrankungen und Diabetes.[141] Daran sterben nicht nur alte Menschen; »mittelalte« sind genauso betroffen. Sie sterben, bevor sie es müssten. Die größten fünf Risikofaktoren, die diese Krankheiten beeinflussen, können wir selbst steuern. Das sind: Rauchen, Alkohol[142], Stress, Bewegungsmangel und ungesunde Ernährung.

Nicht rauchen und möglichst wenig Alkohol trinken (ein Glas Wein pro Tag)[143] sind bekannte Regeln, auch wenn gerade das Maßhalten beim Wein zumindest mir oft schwerfällt. Mit Stress umzugehen, ist schwer genug, lässt sich aber mit Achtsamkeit trainieren (siehe vorheriges Kapitel »Detox Your Life«). Die Empfehlung der Weltgesundheitsorganisation (WHO) zu Bewegung ist simpel: Pro Woche mindestens 150 Minuten moderate Aktivität oder 75 Minuten intensiver Ausdauersport – das sollte für jeden zu schaffen sein.[144] Ein erholsamer Spaziergang jeden Tag ist besser, als nur hin und wieder zehn Kilometer zu joggen; dreimal die Woche Krafttraining mit wenig Gewicht, aber sauberer Technik ist besser als einmal die Woche mit (zu) viel Gewicht; und selbst jede mäßige körperliche Aktivität ist besser als gar keine.

Wirksamer als jedes Hardcore-Sportprogramm ist ein bewusster Lebensstil ohne Zigaretten, mit keinem oder wenig Alkohol, vielen Spaziergängen, etwas Sport und viel Erholung. Es geht nicht um Wettbewerb, sondern um eine simple, aber dafür verlässliche Routine, die man dafür wirklich durchhält und die einem Spaß macht.

Etwas komplizierter wird es beim fünften Faktor: der Ernährung. Was gesund ist und was nicht, darum ranken sich viele Mythen, und manchmal ist es tatsächlich gar nicht mal so eindeutig. Aber die folgenden sieben Faustregeln verraten dir alles, was du wissen musst.

Die sieben No-Brainer für gesunde Ernährung

Als ich nach dem Zivildienst mit 20 Jahren in meine erste WG in Regensburg einzog, konnte ich nicht einmal Nudeln kochen (*seriously!*). Ich ernährte mich größtenteils von Mikrowellen-Fertiglasagne und den unter Regensburger Studierenden überaus beliebten Leberkäsesemmeln mit Senf für 1,20 Euro beim Campus-Edeka. Abends vertilgte ich regelmäßig ein halbes Kilo Schokolade. Danach war mir zwar schlecht, aber ich hatte eben Hunger und nichts anderes im Haus. Um während der Vorlesungen wach zu bleiben, trank ich Red Bull oder pappsüße Fertigkaffeedrinks.

Wer aus einer armen Familie kommt, hat Ernährung meist nie anders gelernt. Zu Hause kochte Mama, und als ich von der Schule kam, stand eine Dose mit Mittagessen zum Aufwärmen bereit. Meine Mama war alleinerziehend, da war nicht viel Zeit (und Geld) für langes Kochen oder exquisite Rezepte. Hauptsache, es steht was auf dem Tisch. Mama hatte andere Sorgen. Zwei Kinder durchbringen, zum Beispiel.

Das änderte sich erst im Dönerladen. Um mein Studium zu finanzieren, half ich in einem kurdischen Schnellimbiss mit, für 6 Euro die Stunde. Ich lernte, Teig zu kneten, die Brote frisch zu backen, Soßen herzustellen und Salat vorzubereiten (und den Dönerspieß zu schneiden). Schnell wurde Döner mir zu monoton, und ich begann, mich zunehmend fleischlos zu ernähren.

Zur selben Zeit startete eine Onlinekampagne namens »Halbzeitvegetarier«: Menschen sollten sich für einen Testzeitraum selbst verpflichten, ihren Fleischkonsum zu halbieren. Zwei halbe Vegetarier sind ein ganzer, so die Idee. Ich machte mit – und blieb auch nach dem Ende der Aktion »Halbzeitvegetarier«. Heute ist meine Ernährung zu knapp 100 Prozent fleischlos, von gelegentlichem Fisch abgesehen, und ich gehe insgesamt viel bewusster damit um, was ich meinem Körper zuführe.

Als ich hörte, dass angeblich 28 Prozent der Amerikaner nicht kochen können (also gar nicht)[145], erkannte ich: Zu einem vergleichsweise gesunden Leben gehört eigentlich gar nicht so viel dazu. Man muss nur die Basics kennen, und schon lebt man ein paar Jahre extra. Richtige Ernährung ist nachgewiesenermaßen eine Allround-Wunderwaffe: Sie verlängert das Leben, verlangsamt den Gehirnabbau im Alter, macht schlank und fit, sorgt für Muskeln und Energie. Sie beugt einer ganzen Liste fieser Krankheiten wie Diabetes, Herzprobleme, Alzheimer und Krebs nicht nur vor, sondern kann sie sogar rückgängig machen. Gutes Essen ist das beste Anti-Aging-Mittel, das es gibt. Schlechtes Essen ist Todesursache Nummer 1 – nicht sofort, aber über die Jahre hinweg.[146]

Früher schien mir gesunde Ernährung wahnsinnig kompliziert. Jeder behauptete etwas anderes, und ich tat mich schwer dabei, Mythen und Fakten auseinanderzuhalten. Low Carb, Low Fat, Atkins-Diät, Paleo-Diät, Clean Eating, ketogen, glutenfrei ... Mal ist Kaffee schlecht, mal ist er wieder gut, mal sollen Nudeln gesund sein, dann wieder nicht, und immer findet sich irgendein »Amerikanische Forscher haben herausgefunden, dass ...«. Irgendwann blickt man nicht mehr durch.

Selbst die Fachleute scheinen sich uneins zu sein. Das verwundert nicht, denn wissenschaftliche Studien sind schwierig durchzuführen: Wie soll man die Ernährung von Tausenden Versuchspersonen über Jahrzehnte vorschreiben und kontrollieren? Dazu kommt: Unsere Körper sind hochkomplex und genetisch verschieden, und neben der Nahrung spielen noch viele andere Faktoren eine Rolle.

Ein paar Tricks gibt es aber doch: So kann man untersuchen, was passiert, wenn beispielsweise Japaner in die USA umziehen und sich damit ihre Ernährungsgewohnheiten ändern (du errätst es: sie werden fetter, kränker und sterben früher). Oder man findet eineiige Zwillinge, die getrennt voneinander aufgewachsen sind, und vergleicht ihre Ernährung mit ihrer Gesundheit.[147] Je länger die Studienzeit und je größer die Gruppen, desto besser.

Wo schaut man nach, wenn man unabhängige Informationen auf dem Stand der Wissenschaft braucht? In der »Global Burden Disease Study« analysieren 3.600 Forscherinnen und Forscher aus 145 Ländern regelmäßig Zehntausende Datenquellen und durchforsten sie nach den Ursachen von Krankheiten. Eine umfassendere Quelle gibt es nicht. Die Harvard Medical School (an der Harvard University), die Weltgesundheitsorganisation (WHO) und die Deutsche Gesellschaft für Ernährung bereiten den Stand der Wissenschaft für Laien nachvollziehbar auf. Auch die Verbraucherzentralen und die Stiftung Warentest vermitteln neutralen, unabhängigen Rat auf wissenschaftlicher Basis.[148]

Die eine absolut richtige Ernährung gibt es nicht. Und das macht es schwer, den Durchblick zu behalten. Und trotzdem: Inzwischen wissen wir sehr viel über den menschlichen Körper und was die Nahrung mit ihm macht. Ein Blick auf den Forschungsstand räumt mit vielen Widersprüchen und Legenden auf. Heute weiß ich: Die Dos and Don'ts sind erstaunlich einfach. Gesunde Ernährung ist eigentlich ein No-Brainer – mit sieben einfachen Faustregeln.

Die sieben No-Brainer für gesunde Ernährung

1. Keine Tiere, viele Pflanzen.
2. Ungesättigte Fette sind gut (und gesättigte Fette sind schlecht).
3. Zucker ist schlecht.
4. Vollkorn ist gut, Weißmehl ist schlecht.
5. Protein ist gut, aber zu viel ist schlecht (und pflanzlich ist besser).
6. Kaffee ist gut, aber extrem viel ist schlecht (und Tee ist noch besser).
7. Nahrungsergänzungsmittel sind sinnlos. Es gibt aber Ausnahmen.

No-Brainer 1: Keine Tiere, viele Pflanzen

Meine besten Freunde erklärten sich vor einem Jahr quasi über Nacht zu Veganern: kein Fleisch, kein Käse, keine Eier. Selbst das Proteinpulver mit Milcheiweiß wurde verschenkt (und zwar an mich).

Der Auslöser war eine eben erschienene Dokumentation auf Netflix. In *The Game Changers* berichten Ultramarathonläufer, Boxchampions und Footballspieler, dass sie ihre Extremleistungen vor allem ihrer rein pflanzlichen Ernährung verdankten. Arnold Schwarzenegger erklärt: »Früher dachte ich, Fleisch gehört zur Männlichkeit dazu. Heute bin ich anderer Meinung.« Ein Muskelprotz, der als stärkster Mann Deutschlands vorgestellt wird, wirft mit bloßen Händen ein Auto um und sagt: »Die Leute fragen mich: ›Wie kannst du so stark wie ein Ochse sein, obwohl du kein Fleisch isst?‹ Und ich antworte: ›Hast du schon jemals einen Ochsen gesehen, der Fleisch isst?‹«

> »Die stärksten Tiere sind Pflanzenfresser. Gorillas, Büffel, Elefanten und ich.«
>
> *Patrik Baboumian, offiziell stärkster Mann Deutschlands*[149]

Der Film beeindruckt. Die Leistungen der Extremsportler sind spektakulär, und der wissenschaftliche Forschungsstand ist solide recherchiert. Nur bei wenigen Stellen des Films meldeten Kritiker sachte Einwände an.[150] Die Botschaft stimmt: Esst mehr Pflanzen!

Der wissenschaftliche Konsens ist breit und solide: Fleisch schadet, und auch die meisten anderen tierischen Erzeugnisse sind nur in geringer Dosis nahrhaft. Wer kein Fleisch und nur wenig (oder keine) tierischen Produkte isst, senkt sein Risiko für eine ganze Palette körperlicher Leiden wie Krebs, Herz-Kreislauf-Erkrankungen, Bluthochdruck, Diabetes und Übergewicht. Das Einzige, was bei komplett (!) pflanzlicher Ernährung wirklich mangeln kann, ist Vitamin B12. Das war's. Die Amerikanische

Gesellschaft für Ernährung erklärt, eine überwiegend oder rein pflanzliche Ernährung »ist gesund, ernährungsphysiologisch angemessen und vorteilhaft für die Prävention und Behandlung bestimmter Krankheiten in allen Phasen des Lebens«.[151] Die Weltgesundheitsorganisation rät ausdrücklich, sich »hauptsächlich auf pflanzlicher statt tierischer Basis« zu ernähren.[152]

Aus rein gesundheitlicher Sicht muss man zwar weder strikt vegetarisch noch vegan leben. Aber über 57 Kilo Fleisch im Jahr – der durchschnittliche Verzehr pro Kopf in Deutschland[153] – ist eindeutig zu viel und krankmachend.

Wenn man sich an den Richtlinien der Deutschen Gesellschaft für Ernährung orientiert, kann man folgende Regeln aufstellen:[154]

- ▸ Fleisch ist schon in einer kleinen Menge ausreichend, um zum Beispiel Eisen und Zink zuzuführen. »Kleine Menge« meint dabei 300 bis maximal 600 Gramm pro Woche. Das ist etwa so viel wie höchstens drei mittelgroße Schnitzel. Mehr schadet, aber weniger schadet nicht, solange man stattdessen zum Beispiel (Soja-)Bohnen und Linsen futtert.

- ▸ Rotes Fleisch (wie Rind und Schwein) ist fettig, erhöht das Krebsrisiko und verkürzt das Leben. Auf jeden Fall von der Liste streichen!

- ▸ Weißes Fleisch (Geflügel) ist das am wenigsten schlechte Fleisch, weil es viel Protein und wenig Fett beinhaltet. Größere Mengen schaden allerdings auch. Und: Wegen der Massenhaltung ist es besonders oft mit Keimen belastet – daher mit Bio- oder Tierwohl-Label kaufen.[155]

- ▸ Wurst ist eigentlich gar kein Fleisch, sondern ein Abfallprodukt, oft vermischt mit extra ungesunden Zutaten. Daher sollte man sie einfach nicht mehr essen. Das gilt leider auch für den Hotdog bei Ikea und meine ehemals geliebte Leberkäsesemmel.

▸ Fisch wird ein- bis zweimal pro Woche empfohlen, vor allem fettreicher Fisch (wie Zuchtlachs, Hering, Forellen) mit seinen wertvollen Omega-3-Fettsäuren. Das Bundeszentrum für Ernährung stuft die Belastung durch Schwermetalle in handelsüblichem Fisch derzeit noch als unbedenklich ein.[156]

▸ Kuhmilch ist in größeren Mengen schädlich. Drei Latte Macchiato mit je 300 Millilitern Milch sind fast ein ganzer Liter Muttermilch eines anderen (und ziemlich großen) Tieres. In der Natur ist sie eigentlich für das Wachstum von Kälbern vorgesehen! Das schlägt sich nieder in höheren Krebsraten und anderen Krankheiten, während angebliche positive Effekte (zum Beispiel auf die Knochen) allenfalls marginal sind. Ich trinke fast gar keine Kuhmilch mehr, und nehme Hafer- oder Sojamilch für den Cappuccino.

▸ Fermentierte Milchprodukte wie Joghurt, Quark, Buttermilch und Kefir sind dagegen sogar gesund und können gern täglich gegessen werden. Bei der Fermentation brechen die Milchsäurebakterien die Milchbestandteile auf und machen sie so bekömmlicher. Joghurt hat als einziges fermentiertes Lebensmittel eine Freigabe von der Europäischen Behörde für Lebensmittelsicherheit, mit positiven Gesundheitswirkungen werben zu dürfen – für alle anderen ist die Beweislage zu dünn.[157] Es gibt viele Hinweise darauf, dass Joghurt die Alterung verlangsamt, Herz-Kreislauf-Erkrankungen vorbeugt, ein ideales Körpergewicht fördert, und Haut und Haare verbessert.[158] Gern also ein ungesüßter Joghurt am Tag mit Nüssen und Haferflocken. Stark verarbeitete Produkte wie Fruchtjoghurts oder milchbasierte Drinks (wie Müller Milch) enthalten irre Mengen an Industriezucker und fallen daher raus.

▸ Eier enthalten viel hochwertiges Eiweiß (das ja nicht umsonst so heißt) und eine riesige Menge fettlösliche

Vitamine, aber wie oft gilt auch hier: Zu viel ist schädlich, denn tierische Proteine und Fette erhöhen unter
anderem das Krebsrisiko und verkürzen das Leben.

Ich rate nicht unbedingt zu einer veganen Ernährung (das prak-
tiziere ich selbst auch nicht) noch zu einer strikt vegetarischen
Ernährung (ich selbst esse kein Fleisch, aber gelegentlich Fisch).
Ich plädiere für eine nach wissenschaftlichen Maßstäben gesun-
de Ernährung, und das ist eine mindestens zu sehr großen Teilen
pflanzlich basierte, ausgewogene, vollwertige Ernährung. Meine
Erfahrung: Wenn man einmal angefangen hat, nur etwas weniger
Fleisch als bisher zu essen, vermisst man es schon bald nicht mehr.

Die alltägliche Konversation einer Veganerin. Quelle: Twitter.[159]

Was ist nachhaltiger: Steak oder Avocado?

Die Herstellung von Fleisch und Milchprodukten ist für den
Planeten extrem zerstörerisch: Massentierhaltung, die Ver-
nichtung des Regenwaldes, ein extrem hoher Ausstoß an
klimaschädlichen Treibhausgasen und ein exorbitanter Wasser-

verbrauch gehen auf das Konto der Fleischindustrie. Würden die Deutschen nur einmal pro Woche auf Fleisch verzichten, würde das laut WWF rund 9 Millionen Tonnen Treibhausgase einsparen. Das ist so viel wie 75 Milliarden PKW-Kilometer.

Für jede Kalorie Rindfleisch hat das Tier zuvor mindestens sieben pflanzliche Kalorien verbraucht, so der Weltagrarbericht. Für Schweinefleisch, Milch und Eier beträgt diese Umwandlungsrate 3:1, für Geflügel 2:1. Tierische Nahrung ist also Verschwendung von Kalorien, die der Mensch auch direkt essen könnte. Die wachsende Weltbevölkerung wird man daher nicht mit Fleisch ernähren können. Je mehr Fleisch die Reichen essen, desto mehr müssen die Armen hungern.

Außerdem werden gigantische Flächen zum Futteranbau verbraucht, zu geringeren Teilen auch als Viehweiden. Allein Deutschland hat fast 7 Millionen Hektar – etwa die Größe Bayerns – in andere Kontinente wie Südamerika »ausgelagert«, um dort Futter und Fleisch für den heimischen Verbrauch herzustellen. Schon etwas weniger Fleischkonsum würde den Flächenbedarf erheblich reduzieren und für eine andere Nutzung freimachen, zum Beispiel für den Anbau pflanzlicher Nahrung, die mehr Menschen ernähren kann (und obendrein gesünder ist).

Um ein Kilo Rindfleisch zu produzieren, braucht man übrigens über 15.000 Liter Wasser. Ein Kilo Avocados säuft »nur« etwa 1.200 Liter Wasser – etwas mehr als Milch, aber nicht einmal ein Viertel des Bedarfs für Käse oder Butter. Avocados schlagen sich besser in der Klimabilanz und sind frei von Tierquälerei. Wer tierische Produkte durch Avocados ersetzt, braucht kein schlechtes Gewissen zu haben.[160]

Niemand kann die Welt allein retten, wenn der Rest der Menschheit einfach weitermacht wie bisher. Ich bin selbst auch kein Heiliger. Aber man kann wenigstens einen Schritt dazu tun. Zum Beispiel: deutlich weniger Tiere und Tierprodukte konsumieren; möglichst viel Bio und FairTrade kaufen; und bei Fisch auf Siegel achten wie »Marine Stewardship Council« (MSC), »Aquaculture Stewardship Council« (ASC) oder »Naturland Wildfisch«.[161] Damit ist schon viel getan.

No-Brainer 2: Ungesättigte Fette sind gut (und gesättigte Fette sind schlecht)

Früher bin ich beim Wort »Fett« immer zusammengezuckt. Ich wollte ja nicht dick werden! Doch es zeigte sich: Nicht alle Fette machen fett und krank. Einige sind sogar extrem gesund und absolut lebensnotwendig. Der Körper braucht Fette genauso wie Eiweiß und Kohlenhydrate. Es müssen nur die richtigen sein:

▸ Ungesättigte Fettsäuren sind sehr gut: Oliven-, Raps- und Sonnenblumenöl, Lein- und Chiasamen, Avocados, Nüsse, Kiwi, fetter Fisch wie Lachs und Forellen (und nein: Fischstäbchen zählen nicht!). Einige davon sind sogar »essenziell«, das heißt, der Körper braucht sie, kann sie aber nicht selbst herstellen. Dazu gehören vor allem die sogenannten Omega-3- und Omega-6-Verbindungen, die unter anderem Nervenzellen verschalten und die Hirnfunktion fördern.[162]

▸ Gesättigte Fettsäuren sind schlecht: fettiges Fleisch, Butter, Palmöl, Kokosöl, fetthaltige Milchprodukte. Sie machen dick, krank und verkürzen das Leben, zum Beispiel, indem sie den Cholesterinspiegel im Blut erhöhen (sprich: die Arterien verstopfen).

▸ Transfettsäuren sind extrem schlecht: Sie sind oft enthalten in verpackten Fertigmahlzeiten und Snacks wie beispielsweise Tiefkühlpizza, Keksen, Wurst sowie Fleisch und Milchprodukten.[163]

Zwar sind auch Nüsse und Pflanzenöle sehr kalorienintensiv, aber das ist nicht sonderlich schlimm. Denn zum Ausgleich versorgen sie den Körper mit Nährstoffen, lindern das Risiko für Herz-Kreislauf-Erkrankungen und sind fast so etwas wie ein Anti-Aging-Mittel.

Eine Schale mit Nüssen, Trockenobst und dunkler Schokolade (mit 90 Prozent Kakaoanteil) habe ich zu Hause fast immer auf dem Arbeitstisch stehen. Zum Kochen verwende ich kaltgepresstes (»natives«) Oliven- und Rapsöl in hoher Qualität, geschmacklich und gesundheitlich die bessere Wahl zu Butter oder stark verarbeiteten Billigölen.[164] »Nativ« heißt, dass es nicht stark verarbeitet (raffiniert) ist. Dadurch bleiben mehr Nährstoffe erhalten. Zum Braten eignet sich natives Olivenöl nicht, da die Hitze die Nährstoffe zerstört und das potenziell krebserregende Acrolein erzeugen kann.[165] Rapsöl dagegen hält die Hitze problemlos aus. Sonnenblumen-, Walnuss-, Lein- und Sojaöl haben ebenfalls gute Nährwerte, aber Olivenöl *is my absolute favorite*. Ich kann gar nicht mehr ohne.

Kokos- und Palmöl enthalten viele gesättigte Fettsäuren und sollten daher komplett gestrichen werden. Kokosöl ist auf keinen Fall das Superfood, als das es oft vermarktet wird.

Abgesehen von Sushi war ich nie ein großer Fisch-Fan, habe aber Lachs wiederentdeckt. Lachs ist ein hervorragender Lieferant von Protein und Omega-3-Fettsäuren. Ich bevorzuge den omega-3-fettreichen Zuchtlachs aus zertifizierter Fischereiwirtschaft (Wildlachs hat kaum Fett) einmal im Monat. Wer noch eine Extra-Portion essenzieller Fettsäuren möchte, nimmt gelegentlich Fischöl- oder besser Algenöl-Kapseln als Nahrungsergänzungsmittel.[166]

Zu meinen Zeiten als »el flaco« habe ich oft Low-Fat- oder Light-Produkte gekauft, weil ich eine irre Angst davor hatte, dick zu werden. Die Hersteller gleichen aber weniger Fett oft mit mehr Zucker aus, und dann bekämpft man Feuer mit Benzin. Bei Pizza oder gezuckerten Joghurts macht auch die Lightversion dick und krank. Wenn ich schon mal Junkfood esse, dann richtig.

Die einst vertraute Leberkäsesemmel esse ich schon lange nicht mehr, ebenso keine andere Wurst, nicht einmal mehr als Salami auf der Pizza. Als Kind war eine Wiener beim Metzger ja noch toll, aber als Erwachsener finde ich das einfach nur eklig. Dann lieber ein Falafel.

No-Brainer 3: Zucker ist schlecht

Es gab Zeiten, da brauchte ich jeden Tag um 15 Uhr verlässlich ein Snickers. Der Blutzuckerspiegel fiel ins Nachmittagstief, ich fühlte mich schlapp, und da half nur ein Zuckerschock.

Das war eine ziemlich bescheuerte Angewohnheit. Ein Snickers besteht zur Hälfte aus Zucker. Und der lässt den Blutzuckerspiegel explodieren, enthält kaum Nährstoffe, dafür aber viele Kalorien, und erhöht das Risiko für Leberschäden, Karies, Übergewicht und Diabetes. Das gilt für den normalen, weißen Haushaltszucker genauso wie für braunen Zucker, Honig und Sirupe (zum Beispiel aus Zuckerrüben). Viel Zucker steckt in Cola, Eistee und anderen Softdrinks, Fruchtjoghurts, Kakao und anderen Mischgetränken, Cornflakes, Ketchup und Soßen.

Besonders verräterisch sind Orangen- und andere Fruchtsäfte: Man glaubt, etwas total Gesundes zu trinken (»Obst ist gesund!«), aber der hohe Gehalt an Zucker und Kalorien zieht die Bilanz weit in den roten Bereich, etwa in dieselbe Liga wie Cola. Orangen und Orangensaft sind also nicht ein- und dasselbe, nur irgendwie anders, sondern in ihrer Gesundheitsbilanz absolut gegensätzlich! Gesund ist Obst nur unverarbeitet:[167] Die Ballast- und Nährstoffe bleiben intakt, der Zucker gelangt erst nach und nach in die Blutbahn, das Essen in fester Form sättigt und hat pro Portion deutlich weniger Kalorien und Zucker. Auf den Punkt gebracht: Obst essen, nicht trinken!

Das gilt übrigens auch für Smoothies, die nicht einmal halb so gesund sind wie angepriesen. Abgepackte Smoothies aus dem Supermarkt bestehen häufig nur aus Wasser und Zucker, alle wertvollen Nährstoffe wurden weggeschreddert. Weil man das

Obst nicht isst, sondern trinkt, wird man nicht einmal richtig satt. Wenn es schon ein Smoothie sein muss, dann am besten selbstgemacht, und zwar püriert, nicht gepresst, mit einem hohen Gemüseanteil (zum Beispiel Spinat) und nicht mit Saft gemischt, sondern mit Wasser oder pflanzlicher Milch (mehr dazu findest du auf der Website globalsmoothieday.com).[168] Gelegentlich mache ich mir einen Smoothie mit Bananen, Hafermilch und Nüssen, was ich noch für akzeptabel halte, und er schmeckt einfach richtig geil.

Übrigens ist Cola Light mehr oder weniger genauso schädlich wie das Original. In Light ist der Zucker durch den Süßstoff Aspartam ersetzt. Der enthält zwar null Kalorien, aber lässt den Blutzuckerspiegel steigen – was Heißhunger auslöst. Daran muss ich immer denken, wenn ich jemanden sehe, der sich einen Burger und Fritten bestellt, und dazu eine Cola Light. Für ein gesundes Leben also völlig ungeeignet. Außerdem steht der Süßstoff im Verdacht, Krebs und Darmschäden hervorzurufen, wenngleich bisher ohne endgültigen Beweis.[169]

Wer auf Schokolade steht, kann Schokolade mit sehr hohem Kakaoanteil (über 90 Prozent) ausprobieren.[170] Der Zucker ist nahezu eliminiert, aber die anderen gesundheitsförderlichen Elemente der Schokolade – wie die Flavonoide, aromatische Verbindungen, die den Blutdruck senken, die Gefäße entspannen und den Blutzuckerspiegel stabilisieren – bleiben bestehen. Zugegeben, man muss sich an den etwas bitteren, beim ersten Bissen vielleicht auch etwas trockenen Geschmack der 90-Prozent-Schokolade gewöhnen, aber inzwischen kommt mir die »normale« Milchschokolade viel zu süß vor. Außerdem ist sie sicher vor dem diebischen Heißhunger von Mitbewohnern.

> »Coke is providing water, and I think that is part of a balanced diet.«
>
> *David Green, Senior Vice-President of Marketing, McDonalds (USA),*
> *auf die Frage, ob er Cola für nährstoffreich hält[171]*

No-Brainer 4: Vollkorn ist gut, Weißmehl ist schlecht

Alles aus Vollkorn ist grundsätzlich gut. Welches Getreide, ob Weizen, Roggen oder Dinkel, ist egal, aber möglichst richtig »körnig« und nicht industriell feingemahlen. Die Körner lassen den Blutzucker in Ruhe, liefern dafür aber verdauungsfördernde Ballaststoffe, senken das Risiko für Diabetes, Krebs und Herz-Kreislauf-Erkrankungen und machen lange satt.

Das Gegenteil gilt für Weißmehl, aus dem zum Beispiel Baguette, Brötchen, Croissants und Pizza gemacht sind. Es besteht aus kurzkettigen, einfachen Kohlenhydraten. Und die sind extrem schädlich: Sie sind faktisch frei von Nährstoffen und Ballaststoffen, treiben den Blutzucker in die Höhe (siehe Erklärbox unten), beschleunigen die Alterung, fördern alle möglichen Krankheiten wie Krebs und Diabetes – und machen obendrein dick, weil der Körper die überschüssigen Kohlenhydrate im Fett lagert. Weißmehl sollte man also dringendst konsequent verbannen. Viele Menschen, die glauben, sie seien intolerant gegen Gluten (einem Protein, das in Weizen und anderem Getreide vorkommt), sind in Wahrheit einfach nur krank von zu viel Weißmehl.[172] Weißer Reis kommt ebenfalls auf die Abschussliste: Alle Nährstoffe wurden daraus weggewaschen. Brauner Naturreis oder Parboiled Reis haben eine deutlich bessere Bilanz.

Nudeln sind zwar eine Kohlenhydrat-Bombe, aber völlig okay, vor allem wenn sie aus Vollkorn sind. Am liebsten al dente: Die kürzere Kochzeit spaltet weniger Stärke auf, sodass die Kohlenhydrate langsamer ins Blut gelangen. Da ich Pasta liebe (schnell, gut und günstig), ist das eine gute Nachricht. Vollkornpasta schmeckt übrigens besser als gedacht! Meine Freunde waren nach eigenen Aussagen »sehr skeptisch«, als ich einmal Vollkornspaghetti servierte – und waren überrascht, dass sie sich dann doch sehr schnell damit anfreundeten.

Warum ist der Blutzuckerspiegel so wichtig?

Der Blutzuckerspiegel misst die Konzentration von Glukose (Traubenzucker) im Blut. Immer, wenn wir etwas essen, steigt der Blutzuckerspiegel an. Der Körper schüttet dann das Hormon Insulin aus, um den Blutzucker in die Organe zu transportieren, wo sie in Energie umgewandelt werden. So bleibt der Blutzuckerspiegel ausgeglichen.

Ist der Blutzuckerspiegel aber dauerhaft zu hoch, weil wir viele Süßigkeiten oder Weißmehl essen, kann der Körper nicht mehr mithalten. Die Folge sind Schäden wie Juckreiz, Harndrang, Übelkeit, Müdigkeit und Sehschwäche. Obendrein wird die Fettverbrennung blockiert, sodass man dick wird, selbst wenn man weniger isst. Eine weitere Folge kann Diabetes sein – eine Mangelerscheinung an Insulin. Fällt die Insulinpumpe aber aus, kommt es zu einer Verdickung der Gefäßwände, mit Folgeschäden für Nerven, Haut, Herz und Nieren, und endet im Extremfall sogar tödlich.

Esse ich beispielsweise ein Snickers, katapultiert das den Blutzuckerspiegel extrem nach oben. Das alarmiert die Bauchspeicheldrüse, das Hormon Insulin auszuschütten, um den Zucker in die Zellen zu transportieren. In der Folge fällt der Blutzuckerspiegel genauso rasant ab, wie er zuvor gestiegen ist. Ich fühle mich noch müder und schlapper als zuvor – und bekomme noch mehr Hunger auf einen weiteren Zuckerschock. Ein Teufelskreis, den man am besten gar nicht erst in Gang setzt.

Umgekehrt ist ein zu niedriger Blutzuckerspiegel auch nicht gut: Er bewirkt Konzentrationsverlust, Nervosität, Schwindel, Kopfschmerzen, Kältegefühl, Schlafstörungen, im Extremfall bis hin zu Depression und Ohnmacht. Durch komplexe Kohlenhydrate, kombiniert mit Fetten und Proteinen, hält man den Blutzuckerspiegel auf einem gesunden Level.

No-Brainer 5: Protein ist gut, aber zu viel ist schlecht (und pflanzlich ist besser)

Die allermeisten Menschen, einschließlich Vegetarier, decken ihren Proteinbedarf problemlos über die ganz normale Nahrung – mit Eiern, Käse, Quark, Fisch, Hühnerfleisch, Soja, Nüssen, Linsen, Bohnen, Kichererbsen, Erbsen, Quinoa, Spinat, Brokkoli, Spargel. Laut der »Nationalen Verzehrstudie II« essen die Deutschen im Schnitt sogar mehr Protein, als sie benötigen.[173]

Eiweißmangel verursacht schlechte Haut, brüchige Fingernägel, dünnes Haar, macht den Körper schlapp und anfällig für Infekte. Es ist daher absolut sinnvoll, genug Eiweiß aufzunehmen. Wer Muskeln aufbauen will, kommt ohne Protein nicht aus, denn dies ist der Stoff, aus dem die Muskeln gebaut werden. Kein Fitnesstrainer, der das nicht predigt: Ernährung ist die halbe Miete zum Traumkörper.

Dummerweise ist ein Zuviel an Protein aber auch nicht gesund: Die bei der Verarbeitung im Körper anfallenden Abfallstoffe wie Harnstoff und Ammoniak belasten die Nieren. Noch schlimmer: Es verdichten sich die Hinweise darauf, dass überschüssiges tierisches Protein schneller altern lässt und Krebs begünstigt.

Die Balance muss also stimmen: nicht zu viel und nicht zu wenig. Sportler, die fünf bis sechs Mal pro Woche eine bis drei Stunden Sport treiben, brauchen täglich 1,2 bis 2 Gramm Eiweiß pro Kilo Körpergewicht. Bei einem Gewicht von 80 Kilo sind das 96 bis 160 Gramm. Mehr Eiweiß bringt keine größeren Muskelberge, nicht einmal bei hartem Training.[174][175]

Übrigens: Das schädliche Limit für die Eiweißaufnahme gilt nicht für pflanzliches Protein – da ist es sogar umgekehrt: (sehr) viel pflanzliches Protein verlängert das Leben und schützt vor Krankheiten.[176] Ein guter Grund, (etwas mehr) vegan zu leben.

Proteinshakes, also Shakes aus Eiweißpulver und Wasser oder Milch, sind unter Kraftsportlern beliebt. Für den Muskelaufbau hilft das Pulver nur dann, wenn man auch wirklich strategisch trainiert – und das ist harte Arbeit. Und Proteine nimmt man sowieso am besten mit der normalen Nahrung auf. Trotzdem nehme ich Proteinshakes, bewusst aber als Ergänzung zur normalen Nahrung, und zwar immer dann, wenn ich nicht die Zeit hatte, ausreichend zu essen. Das passiert mir vor allem, wenn ich viel unterwegs bin und meine Mahlzeiten daher nicht gut planen kann. Aufgrund meines schnellen Stoffwechsels und weil ich überdurchschnittlich groß bin, muss ich sehr viele Kalorien mit einer guten Eiweiß-Kohlenhydrat-Mischung zu mir nehmen, um überhaupt mein Gewicht zu halten. Daher sind die Pulver für mich eine gute Energie- und Nährstoffquelle an stressigen Tagen oder wenn versehentlich der Kühlschrank leer ist.

Neben der bloßen Menge ist die Qualität entscheidend, also die Kombination der Eiweißbausteine, die mit der sogenannten DIAAS-Methode gemessen wird (Digestible Indispensable Amino Acid Score, also dem Index verdaulicher, unverzichtbarer Aminosäuren). Dieser biologische Wert gibt an, wie gut der Körper das Protein aufnehmen kann. Was der Körper nicht verarbeitet, scheidet er als Abfallprodukt wieder aus. Gut eignet sich zum Beispiel ein Isolat (statt Konzentrat) aus Molkenprotein, das oft unter dem Namen »Whey« vermarktet wird. Besser sind pflanzenbasierte Pulver, da tierisches Protein dauerhaft schädlich ist. Gemischt wird am besten mit Wasser, weil das Fett in Kuhmilch die Aufnahme verlangsamt und zugleich Milch in großen Mengen ungesund ist.[177]

No-Brainer 6: Kaffee ist gut, aber extrem viel ist schlecht (und Tee ist besser)

Koffein ist die weltweit beliebteste Substanz, um Konzentration und Leistungsfähigkeit zu steigern, und gehört unanfechtbar zum Sozialleben dazu, ob als Wachmacher, als Ritual oder einfach nur zur sozialen Kaffeepause. Koffein gelangt vom Blut direkt ins Gehirn und blockiert dort die Rezeptoren für Adenosin, einen müde machenden Botenstoff. Zugleich regt es die Ausschüttung von Dopamin und Noradrenalin an, zwei belebenden Botenstoffen.

Lange wurde Kaffee verdächtigt, dem Herzen zu schaden und dem Körper Wasser zu entziehen. Doch das hat sich als Humbug herausgestellt.[178] Inzwischen sind die positiven Gesundheitseffekte vielfach belegt.[179] Moderater Kaffeekonsum steigert nicht nur das Denk- und Koordinationsvermögen, sondern lindert auch Schmerzen und senkt das Risiko für gravierende Leiden deutlich, unter anderem Krebs, Diabetes, Leberschäden und Parkinson. Erst bei sehr hohem Konsum (dauerhaft über fünf Tassen täglich) überwiegen Nebenwirkungen wie Schlafstörungen, Nervosität, Gereiztheit und schlimmstenfalls Herz-Kreislauf-Erkrankungen.[180]

Überraschend: Selbst entkoffeinierter Kaffee hat sich als gesundheitsförderlich erwiesen: Denn nicht (oder zumindest nicht nur) das Koffein, sondern genauso andere im Kaffee enthaltene Substanzen wie etwa Polyphenole sorgen für die wohltuenden und lebensverlängernden Effekte.

Dabei darf man nicht vergessen: Koffein suggeriert dem Körper nur, wach zu sein – er ist es aber nicht! Wer sein Energielevel mithilfe von Koffein permanent künstlich hochschraubt, verdeckt lediglich seinen niedrigen Blutzuckerspiegel oder/und sein Schlafdefizit. Sobald die Wirkung wieder nachlässt, fällt man dann in ein umso tieferes Loch – und braucht noch mehr Koffein, um wieder rauszukommen.[181] Es empfiehlt sich also, zuerst auszuschlafen und seinen Blutzuckerspiegel in den Griff zu kriegen, und dann erst Koffein zu nehmen – idealerweise nur vormittags und höchstens vier bis fünf Tassen täglich. Wer aus Gewohnheit mehr Kaffee trinkt, kann auf Tee oder entkoffeinierten Kaffee umsteigen.

Im hipstergisten Coffeeshop Berlins, am Weinbergsweg in Mitte an der Grenze zum Prenzlauer Berg, kann man Bulletproof Coffee ordern: Filterkaffee verrührt mit einem Löffel Weidebutter von grasgefütterten Kühen und einem Schuss MCT-Öl (»medium-chain triglyceride«), das meistens aus Kokosöl extrahiert ist. Erfunden wurde diese sonderbare Mischung im Silicon Valley, wie alle wunderlichen Modeerscheinungen des frühen 21. Jahrhunderts, und zwar vom umtriebigen »Bio-Hacker« Dave Asprey, der so unternehmerisch veranlagt ist, dass er ein ganzes Ernährungsimperium um seine Kreation aufbaute. »Bulletproof« heißt das Elixier übrigens, weil es jeden, der es konsumiert, so kugelsicher machen soll wie Superman. Behauptet zumindest Dave Asprey.

Funktionieren soll das angeblich so: Morgens nimmt man den Kaffee zu sich und verzichtet dafür auf sein Frühstück. Die Butter liefert Omega-3-Fettsäuren und wirkt sättigend, ohne den Blutzuckerspiegel nach oben zu treiben. Das MCT-Öl wiederum schießt schnell lösliche Fettsäuren ins Blut, was dem Gehirn einen Energie-Kick gibt. Resultat: Man wird satt, konzentriert und fit. Statt leerer Kohlenhydrate erhält der Körper richtige Energie und bekommt das Signal, Fettreserven zu verbrennen.

Das verspricht zumindest die Werbebotschaft, doch die tatsächlichen Effekte sind zweifelhaft. Viele Wissenschaftler halten die Idee gelinde gesagt für bescheuert. Statt der täglichen Butter-Fettdosis (auch die Weidebutter romantisch grasender Kühe ist nur etwas weniger schlecht) empfehlen sie ein Frühstück mit Eiern oder Avocado, Spinat und Vollkornbrot: mit Proteinen, Eisen, Vitaminen und Ballaststoffen. Die aufweckende Wirkung kommt tatsächlich eher vom Koffein als vom MCT-Öl – und, o Wunder, einen Kaffee kann man auch ganz konventionell zum Frühstück trinken. Da muss Dave Asprey also nochmal nachlegen. Schließlich verkündete er auch, 180 Jahre alt werden zu wollen.[182] Viel Glück dabei!

Vielleicht dann doch lieber Tee. Schwarzer und grüner Tee enthalten Teein, was dasselbe ist wie Koffein, nur anders genannt wird. Obwohl chemisch identisch, wirkt es verschieden, weil es an andere Stoffe gebunden ist. Die belebende Wirkung tritt verzögert ein und hält länger an, weshalb sie als sanfter gilt. Tee verlängert die Lebenserwartung und verringert das Risiko von Krankheiten, ist also extrem gesund – und zwar auch in höheren Mengen.[183]

Grüner und schwarzer Tee enthalten außerdem die Aminosäure L-Theanin.[184] Diese Substanz gelangt vom Blut direkt ins Gehirn und beeinflusst das vegetative Nervensystem: Es beruhigt und entspannt, erhöht die Aufmerksamkeit und die Gedächtnisleistung und bewirkt nicht den typischen Koffein-Crash, wenn die Wirkung wieder nachlässt. Koffein/Teein und L-Theanin sind daher eine ideale Kombination, um die positiven Wirkungen von beiden Substanzen zu verbinden. Die Konzentration der Aminosäure variiert je nach Qualität des Tees: Ein billiger Teebeutel hat vermutlich eher wenig davon, hochwertiger Matchatee dagegen deutlich mehr. Allerdings schmeckt Matchatee sehr bitter-gewöhnungsbedürftig, zumindest wenn man ihn mit Wasser und nicht mit Milch zubereitet. Er ist gar nicht mein Ding, ich habe ihn daher ziemlich bald wieder aussortiert.[185] Gesund muss ja auch Spaß machen.

No-Brainer 7: Nahrungsergänzungsmittel sind überflüssig (mit Ausnahmen)

Vitamine sind, wie der Name schon sagt, lebenswichtig (von lateinisch *vita* = Leben – immerhin das habe ich in der Schule gelernt!). Aber viel hilft nicht immer viel, und zu viele Vitamine schaden sogar. Ein Mangel an Vitaminen ist in Deutschland selten. Selbst bei »normaler« (also schlechter) Ernährung nehmen wir fast alles auf, was der Körper an Vitaminen braucht. Zwar stimmt es, dass viele Deutsche nicht die empfohlene Referenzmenge vieler Vitamine über die normale Ernährung erreichen, aber das heißt noch lange nicht, dass ein ungesunder Mangel besteht.[186]

Bewusst verwendet, können einige Vitamine, Mineralien und Spurenelemente aber auch bei gesunden Menschen sinnvoll sein. Man muss nur wissen, was, wie viel und warum. Hier sind die Ausnahmen:

▸ **Vitamin D** ist unentbehrlich für Knochen, Muskulatur, Haare und Immunsystem. Es ist das einzige Vitamin, das der Körper vor allem mithilfe der Sonnenstrahlung bilden muss. Wer wenig Sonne abbekommt, zum Beispiel im typischen deutschen Winter, besorgt sich Tabletten in der Apotheke.[187]

▸ **Vitamin B12** kommt eigentlich natürlich im Wasser
von Flüssen und im Erdreich vor, sodass unsere Vor-
fahren davon reichlich hatten. Seit wir die Möhre nicht
mehr direkt vom Feld essen (habe ich als Kind auf
dem heimischen Bauernhof noch gemacht) und nicht
mehr aus Flüssen trinken (habe ich mal in Patagonien
gemacht – sagenhaft!), haben manche Menschen vor
allem bei fleischloser Ernährung zu wenig davon. Das
macht sich bemerkbar etwa durch Haarausfall, Ge-
dächtnisschwäche und psychisches Stimmungstief. Ein
Präparat mit einem Vitamin-B-Komplex schafft Ersatz.

▸ **Eisen** ist oft knapp bei Frauen, weil sie das Spuren-
element über die Menstruation verlieren. Typische
Mangelerscheinungen sind starke Müdigkeit, aus-
fallende Haare, trockene Haut, brüchige Fingernägel
und ein schwaches Immunsystem. Fleisch, Fisch, Spinat, Erbsen, Kürbiskerne, Leinsamen, Quinoa, Linsen,
Pinienkerne und Haferflocken sind hervorragende
Eisenquellen (man sieht: auch ohne Fleisch kann man
genug Eisen zu sich nehmen). Idealerweise kombiniert
man eisenhaltige Nahrungsmittel mit Vitamin C wie
einer Orange, weil das die Aufnahme beschleunigt. Wer
sich Eisentabletten kaufen möchte, sollte vorher die
Dosis checken: Hohe Dosen »übereisen« das Blut und
führen zu Übelkeit, Magenschmerzen, Verstopfung
oder Durchfall. 80 Milligramm pro Tag reichen.[188]

▸ **Magnesium** treibt den Stoffwechsel an und ist am Aufbau von Zähnen, Knochen und Sehnen beteiligt. Weil
der Mineralstoff auch der Hautalterung entgegenwirkt,
hat er den Ruf als »Anti-Aging-Mittel«. An Magnesium
fehlt es normalerweise nicht, weil es in vielen Lebensmitteln enthalten ist (wie Vollkorn, vielem Gemüse,
Bananen, Käse, Nüssen wie Cashews und Mandeln).
Ich gönne mir eine Extraladung Magnesium auf ärzt-
lichen Rat, weil es Hinweise gibt, dass es lindernd

bei Tinnitus hilft. Bei Müdigkeit, Kopfschmerzen, Kälte- und Taubheitsgefühl oder Kribbeln in Händen und Füßen kann ein Präparat ebenfalls sinnvoll sein. 250 Milligramm (Frauen) beziehungsweise 350 Milligramm (Männer) täglich reichen, bei Stress und Leistungssport etwas mehr.[189]

Du bist, wann du isst: Intervallfasten

Ich scheine diese Leute magisch anzuziehen. Immer wenn ich mich am Koppenplatz in Berlin-Mitte in die Nachmittagssonne setze, höre ich neben mir, wie ein Mann um die 30 bei seinem Date damit prahlt, den halben Tag nichts zu essen. »Intervallfasten, weißt du.« Es muss sehr viele solche Dates in Berlin geben, und ich bin mir nicht sicher, wie erfolgreich sie enden.

Intervallfasten erlebte einen mega Hype, seit die BBC-Doku *Eat, Fast, Live Longer* vor zehn Jahren das Konzept erstmals prominent auf die Bildschirme brachte.[190] Dahinter steckt die Idee, seine Mahlzeiten dem Biorhythmus anzupassen und nur in einem begrenzten Zeitfenster tagsüber zu essen. Idealerweise organisiert man sich in einem 16:8-Rhythmus, das heißt, nur in einer Zeit von etwa acht Stunden am Tag zu essen und die restlichen 16 Stunden gar keine Kalorien zu sich zu nehmen, sprich: nichts außer Wasser sowie purem Kaffee und Tee. Das Dinner müsste also vor 21 Uhr vorbei sein, um am nächsten Tag ab 13 Uhr erstmals wieder essen zu dürfen. Das ist ein ziemlich spätes Frühstück.

Warum macht man das?

In Laborversuchen erhielten zwei Gruppen von Mäusen ihr Leben lang das gleiche Futter. Eine Gruppe durfte fressen, wann sie wollte, die andere bekam eine begrenzte Fresszeit pro Tag. Die Menge des Futters war identisch, aber dennoch zeigte sich: Die fastenden Mäuse waren schlanker, gesünder und lebten länger. Die ständig snackenden Mäuse dagegen zogen sich Fettleber, Bluthochdruck, hohe Blutzuckerwerte und ein schwaches Immunsystem zu.[191]

Das gilt, nun ja, für Mäuse. Die Forschungslage ist zwar erstaunlich karg und widersprüchlich, aber vieles spricht dafür, dass Intervallfasten auch für Menschen wie eine Anti-Aging-Kur wirkt. Auf jeden Fall hilft es beim Abnehmen, wenngleich nicht unbedingt besser als andere Diäten. Außerdem reguliert es den Blutzuckerspiegel: Wer regelmäßig fastet, ist wacher und konzentrierter. Das rührt daher, dass der Körper seine Energie nicht aus Kohlenhydraten aus der Nahrung beziehen kann und daher die Fettspeicher verbrennt. Da man zwangsläufig auch auf große Essensportionen am späten Abend verzichtet, hat der Körper nachts weniger Verdauungsstress, und man schläft besser. Vermutet wird zudem, dass Intervallfasten den Blutdruck senkt, Entzündungen hemmt, bei Asthma hilft und beschädigte Zellen und Giftstoffe aus dem Körper spült, was das Krebsrisiko verringert und die Gehirnfunktion unterstützt. Eindeutig bewiesen ist das aber noch nicht.

Fest steht: Der positive Nutzen ist wahrscheinlich enorm, der mögliche Schaden liegt bei null. Daher ist es auf jeden Fall wert, Intervallfasten auszuprobieren. Es muss aber nicht gleich die ganz harte Tour sein. Ein Zeitfenster von nur acht Stunden, um seinen gesamten Kalorienbedarf zu decken, dürfte vielen Menschen ziemlich schwerfallen (mir geht es jedenfalls so). Feste Mittagspausen während der Arbeit, späte Dinner mit Freunden (und die noch späteren Drinks danach) oder der Brunch am Wochenende machen oft einen Strich durch die Rechnung. Dazu kommt, dass sich der Körper an die Fastenzeit erst gewöhnen muss – am Anfang muss man seinen Hunger bekämpfen, ohne die positiven Effekte bereits zu spüren.[192]

Ich tastete mich daher langsam an das Fasten heran, indem ich mir zuerst ein Zeitfenster von zwölf Stunden gab, beispielsweise von 9 bis 21 Uhr. Das fiel mir bereits schwer, weil ich oft nach 21 Uhr noch ein Glas Wein trinken oder zur Netflix-Serie snacken wollte. Als ich mich daran gewöhnt hatte, verkürzte ich das

Zeitfenster auf 12 bis 20 Uhr, wobei ich aber die exakten Uhrzeiten nicht pharisäisch einhalte. Um in dieser Zeit genügend zu essen, habe ich eine große Schale Nüsse parat und für den »Notfall« einen kalorienreichen Shake mit Proteinen und Kohlenhydraten auf Basis von Hafermilch (zum Beispiel von Huel oder einen veganen Proteindrink). Ich bin nicht total konsequent: Am Wochenende erlaube ich mir oft Ausnahmen. Zum Beispiel der Brunch mit meinen Freunden. Oder eine Pizza nachts um drei.

Wie du konsequent deine Ernährung umstellst

»Wer weniger Kalorien zu sich nimmt, als er verbraucht, nimmt ab« – diese Volksweisheit klingt einfach und logisch, hilft aber im wahren Leben nicht weiter. Viel wichtiger als die numerische Zahl der Kalorien ist, welche Kalorien wir essen und zu welcher Zeit wir essen. Vor allem geht es ja gar nicht bloß um die schlanke Linie, sondern um eine gesunde Ernährung. Ich will sogar zunehmen, da brauche ich keine Schlankheitsdiäten! Man kann viele Kalorien zu sich nehmen und trotzdem sportlich und gesund sein. Wer weiß, wie er sich ernährt, braucht nicht zu hungern und nur auf wenig zu verzichten.

Wer bisher extrem ungesund lebt, kann nicht von heute auf morgen seine Gewohnheiten komplett über den Haufen werfen. Am besten, man fängt mit einer Regel an, übt sie einen Monat ein, macht mit einer zweiten Regel weiter, übt diese wieder einen Monat ein und so weiter (siehe dazu auch den Abschnitt »Wie man echte Ziele setzt«). Und wenn man es geschafft hat, durchzuhalten, sollte man sich feiern und belohnen.

»Ausrutscher« sind völlig okay. Ich verstoße fast ständig gegen die eine oder andere Regel. *So what?* Es kommt ja nicht darauf an, welche Pizza ich einmal am Samstagabend esse, sondern was ich jeden Tag mein ganzes Leben lang esse. Außerdem:

Es dauert, bis man sich an eine neue Routine gewöhnt hat. Ich empfehle, konsequent, aber nicht verbissen an die Sache ranzugehen. Am Ende muss Essen ja auch Spaß machen.

Ich bin kein Fan des stupiden Kalorienzählens. Ganz am Anfang, wenn man loslegt, kann ein Logbuch aber eine gute Idee sein: Was und wie viel nehme ich eigentlich überhaupt zu mir? Digitale Logbücher wie Calorie Tracker oder MyFitnessPal können dann helfen, die Nährwerte zu tracken und zu verstehen, wie man sich wirklich ernährt. Das Eintippen von jedem einzelnen Ding, was man isst oder trinkt, ist auf Dauer aber ziemlich nervig. Ich habe das einen Monat lang durchgezogen, um zu verstehen, ob und in welchem Verhältnis ich genügend Kalorien und Nährstoffe aufnehme. Da mein Ziel in Gewichtszunahme besteht, war dabei vor allem »genug essen« für mich wichtig – es geht hier also gar nicht ums Abnehmen, sondern um das Verstehen der eigenen Gewohnheiten.

Wie bei jeder neuen Routine macht man sich die neue Ernährung möglichst leicht und geht schrittweise und langfristig vor. Ein positiver, ermöglichender Ansatz ist wirksamer als ein negativer, verbietender Ansatz. Anstatt sich das 15-Uhr-Snickers strikt zu verbieten, könnte man sagen: Heute esse ich stattdessen eine Banane und eine Handvoll Nüsse – und morgen kann ich ja wieder das Snickers essen. Nach und nach lässt sich dies sanft hochschieben: von einmal pro Woche auf dreimal und so weiter – bis man irgendwann merkt: Hey, an den »Bananen-Tagen« geht es mir besser als an den »Snickers-Tagen«! So wird die Umstellung nicht mehr als Verzicht wahrgenommen, sondern als Geschenk an sich selbst.

Um den Überblick zu behalten, reduziert man schrittweise die Komplexität und findet für sich klare und einfache Prinzipien. Das kann ungefähr so aussehen wie diese Tabelle:

Ich kaufe nur diese Lebensmittel ein:	Alle anderen Lebensmittel brauche ich nicht:
✔ Gemüse wie Brokkoli, Blumenkohl, Kürbis, Paprika, rote Zwiebeln, Salat, Pilze, Süßkartoffeln, Kartoffeln, Meerrettich, Ingwer	✖ Wurst
	✖ Fleisch
	✖ Kuhmilch
✔ Hülsenfrüchte wie Erbsen, Bohnen, Linsen, Kichererbsen	✖ weißer Reis
	✖ Butter, Margarine
✔ brauner Reis	✖ Marmelade
✔ Tofu	✖ Schokolade, Kekse, Süßigkeiten
✔ Obst wie Avocados, Orangen, Zitronen, Heidelbeeren, Granatapfel, Kiwis	✖ Chips
	✖ Cornflakes
	✖ Ketchup
✔ getrocknetes Obst wie Mango, Aprikosen, Apfelringe, Rosinen	✖ Pizza
	✖ Pommes
✔ Vollkorn (-brot, -nudeln), möglichst körnig	✖ Baguette, Brötchen
	✖ Toastbrot
✔ Haferflocken (ohne Zusätze)	✖ Croissants
✔ Erdnussbutter (ohne Zusätze)	✖ Kuchen
✔ Erdnüsse, Walnüsse, Leinsamen, Pinien- und Kürbiskerne, andere Nüsse und Körner	✖ Cola
	✖ Saft
✔ Hummus, Tahini	✖ abgepackte Smoothies
✔ Zuchtlachs, anderer fettreicher Fisch (ca. einmal pro Woche)	✖ Puddings, gesüßter Joghurt
	✖ Salz
✔ Naturjoghurt (ohne Zuckerzusatz)	✖ stark raffinierte Öle, Kokosöl, Palmöl
✔ Hafer- oder Sojamilch	✖ Alkohol (außer 1 Glas Wein pro Tag)
✔ Schokolade mit mehr als 90 Prozent Kakaoanteil	
✔ Kaffee	
✔ grüner und schwarzer Tee	
✔ Algen (Noriblätter)	
✔ Kräuter und Gewürze wie Chili, Paprikapulver, Kurkuma, Kümmel, Basilikum, Koriander, Minze, Oregano	
✔ natives, kaltgepresstes Oliven-, Raps- und Leinöl	
✔ eventuell Präparate: Vitamin D (im Winter), Vitamin B12, Eisen, Magnesium	
✔ 1 Glas Wein pro Tag	

Diese Liste ist keine Bibel. Statt krampfhafter Verbote, die man auf Dauer sowieso nicht durchhält, sollte man lieber auf seinen Körper hören – denn der weiß meistens am besten, was er braucht. Mal ein Stück Geburtstagskuchen, ein frischgepresster O-Saft zum Frühstück, ein Eis im Sommer und die Pizza nach dem zu schnell eskalierten »einen« Bier am Freitagabend sind keine »Sünde«, weil Ernährung keine Religion ist oder zumindest nicht sein sollte. Erst die Dosis macht das Gift, und Hauptsache, man weiß, was man tut.

Daher nimm das Wissen in diesem Buch gern zur Kenntnis, probiere aus, experimentiere herum, lass dich auf Neues ein. Die Wissenschaft kann inzwischen recht klar sagen, was wir tun müssen, um 100 Jahre alt zu werden und dabei fit zu bleiben. Aber am Ende mach daraus, was sich für dich und für deinen Körper gut anfühlt.

WOLFGANGS KLEINES REZEPTBUCH

Einfache Gerichte zum Mittag- oder Abendessen, die schnell gemacht sind und keine seltenen Zutaten erfordern:

▸ Tofu mit Gemüse (zum Beispiel Lauch, Möhren, Tomaten, Brokkoli, Bohnen), in der Pfanne gegart, mit einer frischen Avocado oder/und Hummus als Beilage
▸ Salat aus Mandarinen und Fenchel, mit nativem Olivenöl und einem Klecks Balsamico
▸ Vollkornnudeln al dente mit einer Soße aus roten Zwiebeln, Tomaten, Champignons und Basilikum
▸ zertifizierter Zuchtlachs, zusammen mit Lauch und geraspelten Möhren, eingewickelt in Alufolie mit etwas Olivenöl, im Ofen gebacken
▸ Blumenkohl, im Ofen gebacken, mit Tahini oder Hummus
▸ vegane Ceviche mit Avocado, Austernpilzen, roten Zwiebeln und Limette
▸ Spargel mit viel Olivenöl und zertifiziertem Zuchtlachs
▸ veganes Chili mit roten Bohnen, Linsen, Sojahack, Tomaten und Mais
▸ Kürbis aus dem Ofen mit Linsen, Minze und Koriander
▸ Shakshuka, ein israelisches Tomaten-Paprika-Gericht mit Ei

Hören:

▸ Alles gesagt?, »Bas Kast, wie ernähren wir uns richtig?«
▸ Deliciously Ella, »The Meat Myth«
▸ ada, »The Future of Food«

Schauen:

▸ *The Game Changers* – Dokumentarfilm über vegane Top-Athleten.
▸ *Food, Inc.* – oscar-nominierte Dokumentation über den Einfluss der Lebensmittelindustrie.
▸ »MaiLab«, YouTube – Die Wissenschaftsjournalistin Mai Thi Nguyen-Kim nimmt Ernährungsmythen auseinander, zum Beispiel zu Low Carb, Milch, Kokosöl, Alkohol, Salz und Süßstoff.
▸ T. Colin Campbell, «Why is the Science of Nutrition Ignored in Medicine?«, TED-Talk

Lesen:

▸ Bas Kast: *Der Ernährungskompass. Das Fazit aller wissenschaftlichen Studien zum Thema Ernährung* – Zu Recht ein Bestseller.
▸ Michael Greger: *How not to Die. Discover the Foods Scientifically Proven to Prevent and Reverse Disease*

Surfen:

▸ *New York Times,* »Scam or Not«, nytimes.com/column/scam-or-not
▸ Deutsche Gesellschaft für Ernährung, dge.de
▸ Stiftung Warentest, Rubrik »Essen/Trinken«, test.de
▸ Verbraucherzentralen, Rubrik »Lebensmittel«, verbraucherzentrale.de

Tun:

▸ Stanford University: »Stanford Introduction to Food and Health« – kostenfreier Onlinekurs der US-Elite-Universität, coursera.org/learn/food-and-health
▸ 21-Tage-Programm für evidenzbasierte Ernährung des Physicians Commitee for Responsible Medicine, mit Rezepten und vielen Tipps, unter 21DayKickstart.org (auch als App)

UNFUCK YOUR KONTOSTAND
WIE DU DEIN GELD VERMEHRST UND SOGAR REICH WERDEN KANNST

In diesem Kapitel erfährst du unter anderem,

▶ wie mein Freund Nils mit 40 in Rente gehen will;
▶ wie du deine Einnahmen strategisch erhöhst;
▶ wie du es schaffst, dass das Geld nicht vor dem Monat zu Ende ist;
▶ weshalb du »Mr. Dax« lieber nicht dein Geld anvertrauen solltest;
▶ warum ein Börsencrash die beste Zeit ist, um sein Geld am Finanzmarkt anzulegen;
▶ warum Aktien eine sichere und profitable Geldanlage für jeden sind.

Nils ist mein Vorbild in Sachen persönliche Finanzplanung. Von ihm habe ich das erste Mal von ETFs gehört, einer bestimmten Art von Aktienfonds, in denen er sein Erspartes anlegt. Zusätzlich investiert er in ausgewählte Aktien einzelner Unternehmen und ersteigert billige Grundstücke in Berliner Vororten. Er lebt irre sparsam – in einer winzigen Wohnung zusammen mit seiner Freundin, mit der er sich die ohnehin geringe Miete teilt. Trotzdem geizt er nicht: Für sein Studium kaufte er sich das beste Tablet auf dem Markt, und ich erinnere mich nicht, dass er bei einem unserer Abendessen jemals auf den Wein verzichtet hätte. Mit 40 möchte Nils so viel auf dem Konto haben, dass er in Rente gehen kann – um nur noch zu arbeiten, wenn er Lust darauf hat, als Regisseur oder Schauspieler vielleicht. Heute ist Nils 23. Die Chancen stehen gut, dass er das schafft.

Mit 40 in Rente – mit diesem Plan ist Nils nicht allein. Eine ganze Bewegung möchte FIRE: Financial Independence, Retire Early. Finanzielle Unabhängigkeit, früher Ruhestand. Für die meisten ist das kaum zu schaffen, es sei denn man gelangt durch ein Erbe zu einem kleinen oder großen Vermögen. Leider haben nur die wenigsten das Glück, sich zufällig bei der Geburtslotterie die »richtigen« Eltern ausgesucht zu haben. Und nicht jeder fängt so früh und konsequent wie Nils mit dem Sparen und Investieren an – ich gehörte jedenfalls nicht dazu, ich hatte damals weder Ahnung noch Internet. Die 10 Euro im Monat, die man heute für den Start ins Investieren braucht, hätte aber sogar ich als Student lockermachen können.

Ich habe keine geheime Formel für die schnelle Million – und eine solche Formel gibt es auch nicht. Mir geht es darum, so leben zu können, dass das Geld nicht nur bis zum Monatsende reicht, und zu wissen, dass auch im Alter noch genug davon übrig ist. Ich arbeite zwar daran, reich zu werden. Mein Ziel ist aber in erster Linie, nicht arm zu sterben.

Fast jeder kann seine finanzielle Absicherung erreichen. Und auch du kannst das, egal (fast), welchen Beruf du hast und wie viel du verdienst. Ohne geheimes Börsenwissen, ohne Glück beim Spekulieren, ohne überdurchschnittliche Intelligenz. Du brauchst nur einen Plan, genügend noch vor dir liegende Lebensjahre und etwas Disziplin und Nervenstärke.

Die Strategie lautet:

1. Einnahmen strategisch erhöhen,
2. Ausgaben kontrollieren,
3. die Differenz gewinnbringend investieren.

Zugegeben, das klingt schrecklich banal. Einer der reichsten Menschen der Welt, Amazon-Gründer Jeff Bezos, ist ja auch reich geworden, indem er mehr einnahm, als er ausgab. Aber hinter jedem Punkt der Strategie stecken eine Handvoll konkrete Grundregeln – und wenn du sie einmal kennst und umsetzt, bist du auf dem richtigen Weg. Nicht steinreich wie Jeff, aber immerhin finanziell abgesichert – und du kannst dich um die wichtigen Dinge im Leben kümmern, statt dir Kopfschmerzen über dein Geld zu machen.

Man braucht sich nicht selbst kasteien oder muss hardcoresparen. Man will ja auch das Leben genießen, solange man jung ist, und nicht erst, wenn man in Frührente geht. Das Ziel ist nicht, sich sein Leben zu vermiesen, sondern effizientes Haushalten mit einem begrenzten Budget, um möglichst viel möglichst früh gewinnbringend anzulegen.

Je früher du anfängst und je mehr Geld du anlegst, desto mehr profitierst du vom Zinseszins-Effekt – und nur dadurch schaffst du es zu späterem Wohlstand. Wer wie ich erst mit 30 anfängt, der ist etwas zu spät dran, um mit 40 in Rente zu gehen. Außer ich gewinne im Lotto, heirate reich oder ein Prinz aus Nigeria vermacht mir sein Vermögen (alles leider ziemlich unwahrscheinlich).

Mein Traum: Mein Vermögen soll so groß sein, dass ich von den laufenden Gewinnen leben kann, und zwar noch arbeiten gehen kann, aber nicht muss. Ich bin mitten auf dem Weg zu diesem Traum. In diesem Kapitel zeige ich dir Schritt für Schritt, wie das geht.

Die vier Arten von Einkommen: Der Cashflow-Quadrant

Reiche werden nicht dadurch reich, dass sie für Geld arbeiten. Sie werden reich, indem sie ihr Geld für sich arbeiten lassen. Anstatt gegen Stundenlohn täglich in die Fabrik, ins Geschäft oder ins Büro zu gehen, investieren sie ihr Geld in Anlagen, die ohne weiteres aktives Zutun eine Rendite erzielen und damit ein passives Einkommen generieren: den »Cashflow«.

Das ist die zentrale Botschaft des sogenannten Cashflow-Quadranten. Die Systematik stammt vom amerikanischen Finanzguru Robert Kiyosaki, der in seinem Buch *Rich Dad, Poor Dad* die Geschichte seiner »zwei Väter« erzählt. Der erste ist sein leiblicher Vater, ein Lehrer, der sein Leben lang hart arbeitete, aber es nie zu Reichtum schaffte. Der zweite ist sein idealer Vater, angeblich der Vater eines Sandkastenfreundes, ein wohlhabender Unternehmer (in Wirklichkeit ist die Figur wohl nur erfunden). Jedenfalls habe dieser mysteriöse Mentor ihn in das Geheimnis eingeweiht, wie Reiche ihr Geld vermehren. Das Buch ist zwar eine peinliche Sammlung seichter Anekdoten und dubioser Tipps (»Brich dein Studium ab!«), und Kiyosaki ist ein mehrfach widerlegter Crashprophet und Angstprofiteur (»Die Krise kommt!«), der vor seinem Durchbruch als Finanzguru selbst nicht allzu erfolgreich war.[193] Trotz allem gehört der Cashflow-Quadrant zu den wichtigsten Einsichten der Finanzplanung.

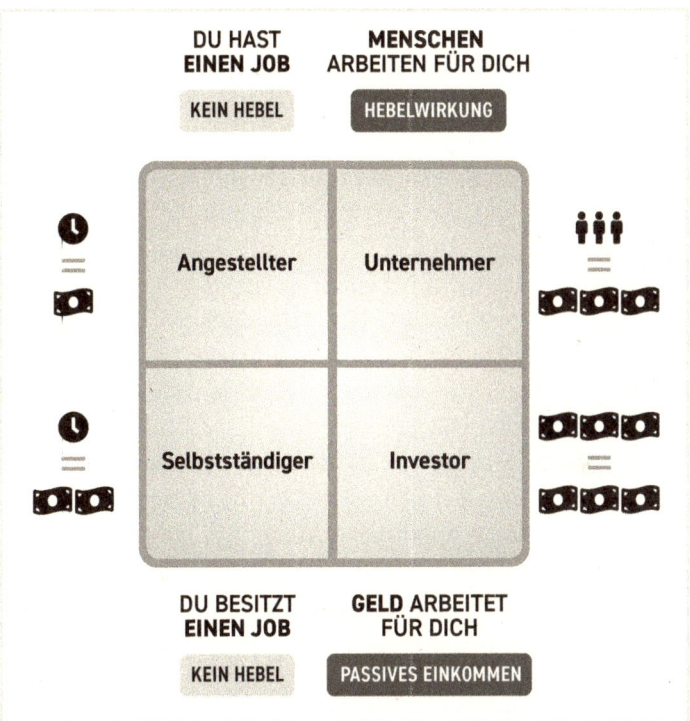

Der Cashflow-Quadrant nach Robert Kiyosaki. Eigene Darstellung nach Robert Kiyosaki: Rich Dad, Poor Dad – Der Cashflow-Quadrant.

Der Cashflow-Quadrant unterscheidet vier Möglichkeiten, Einkommen zu generieren: als Arbeitnehmer, als Selbstständiger, als Unternehmer und als Investor.

Ein Arbeitnehmer hat das schlechteste Los, denn er tauscht Arbeitszeit gegen Geld. Egal, wie hart er schuftet, er hat maximal 24 Stunden pro Tag Zeit und muss auch noch schlafen, essen, sich um die Familie kümmern, ist manchmal krank und so weiter. Zwar hat er einen Vertrag und damit mehr Planungssicherheit, aber zugleich sind seine Verdienstmöglichkeiten nach oben gedeckelt. (Allerdings kann man auch als Arbeitnehmer prinzipiell reich werden. Der Volkswagen-Chef verdient fast 8 Millionen pro Jahr und ist trotzdem nur ein Angestellter.)

Besser hat es da schon der Selbstständige. Er ist freier darin, wie er seine Zeit verwendet, und kann auch mit weniger Arbeitszeit mehr Gewinn erzielen. Aber auch er wird nur bezahlt, wenn er arbeitet – tauscht also auch nur Zeit gegen Geld.

Lieber lässt man andere für sich arbeiten und zwackt den Mehrwert ab, den andere geschaffen haben.[194] Das macht der Unternehmer. Selbst wenn der Unternehmer nicht arbeitet, arbeiten andere für ihn weiter und generieren fleißig Einkommen. Er hat sich also von der Zeit-Geld-Formel gelöst und kann sein Einkommen stetig vermehren.

Die besten Karten hat allerdings der Investor. Er unterscheidet sich vom Unternehmer, weil er nicht direkt andere für sich arbeiten lässt, sondern sein Geld anlegt, sodass andere nur indirekt für ihn arbeiten – das Geld »arbeitet« für ihn und vermehrt sie wie von selbst. Hierdurch hat er sich komplett aus der »Zeit gegen Geld«-Falle befreit und kann sein Geld theoretisch unendlich vermehren.

An sich ist keine der vier Einkommensquellen von Natur aus gut oder schlecht. Aber wer ein Vermögen aufbauen will, muss sich auf die rechte Hälfte des Quadranten konzentrieren, also Unternehmer oder Investor werden.

Ein radikaler Bruch im Berufsleben ist nicht zwingend nötig, denn die vier Einkommensarten lassen sich auch mischen, und auch als Arbeitnehmer kann man nach einer Gehaltserhöhung fragen. Fundamental ist, die Zeit-Geld-Logik zu begreifen – und sein Mindset darauf auszurichten, sich aus dieser Falle zu befreien. Welches Hobby hast du, das du zu deinem (Neben-) Beruf machen könntest? Was kannst du richtig gut, ohne damit bisher Geld zu verdienen? Welches Problem könntest du lösen und darauf ein Geschäftsmodell aufbauen?

BEISPIEL

Ich bin normaler Arbeitnehmer bei einem Start-up, an dem ich auch Anteile besitze und damit im weiteren Sinne unternehmerisch tätig bin. Nebenberuflich bin ich selbstständig als Autor, Redner und Veranstalter, und ich investiere in Aktienfonds. So habe ich alle vier Formen gemischt.

Es gibt Leute, die behaupten, die Sache mit dem Reichtum sei ganz einfach. In *The 4 Hours Workweek* gibt Bestsellerautor Tim Ferriss den heißen Tipp, mithilfe von ein paar Marketingmaßnahmen ein Online-Business aufzubauen, sodass man bald nur noch vier Stunden pro Woche selbst arbeiten muss und alles andere an Billiglöhner in Indien auslagert. Wenn das nur so einfach wäre ... Für Menschen ohne finanzielles Polster und ohne Zugang zu Geschäftswissen, dafür aber mit zwei Kindern, kommt das Mal-eben-so-ein-Start-up-Gründen nicht unbedingt infrage. Zumindest, wenn man Studien der University of California in Berkeley, der London School of Economics, der Princeton University und der Stanford University glaubt, kommen die meisten Start-up-Gründer aus wohlhabenden Familien und sind nicht risikofreudiger als andere.[195] Das »Risiko-« oder »Unternehmer-Gen« ist ein Mythos. Und: An wen soll man die Arbeit delegieren, wenn man in einem Gemüseladen, als Fischzüchter oder als Dönerverkäufer tätig ist und nicht das Geld hat, seine Arbeit an Fremdsprachler nach Übersee outzusourcen und mal eben schnell ein Start-up zu gründen?

Eine Einkommensquelle, die Kiyosaki vergaß, sind übrigens Erbschaften. Laut Forbes haben zwei Drittel der deutschen Milliardäre ihren Reichtum nicht mit ihren Händen und Köpfen erarbeitet, auch nicht durch eigenes Unternehmertum mithilfe anderer Leute Arbeit erwirtschaftet, sondern bekamen ihren Reichtum ohne einen Funken eigene Leistung in die Wiege gelegt – allein durch die Gnade ihrer Geburt.[196]

Ausgaben budgetieren: Age your Money!

In meiner Kindheit lebte meine Familie von der Hand in den Mund: Das wenige Geld reichte nur bis zum nächsten Monat. Auf eine neue Waschmaschine musste Mama lange sparen. Wer kein Finanzpolster hat, der steht immer um Haaresbreite vor dem Abgrund. Und je länger man sich keine Rücklagen bilden kann, umso hoffnungsloser wird es. Laut Statistik leben 70 Prozent der US-Amerikaner »paycheck to paycheck«, haben also nur so viel Geld auf dem Konto, dass es bis zum nächsten Gehaltszettel reicht.[197] Immer knapp vor dem finanziellen Ruin.

Selbst eine Gehaltserhöhung löst seltsamerweise das Problem nicht. Wer mehr verdient, tendiert dazu, auch mehr auszugeben. Und sei es nur für Kleinigkeiten, die man sich jetzt dank des höheren Lohns gönnen möchte und sich ja scheinbar endlich leisten kann.

Diesen Teufelskreis kann man nur durchbrechen, indem man sich nicht alles leistet, was man sich leisten könnte. Alle Rechnungen sollte man von den Ersparnissen begleichen können, und niemals das aktuelle Gehalt antasten müssen. So früh wie möglich muss man zu dem Punkt kommen, an dem man den ganzen Monat gelebt hat, ohne sein letztes Gehalt auch nur anzufassen.

Ein gutes Fass Whiskey braucht 30 Jahre, um zu reifen. Genauso ist es mit Geld: erst über die Zeit bringt es Erträge, und daher muss es altern dürfen. *Age your money!*

Ich kenne tausend Geschichten von Freunden und Bekannten, die am Ende des Monats dastehen und nicht so richtig wissen, wohin ihr ganzes Geld eigentlich verschwunden ist. Wer seine Einnahmen und Ausgaben trackt, zum Beispiel in einer Finanz-App oder einer Excel-Liste, findet heraus, was genau er einnimmt und wie viel er wofür ausgibt. Das klingt etwas nerdig und nach Spaßbremse, aber das ist nicht Sinn der Sache. Die Analyse der Ausgaben und Einnahmen verfolgt nicht den Zweck, den Kneipenabend madig zu machen und ein trostloses Spardiktat aufzuerlegen. Im Gegenteil: Einen Teil des Budgets kann man sogar ausdrücklich für den Posten »Spaß & Luxus« reservieren. Es kommt nur darauf an, sich klarzumachen, für was man eigentlich sein Geld ausgibt, und unbewusste Kostenfresser zu identifizieren.

BEISPIEL

Eine Freundin litt unter permanenter Geldnot. Sie entschloss sich, einen Monat lang ihre Ausgaben penibel zu notieren. Und stellte fest: Hunderte Euro ließ sie unterwegs beim täglichen Cappuccino für unterwegs, Mittagessen in Restaurants, und Gin Tonics in zu teuren Bars. Die einzelnen Kosten fielen ihr nicht so auf, aber in der Summe stiegen sie auf ungeahnte Höhen, die alle ihre Sparversuche auffraßen.

Erst, wer weiß, was er ausgibt, kann wirklich entspannt mit Geld umgehen – weil er weiß, wie viel Budget er noch übrighat. Wer nach ein paar Monaten auf sein Budget schaut, fühlt sich freier als davor. Allein durch das geschärfte Bewusstsein spart man oft schon 10 bis 20 Prozent ein, weil man mehr darauf achtet, was man eigentlich tut – und weil man weiß, was man sich wirklich leisten kann und will.

Am besten machst du dir eine Tabelle: Trage auf einer Seite alle Einnahmen ein, und auf der anderen Seite alle Ausgaben. Dazu gehören laufende Verträge zum Beispiel für Miete, Versicherungen, Steuern, Internet, Handy, Bus- und Bahntickets, Tanken, Konzertkarten, Urlaube, Shopping, Restaurants, Lebensmittel, jeder Kaffee und jedes Brötchen für unterwegs und so weiter. Einfacher als Excel-Tabellen sind Finanz-Apps fürs Smartphone wie YNAB (You Need A Budget), Money Manager und Monefy. Diese Apps analysieren Ausgaben und Einnahmen, spucken übersichtliche Grafiken aus und kalkulieren monatliche Budgets. Die App Finanzguru scannt alle Banktransfers, visualisiert sie in verschiedenen Kategorien pro Monat, Quartal und Jahr und hilft laufende Verträge aufzuspüren und sie gegebenenfalls direkt über die App zu kündigen.

Nach drei Monaten weiß man bereits ziemlich genau Bescheid, macht einen Kassensturz und schlüsselt seine Ausgaben nach drei Kategorien auf:

1. **monatliche Verbindlichkeiten:** jeden Monat zu bezahlen und nicht leicht zu verändern;
2. **optionale Ausgaben:** bezahlt man zwar von Monat zu Monat, kann man aber jederzeit verändern und braucht man nicht zum (Über-)Leben;
3. **Spaß & Luxus:** bezahlt man gelegentlich als Belohnung für sich selbst und braucht man nicht unbedingt zum Leben.

Die Tabellen im Folgenden zeigen fiktive Beispiele.

Monatliche Verbindlichkeiten in €

Miete (warm)	800
Strom	20
Internet, Handy	30
Software-Abos	50
Versicherungen - Berufsunfähigkeit - Zahnzusatz - Hausrat	 120 20 10
Lebensmittel	240
Medikamente	10
Summe	**1.300 pro Monat**

Optionale Ausgaben in €

Sport & Fitness	100
Kaffee unterwegs	40
Restaurants	100
Bücher	20
Spotify	10
Geburtstagsgeschenke	20
Summe	**290 pro Monat**

Spaß & Luxus – Ausgaben in €

Spa-Besuch	10	60 zweimal pro Jahr
Kleidung	50	200 dreimal pro Jahr
Urlaubsreise	167	2000 einmal pro Jahr
Bier & Gin Tonic	100	
Konzerte & Festivals	21	einmal Fusion inklusive Anreise: 250 pro Jahr
Summe	**348 pro Monat**	

Mit diesem Budget weißt du, dass du monatlich 1.300 Euro benötigst, um über die Runden zu kommen (finanzielle Absicherung), weitere 290 Euro, um es dir gutgehen zu lassen (finanzielle Unabhängigkeit) und weitere 348 Euro für den gelegentlichen Spaß und Luxus, der das Leben angenehmer macht, aber auf den man notfalls verzichten kann (finanzielle Freiheit).

Du lernst damit auch, dass deinen Ausgaben ein ausreichend hohes Einkommen gegenübersteht (oder eben nicht). Und du erfährst, wie viel du auf der hohen Kante liegen haben musst, um die nächsten drei Monate überleben zu können, ohne in Schulden zu geraten. Idealerweise erlebst du dank der neuen Übersicht einen Aha-Moment und reduzierst deine Ausgaben auf ein nachhaltiges Level.

BEISPIEL

> Die oben erwähnte Freundin holte sich täglich mindestens einen Cappuccino-to-Go für 3,50 Euro, genehmigte sich einen Gin Tonic am liebsten im Prominententreff borchardt und ging jeden Mittag im Restaurant essen. Nach ihrem Kassensturz nahm sie sich einen Kaffee von zu Hause mit oder trank den kostenfreien Kaffee im Büro, kochte sich meistens das Mittagessen am Vorabend selbst und nahm eine Box mit ins Büro und trank den Gin Tonic lieber in Kreuzberg.

Es geht dabei nicht um Verzicht um jeden Preis. Ich will Altersarmut ja nicht dadurch vermeiden, indem ich heute unter Jugendarmut leide. Ohne Spaß im Leben wirst du den Sparkurs auf Dauer ohnehin nicht durchstehen. Sondern es geht darum, bewusster zu wirtschaften: Was brauche ich wirklich? Ist mir das wirklich so viel wert? Wo kann ich sparen, ohne viel Verlust an Lebensqualität?

Die 752-Regel und die besten Ausgabenkiller

Ein paar große Ausgaben streichen plus mehr System bei den kleinen Ausgaben – und schon hast du mehr Geld übrig. Dem Pareto-Prinzip zufolge verursachen 20 Prozent der Posten 80 Prozent der Ausgaben. Beginne also mit den größten Ausgabenposten. Deine Miete ist sehr hoch? Such dir einen Mitbewohner oder versuche einen Wohnungstausch. Dein Urlaub war sehr teuer?

Suche dir als nächstes Reiseziel ein Land aus, das billiger ist, oder übernachte im Hostel-Schlafsaal statt im Sterne-Hotel und fahr in der Nebensaison, wenn die Preise niedriger sind.

Danach kommen die vielen kleinen Posten in den Blick. Ausgaben von 5 oder 10 Euro scheinen nicht der Rede wert, aber gerade das macht oft nachlässig. Die 752-Regel bemisst, welch irre Summen auf lange Sicht für gefühlt vernachlässigbare Ausgaben draufgehen. Wenn du jede wöchentlich wiederkehrende Ausgabe mit der Zahl 752 multiplizierst, rechnest du aus, was du in zehn Jahren damit ausgibst und wie viel Geld dir entgeht, wenn du das Geld stattdessen mit einer durchaus realistischen Rendite von 7 Prozent angelegt hättest. Zwei Cocktails zu je 10 Euro, einmal die Woche, summieren sich so innerhalb von zehn Jahren auf ein entgangenes Einkommen von über 15.000 Euro (20 Euro x 752)! Denke also lieber dreimal darüber nach, wofür du dein Geld wirklich ausgeben willst und ob es dir das wirklich wert ist.

Hier meine persönlichen Ausgabenkiller-Tricks, die du dir gern für dich selbst so zurechtschneidern kannst, wie sie für dich und dein Leben passen:

▸ **Eine Nacht drüber schlafen**: Bei jedem Kauf schlafe ich noch einmal eine Nacht darüber: Brauche ich das wirklich? Macht mich diese Ausgabe wirklich glücklicher? Ist es wirklich genau das, was ich will? So vermeide ich Spontankäufe, die ich nicht wirklich brauche.

BEISPIEL

In meiner Zeit bei der Bundeswehr lernte ich die Regel der »soldatischen Nacht«: Egal welche Entscheidung anstand, man sagte zum Gegenüber immer: »Da muss ich nochmal eine soldatische Nacht drüber schlafen.« So gibt man sich selbst Bedenkzeit und vermeidet überhitzte Entscheidungen aus dem Bauch heraus.

▸ **Billigeren Urlaub machen**: Beim Reisen lässt sich leicht extrem viel Geld sparen. Handgepäck statt Riesenkoffer (spart Gepäckgebühr im Flugzeug), Hostel statt Hotel, Erfahrungen sammeln statt Souvenirs, Essen auf der Straße statt im Restaurant, Wandern auf Mallorca statt Clubbing auf Ibiza, Nebensaison statt Hauptsaison – und schon hat man Hunderte bis Tausende Euro gespart.

▸ **Coffee-to-go verbannen**: Ein Cappuccino im Café kostet 3 bis 4 Euro – und wer sich jeden Tag damit versorgt, der zahlt in der Summe sehr viel drauf im Vergleich zum Kaffee, den man sich im Büro oder zu Hause selbst macht. Erster Schritt: Coffee-to-go völlig aus seinem Leben verbannen und nur dann auswärts Kaffee bestellen, wenn man ihn gemütlich vor Ort trinken kann.

▸ **Kapselmaschine loswerden**: Auf Maschinen mit Kaffeekapseln sollte man aus rein finanziellen Gründen verzichten: Eine Nespresso-Kapsel kostet zwar weniger als 40 Cent, darin sind aber nur 5 Gramm Pulver enthalten. Auf das Kilo umgerechnet sind das 80 Euro! Selbst der beste fair gehandelte Kaffee mit absoluter Spitzenqualität kostet nicht einmal die Hälfte.[198] Die ökologischen Aspekte (Vermeidung von Plastik- beziehungsweise Aluminiummüll) sollten zusätzlich motivieren.[199]

▸ **Zu Hause kochen:** Auswärts essen zu gehen, ist auf Dauer kostspielig. Dann lieber zu Hause kochen: Tofu und Gemüse aus der Pfanne kostet pro Portion nur 2 Euro.

▸ **Shakes ausprobieren**: Der amerikanische Software-Entwickler Rob Rhinehart hatte genug von Fast Food und mixte sich ein Elixier mit allen Kalorien und Nährstoffen, die der menschliche Körper braucht: Soylent (soylent.me).[200] Die Drinks basieren auf Haferflocken und machen daher sogar ziemlich satt, vor allem gemischt mit Hafermilch, sind aber geschmacklich nicht unbedingt die allerhöchste Gaumenfreude. Zumindest für einen gelegentlichen Ersatz finde ich die Shakes aber unglaublich praktisch und unschlagbar kostengünstig. Eine populäre Alternative ist huel (huel.com), das schmeckt wie flüssige Haferflocken.[201]

- **Leitungswasser trinken**: Eine Flasche Evian ist 36.500 Prozent teurer als Leitungswasser (und nein, das ist kein Tippfehler), obwohl es sich in der Qualität nicht unterscheidet.[202] Auch Wasserfilter sind nutzlos: »Trinkwasser ist ein verderbliches Lebensmittel, das schnell verkeimt, wenn es zu lange im Behälter steht oder mit alten Filtern in Kontakt kommt«, sagt die Verbraucherzentrale.[203] Damit Wassertrinken mehr Spaß macht, nutze ich eine geil designte Glasflasche von soulbottles, die problemlos unter den Wasserhahn passt und eine große Öffnung hat, die man leicht befüllen kann.

- **»1 Jahr kein Shopping«-Challenge**: Sehr geholfen hat mir mein Projekt, ein Jahr lang keine neue Kleidung zu kaufen, weder offline noch online. In meinem Schrank entdeckte ich alte Kleidung wieder, die ich schon vergessen hatte, und nach einem Jahr wusste ich, was ich davon wirklich aufheben will.

- **Stromanbieter wechseln**: Wechseldienste wie Switchup.de wechseln Verträge für Strom und Gas automatisch und ohne weiteres Zutun zum jeweils günstigsten Anbieter. Bei einem Test der Stiftung Warentest konnten alle Haushalte dadurch netto zwischen 73 und mehr als 400 Euro im Jahr sparen.[204] Dabei können auch persönliche Einstellungen getroffen werden, zum Beispiel »nur Ökostrom«. Vom bekannten Vergleichsportal Verivox raten Verbraucherschützer inzwischen ab: Seit der letzten Änderung der Geschäftsbedingungen empfiehlt das Portal überteuerte und unflexible Tarife.[205]

▸ **Handyvertrag checken:** Als ich meinen Handyvertrag kündigte, dauerte es nicht lange und ein Kundenberater rief mich an, um mir einen günstigeren Tarif anzubieten – ein typisches Kundenrückgewinnungsprogramm, das sich jeder zunutze machen kann. Für Neuverträge bietet Finanztip einen Vergleichsrechner unter finanztip.de/handytarife.[206] Bei Verträgen, bei denen das Smartphone inklusive ist, zahlt man meistens drauf. Besser ist es, Handy und Vertrag separat zu kaufen.

▸ **Kostenloses Girokonto wählen:** Mein Girokonto hatte Mama irgendwann in grauer Vorzeit eingerichtet, und ich hatte mich dran gewöhnt – leider auch an die Gebühren. Ich war mein Leben lang bei der vertrauten Sparkasse, bis ich merkte, wie viel ich dort an versteckten Kosten zahlte. Bei der angeblich »kostenlosen« Kreditkarte fielen intransparente Wechselkursgebühren im Ausland an, die im Kleingedruckten versteckt waren. Leider sind auch Finanz-Start-ups wie N26 nicht besser und erheben beispielsweise eine Gebühr auf jede Abhebung im Ausland. Besser fährt man mit DKB-Cash, einem dauerhaft kostenlosen Girokonto mit wirklich kostenlosen Abhebungen mit der Kreditkarte von jedem Geldautomaten in Deutschland und weltweit. Sowohl bei Finanztip als auch bei Finanztest rangiert diese Direktbank ganz oben.[207]

▸ **Laufende Verträge kontrollieren:** Im Laufe der Zeit schließt man einen Haufen Verträge ab: Fitnessstudio, Handy, Zeitschriften und so weiter. Anbieter wie die App Finanzguru oder die Plattform aboalarm.de erstellen dir eine Übersicht aller laufender Verträge und ermöglichen es, die Verträge direkt und zentral zu kündigen.

▸ **Essensrabatt nutzen:** Restaurants sind zu Stoßzeiten voll, haben aber sonst wenig Kundschaft. Oder es bleibt Essen übrig, das sonst weggeworfen wird. Über Apps wie TooGoodToGo, DiscoEat und TheFork gewähren viele Restaurants einen Rabatt von manchmal bis zu 50 Prozent, wenn man zu einer bestimmten Zeit kommt.

▸ **Steuererklärung machen**: Eine Steuererklärung sollte man auf jeden Fall abgeben, sobald man ein Einkommen erzielt – denn fast immer bekommt man dadurch Steuern zurückerstattet. Beim Ausfüllen der Steuererklärung fühlt sich jeder normale Mensch allerdings wie bei Asterix' Suche nach Passierschein A38. Das Online-Portal Elster bringt nur das undurchschaubare Papierformular online, digitalisiert also lediglich einen scheiß Prozess, mit dem Resultat eines digitalen scheiß Prozesses. Software-Programme wie tax-steuersoftware.de, wiso-steuersparbuch.de und steuer-web.de übersetzen das Beamtenkauderwelsch in vernünftiges Deutsch.[208] Wer nicht selbstständig tätig ist, kann auch dem Lohnsteuerhilfe-Verein beitreten: Der gemeinnützige Verein beschäftigt Expertinnen und Experten, die die Steuererklärung komplett übernehmen (lohi.de). Klingt altbacken, ist aber megapraktisch.

▸ **Aus der Kirche austreten**: Die Kirchensteuer beträgt ungefähr 8 Prozent der Einkommensteuer. Das ist viel Geld, das man sich durch einen Kirchenaustritt mühelos sparen kann. Wer etwas Gutes tun will, kann stattdessen an eine soziale oder ökologische Initiative seiner Wahl spenden, ohne millionenschwere Bischofsresidenzen mitzufinanzieren. Und die Spende kann man sogar von der Steuer absetzen.

▸ **Bibliotheksausweis erstehen**: Öffentliche Bibliotheken sind eine tolle Sache. Längst gibt es dort nicht nur Bücher zum Lesen oder zur Ausleihe vor Ort, sondern auch einen inkludierten digitalen Zugriff auf Zeitungen wie *Washington Post, Guardian, Handelsblatt, Welt, Tagesspiegel, Bunte* und das komplette Archiv des *Spiegel*, etliche eBooks und das Statistikportal Statista. In Berlin bekommst du das alles für nur 10 Euro im Jahr! Danke dem Staat für diesen tollen Service. Besorge dir einen Bibliotheksausweis (natürlich online). Wenn du in Berlin lebst, klicke dazu einfach auf kurzlink.de/danke-staat.

Wo sollte man nicht sparen?

Eine Ausnahme vom Spargebot sind Investitionen – also Aufwendungen, die in Zukunft mehr Einnahmen erzeugen und sich damit selbst mehr als amortisieren. Das gilt vor allem für Investitionen in dein »Humankapital«, ein BWL-Begriff für dich selbst und deine Fähigkeiten. Dazu gehören:

- ▶ **Bildung:** zum Beispiel FH- oder Uni-Abschluss, Meistertitel oder Seminare zu Soft Skills.
- ▶ **Arbeitsgeräte:** zum Beispiel der Laptop, den man für Studium oder Job benötigt, oder ein guter Schreibtischstuhl.
- ▶ **Sport/Gesundheit:** z. B. Yogastunden, Laufschuhe, mentales Wohlbefinden, gesunde Lebensmittel.

Warum sind Investitionen in das Humankapital so wichtig? Stell dir vor, du musst bei einem Wettbewerb gegen einen erfahrenen Holzfäller antreten, während du noch nie im Leben auch nur dabei zugesehen hast, wie man einen Baum fällt. Dein Gegner bekommt aber nur ein Beil, du eine Motorsäge. Wer wird wohl gewinnen? Vermutlich trotzdem der erfahrene Holzfäller – denn er weiß, was er zu tun hat und wie er das Beil verwendet. Du dagegen hast zwar tolles Werkzeug, aber keinen blassen Schimmer, wie die Motorsäge überhaupt anspringt, und sägst dir am Ende versehentlich vielleicht sogar selbst ins Bein. Humankapital (Wissen, Fähigkeiten – »wie man den Baum fällt«) und Arbeitsmaterialien (Handy, Laptop – »Säge«) sind ihr Geld wert, denn das Geld kommt später mehr als zurück.

Gewinnbringend investieren: mit einem ETF-Sparplan

»Mit meiner letzten Aktie habe ich 320 Prozent Gewinn gemacht«, sagte ein Freund am Telefon. »Damit habe ich sehr viel Geld verdient.« Wenn ich solche Erfolgsgeschichten höre, wie Leute ohne große Arbeit irre Profite einstreichen, nur weil sie zum richtigen Zeitpunkt die richtige Aktie gekauft haben, werde ich oft neidisch. Zwei Klicks, und man ist reich. Ist das nicht ungerecht?

Man muss schon sehr viel Zeit aufwenden und sich tief in Details einarbeiten, wenn man die richtigen Unternehmen zur richtigen Zeit »entdecken« will – und obendrein viel Glück haben. Märkte sind emotionsgesteuert und herdengetrieben, und immer wieder geschehen unvorhergesehene Dinge, die den gesamten Markt durcheinanderwirbeln. Selbst wer alles »richtig« gemacht hat, kann schnell am Boden liegen.

Ich mag zwar Leonardo DiCaprio, schließlich hat er ein paar Millionen in das Start-up investiert, für das ich arbeite. Aber will man wirklich werden wie der *Wolf of Wallstreet*? Täglich zu den Handelszeiten der Börse von 8 bis 22 Uhr die Kursentwicklung verfolgen, Optionen und Derivate ein- und verkaufen oder gar Algorithmen im Hochfrequenzhandel bedienen? Aktienkurse checken, die Finanzpresse studieren, das Portfolio aktiv managen – das ist nicht nur viel Arbeit, sondern auch ein hohes Risiko, denn man kann am Ende auch alles verlieren, zumal als Laie. (Ein Portfolio ist übrigens einfach nur der Bestand an Wertpapieren, also zum Beispiel Aktien, und anderen Geldanlagen, also zum Beispiel Gold, Bitcoin, Bargeld).

Seit Jahrzehnten weisen Hunderte Studien auf der ganzen Welt immer wieder nach: Selbst die meisten Experten sind nicht imstande, »den Markt zu schlagen«, also mehr Profit zu erzielen als ein nicht aktiv gemanagter Vergleichsindex.[209] In den USA schnitten unglaubliche 98 Prozent der aktiv verwalteten Fonds schlechter ab als der Vergleichsindex S&P 500, also der Liste der 500 größten börsennotierten amerikanischen Unternehmen (so etwas wie der amerikanische DAX). Und dabei sind die teilweise horrenden Gebühren, die aktive Fonds kassieren, noch gar nicht berücksichtigt![210]

Multimilliardär und Investorenlegende Warren Buffett wettete 2008 mit dem Hedgefonds-Manager Jeff Tarrant, dass die von Tarrant ausgewählten Hedgefonds schlechter abschneiden als der eben erwähnte S&P 500. Zehn Jahre später war die Wette fällig. Und siehe da: Der Index schlug die aktiven Fonds deutlich. Buffett gewann die Wette – und spendete den Einsatz von 1 Million Dollar an einen Mädchenclub in seinem Heimatort Omaha.[211] So überzeugt ist der Starinvestor von seiner simplen Strategie, dass er in seinem Testament veranlasste, das an seine Frau vererbte Vermögen zu 90 Prozent in den S&P 500 zu investieren und zu 10 Prozent in kurzlaufende Staatsanleihen.[212] (Übrigens: Hedgefonds sind große, wenig regulierte und nur wenigen Großinvestoren zugängliche Fonds, die spekulative und riskante Anlagestrategien verfolgen, die möglichst hohe Renditen erzielen sollen.)

Der Psychologieprofessor und Risikoforscher Gerd Gigerenzer, heutiger Direktor des Harding-Zentrums für Risikokompetenz, nahm vor ein paar Jahren an einem Börsenspiel des Wirtschaftsmagazins *Capital* teil. Mehr als 10.000 Wettbewerber reichten ihre Aktienpakete ein, um möglichst viel Gewinn zu machen und es auf die ersten Plätze zu schaffen. Der Risikoforscher wählte aber seine Aktien weder selbst aus, noch bat er Spezialisten um Rat. Stattdessen fragte er 100 ahnungslose Passanten auf der Straße, welche Aktien auf einer Liste mit 50 Posten sie kannten. Die zehn am häufigsten genannten Aktien nahm er in sein Portfolio auf. Das Ergebnis nach sechs Wochen Laufzeit: Sein Depot legte um 2,5 Prozent zu – und schlug damit 88 Prozent aller Teilnehmer. Der *Capital*-Chefredakteur verlor mit seinem Aktienpaket sogar 18,5 Prozent.[213]

Im norwegischen Fernsehen traten im Jahr 2016 zwei Beauty-Blogger, eine Astrologin, eine Herde Kühe und Profi-Investoren an, um den norwegischen Aktienindex zu schlagen. Nach drei Monaten wurde abgerechnet: Die Experten schlugen den Index zwar – die Kühe aber auch. Auf Platz 1 lagen die Influencer mit willkürlichen Aktien wie »Royal Carribean« (das klang eben nach Strand und Sonne). Die Wahrsagerin schnitt am schlechtesten ab.[214] Affen, Papageien oder andere Tiere schlagen mit ihren »Börsentipps« die menschlichen Profis immer wieder oder kommen zumindest sehr nahe dran.[215]

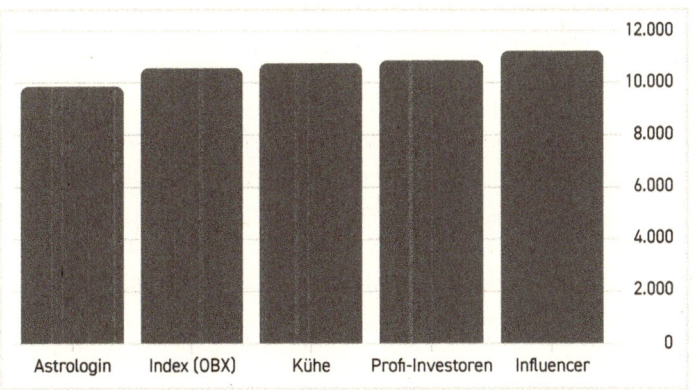

Influencer schlagen Profi-Investoren.Eigene Darstellung nach Jan-Ole Hesselberg. [216]

Expertenwissen kann zwar helfen, die optimalen Aktien aufzuspüren. Einigen wenigen Experten gelingt das auch, den meisten aber nicht. Und selbst diejenigen, die den Markt schlagen, verdanken es mitunter Glück und Zufall. Das Problem liegt schlicht darin, dass es faktisch unmöglich ist, die Zukunft vorherzusagen. Niemand kann in die Glaskugel sehen. Die heißesten Börsentipps vor zehn Jahren sind heute mal Rohrkrepierer, mal Superstars – welche Aktie zu welcher Sorte gehört, weiß man erst im Rückblick. Profis können zwar kundig und detailreich erklären, was an den Börsen in der Vergangenheit geschehen ist – aber sie scheitern daran, den Aktienmarkt der Zukunft mit einer Wahrscheinlichkeit vorherzusagen, die wesentlich größer ist als der Zufall.

Aktive Fonds kassieren obendrein teure Gebühren für ihre überbezahlten Manager, obwohl die meisten gar nicht bessere

Renditen erzielen als der Marktdurchschnitt. Wenn dir Börsengurus wie »Mr. Dax« Dirk Müller oder »Crashprophet« Max Otte weismachen wollen, dass die von Experten (also von ihnen) geleiteten Fonds profitabler seien, dann meinen sie: profitabler für sich, aber nicht für dich! Lass dich nicht verarschen und dir überteuerte Fonds andrehen, die sogar noch Miese machen![217]

Es gibt einen anderen Weg als die Spekulation. Dieser Weg schafft zwar keine 320-Prozent-Gewinne innerhalb weniger Tage oder Wochen, aber dafür ist er risikoarm, langfristig gewinnbringend, zeitsparend und unkompliziert. Diese langfristige Anlage unterscheidet sich von einer kurzfristigen Spekulation.

Es genügt, wenn du dich einmal mit deiner Geldanlage beschäftigst, langfristig planst und dann einfach abwartest und ungefähr einmal im Jahr in dein Portfolio schaust. Mehr ist nicht zu tun, und du brauchst dafür weder Glück noch Insiderwissen. Einmal gemacht, vermehrt sich dein Geld über die Zeit wie von selbst. Du brauchst nur Durchhaltevermögen – und solltest so früh wie möglich beginnen, um dir den Zinseszinseffekt zunutze zu machen.

Das beste Instrument dafür sind passive Indexfonds, sogenannte ETFs. Die Abkürzung steht für »Exchange-Traded Fund«, also börsengehandelter Fonds. Es gibt viele verschiedene ETFs, die einen Aktien- oder Anleihenindex abbilden, zum Beispiel den bereits mehrfach erwähnten S&P 500 (die 500 größten börsennotierten Unternehmen der USA), den DAX (die größten deutschen börsennotierten Unternehmen), den NASDAQ-100 (die 100 größten an der US-Technologiebörse gelisteten Unternehmen) oder den MSCI World (über 1.000 große börsennotierte Unternehmen aus Industrieländern). Sie werden automatisch gesteuert über ein Computerprogramm, das den entsprechenden Index nachbildet, sie kommen also ohne Manager aus, die Aktien nach eigenen Regeln aussuchen und hin- und herwechseln. Daher nennt man sie passive Fonds, im Gegensatz zu aktiv verwalteten Fonds. Das senkt die Verwaltungskosten enorm. Trotzdem bleiben sie flexibel, weil nach vorher festgelegten und transparenten

Regeln immer wieder neue erfolgreiche Unternehmen einsteigen und weniger erfolgreiche Unternehmen rausfliegen. So managt der Fonds sich von selbst.

»Put 10% of the cash in short-term government bonds and 90% in a very low-cost S&P 500 index fund. I believe the long-term results from this policy will be superior to those attained by most investors who employ high-fee managers.«

Warren Buffett, Multimilliardär und Starinvestor[118]

»All behavioural economists are against active investing — I might as well say it outright — because we think the market is unpredictable, or very, very difficult to predict. And yet we believe people who believe they can predict the market. That illusion is very important.«

Daniel Kahneman, Wirtschaftsnobelpreisträger[119]

»The smart investor just buys and holds a well-diversified portfolio, using index funds.«

Harry Markowitz, Wirtschaftsnobelpreisträger[120]

»Most investors should forget about trying to beat the market, and stick instead to cheap, index-tracking funds.«

Robbin Wigglesworth, Global Finance Correspondent,
Financial Times[121]

»Der Anleger ist das Gegenteil des Spielers. Er kauft Aktien und hält sie über Jahrzehnte als Altersvorsorge. Die Kurse schaut er sich nicht einmal an. Sie interessieren ihn nicht. Selbst stärkere Einbrüche sitzt er aus. Der Anleger setzt auf eine breite Palette erstklassiger Aktien, verteilt über alle Branchen und über mehrere Länder. Er unternimmt keinen Versuch, spezielle Zukunftsbranchen zu erwischen. Aus diesem Grund sind die Index-Fonds immer beliebter geworden. Ich gebe zu, der Anleger kann mit einem kleinen Betrag nicht in kurzer Zeit zum Millionär werden. Langfristig aber kann er zu einem großen Vermögen kommen.«

André Kostolany, einstiger Altmeister der Börse (†1999)[222]

Wie richtet man einen ETF-Sparplan ein?

Erster Schritt: Du richtest ein Depot bei einem Online-Broker ein. Ein Depot ist der Aufbewahrungsort für deine Geldanlagen, früher ein Schließfach, heute digital. Ein Broker ist der Vermittler zwischen dir und dem Finanzmarkt. Darüber kaufst du deine Fonds ein.

Bei der Auswahl des Brokers zu beachten sind erstens die Kosten wie Verwaltungsgebühren und Ausschüttungsgebühren bei Dividenden, zweitens die Auswahl an Sparplänen, Fonds und Aktien und drittens die Nutzerfreundlichkeit. Mein persönlicher Favorit ist *Trade Republic*, weil die App fast ganz ohne Gebühren auskommt und deutlich entspannter zu nutzen ist als die Banken mit ihren schlechten Designs und verkomplizierten Prozessen. Nachteile: Trade Republic ist nur als App nutzbar und hat bisher nur eine begrenzte Auswahl an Fondsanbietern. Für Kleinanleger ist sie aber mehr als ausreichend (mehr Anbieter unter 10jahreklueger.de).[223]

Die Eröffnung eines Depots kann je nach Anbieter etwas nerven, weil die Webseiten nicht ultimativ nutzerfreundlich gestaltet sind und einige Sicherheitsbarrieren eingebaut haben. Ich musste selbst zweimal bei meinem damaligen Broker anrufen und mir das Portal erklären lassen, weil ich nicht kapiert habe, wie es funktioniert. Am Anfang nimm dir genug Zeit, um dich in aller Ruhe zurechtzufinden.

Anschließend legst du einen ETF-Sparplan an. Das heißt, du beauftragst den Broker, zum Beispiel jeden Monat einen bestimmten Betrag in von dir ausgewählte ETFs zu investieren. In der Regel kann das Depot das Geld nicht direkt von deinem Girokonto abbuchen, weswegen du einen Dauerauftrag einrichtest und monatlich eine bestimmte Summe von deinem Girokonto bei der Bank auf das Depotkonto beim Broker überweist. Ist das Depotkonto nicht ausreichend gedeckt, wird der Auftrag nicht ausgeführt.

Und jetzt tust du – nichts. Du brauchst dein Depot nicht mehr beobachten oder bei Kursschwankungen eingreifen. Es reicht, wenn du einmal jährlich nachschaust. Zwar kannst du jederzeit auch dein Portfolio verändern, aber das ist nicht Sinn der Sache: Du möchtest ja möglichst wenig Arbeit damit haben. Und woher sollst du wissen, wann der beste Zeitpunkt ist, um genau diese oder jene Aktie zu kaufen oder zu verkaufen? Auch Börsenprofis wissen das immer erst in der Rückschau, wenn sie ehrlich sind.

»Kaufen Sie Aktien, nehmen Sie Schlaftabletten und schauen Sie die Papiere nicht mehr an. Nach vielen Jahren werden Sie sehen: Sie sind reich.«

André Kostolany, Börsenlegende (†1999)

Wie setzt sich ein gutes Portfolio zusammen?

Dein Portfolio besteht aus einem Sicherheitsbaustein mit risiko-armen, dafür nicht renditestarken Anlagen und einem Rendite-baustein mit renditestarken, aber riskanteren Anlagen.

Als Sicherheitsbaustein bietet sich Festgeld an. Das heißt, du deponierst einen fixen Geldbetrag über zum Beispiel ein oder zwei Jahre, im Austausch für einen festen Zinssatz. Möglich ist auch Tagesgeld: Dort kannst du dein Geld mit einem Tag Verzug abheben und bekommst minimal höhere Zinsen als beim Giro-konto.[224] Gute Anbieter findet man auf finanztip.de. Der Sinn und Zweck ist hier keine hohe Rendite, sondern Sicherheit plus bestmöglicher Inflationsausgleich.

Als etwas komplexere Alternative kannst du auch Anleihen nutzen, die auch Bonds, Renten, Schuldverschreibungen oder festverzinsliche Wertpapiere heißen.[225] Das Prinzip dabei: Der Anleger leiht einem Staat oder Unternehmen Geld und erhält dafür nach einer bestimmten Laufzeit einen zuvor festgelegten Zins. Staatsanleihen sind derzeit kaum noch profitabel, daher lohnt sich für Kleinanleger der Aufwand im Vergleich zum simp-len Festgeld normalerweise nicht. Wenn du dennoch in Anleihen investieren möchtest, sind kurz- und mittelfristige Staatsanleihen mit höchster Bonität in heimischer Währung, also Euro, die erste Wahl. Etwas riskanter, dafür auch renditestärker, sind Anleihen liquider Unternehmen mit starker Bonität. Da es beim Sicher-heitsbaustein aber eben um Sicherheit geht und nicht um starke Rendite, würde ich davon eher abraten.

Der Renditebaustein aus Aktien(-fonds) ist für den Gewinn zuständig. Eine Aktie ist ein Anteil an einem Unternehmen. Dabei wird der Aktionär zum Mitinhaber des Unternehmens und an dessen Gewinnen beteiligt. Aktien fluktuieren zwar kurzfristig mitunter stark und sind riskanter, versprechen aber im Austausch höhere Renditen. Je jünger du bist, desto weniger brauchen dich Kursschwankungen kümmern, denn über lange Zeit werden auch tiefe Einbrüche mehr als wettgemacht. Mit steigendem Alter sollte man vorsichtiger werden, denn dann kann man nicht mehr geduldig warten, bis sich die Finanzmärkte wieder erholt haben.

Die beiden Bausteine können in etwa so gewichtet sein: dein Alter als Prozentsatz in risikoarme Anlagen (Sicherheitsbaustein), der Rest in renditestarke Aktienindizes (Renditebaustein). Wenn du zum Beispiel 23 Jahre alt bist, steckst du 23 Prozent in risikoarme Anlagen wie Anleihenindizes, Festgeld oder Tagesgeld und 77 Prozent in stärker schwankende, aber renditestarke Aktienindizes. Die Formel ist eine gute Faustregel, aber nicht in Stein gemeißelt. Je nachdem, wie du persönlich mit Risiko umgehen kannst, können sich diese Anteile auch verschieben. Wer den Stress durch das Auf und Ab der Aktienmärke nicht scheut und das Geld erst im Alter braucht, der kann auch einen höheren Prozentsatz in Aktien investieren. Je mehr du in Aktien investierst, desto stärker musst du bereit sein, auch heftige Kursschwankungen zu verschmerzen und dich nicht aus der Ruhe bringen zu lassen. Am Ende musst du selbst entscheiden.

Es gibt so viele ETFs – welche sind die besten?

An der deutschen Börse sind etwa 1.500 ETFs registriert. Für Finanznerds mag das ein Eldorado sein, normale Menschen stehen vor einem großen Wirrwarr. Den einen besten Fond gibt es sowieso nicht: Denn niemand kennt die Zukunft. Trotzdem gibt es ein paar Faustregeln:

▶ **breit streuen:** über viele Branchen hinweg – nicht einzelne vermeintliche Zukunftsbranchen herauspicken und übergewichten, auch wenn deren strahlende Zukunft noch so plausibel erscheint.

▶ **global streuen:** über viele Länder hinweg – nicht einzelne Länder favorisieren, nur weil diese so wachstumsstark scheinen.

▶ **wenige Fonds statt Wirrwarr:** Wer viele Fonds hat, lässt sich leichter zum »Rumspielen« verleiten und verliert den Überblick.

▶ **geringe Gebühren** von (deutlich) unter 0,5 Prozent, erkennbar an der »Total Expense Ratio« (TER), also der Gesamtkostenquote.

▶ **fest etabliert** (mindestens vier Jahre alt) und zumindest einigermaßen großes Volumen (etwa 200 Millionen Euro Fondsgröße).

▶ **thesaurierend:** Der ETF sollte die Gewinne »thesaurieren«, also automatisch einbehalten und reinvestieren. Die Alternative dazu wäre ausschüttend, also ein Fonds, der dir die Dividenden regelmäßig auszahlt – aber du willst ja kein laufendes Einkommen, sondern eine passive Geldanlage, um den Zinseszinseffekt zu nutzen. Um Steuern zu sparen, kann es allerdings sinnvoll sein, am Anfang zuerst ausschüttende Fonds zu wählen und erst im Laufe der Zeit thesaurierende Fonds hinzuzunehmen. So reizt man den Steuerfreibetrag für Kapitaleinkünfte optimal aus.

Der MSCI World deckt diese Kriterien am besten ab. Schon dieser eine Indexfonds reicht für Einsteiger völlig aus. Er umfasst rund 1.600 Konzerne aus 23 Industrieländern. Ein Schwerpunkt liegt auf den USA, auch wenn der Titel eine globale Gleichverteilung andeutet. Allerdings sind diese Unternehmen zwar in den USA basiert, agieren und investieren aber weltweit und damit auch in Schwellenländern (Emerging Markets), die formal gesehen vom MSCI World nicht erfasst sind.

Die breite Verteilung sichert eine gute Balance: Geht es einem Unternehmen schlecht, geht es anderen Unternehmen gut, insgesamt zeigt der Kurs auf lange Sicht nach oben. Verschiebt sich der Börsenwert einzelner Unternehmen oder steigen einzelne Schwellenländer zu Industrienationen auf, wird der Index regelmäßig entsprechend angepasst. Das geschieht nach einem transparenten, feststehenden Regelwerk. Wie andere ETFs ist auch der MSCI World also kein starres Gebilde, sondern hält sich selbst aktuell und passt sich immer automatisch an die Gewinner an.

Wer höhere Beträge investiert, kann weitere Fonds hinzufügen, denn eine breitere Streuung reduziert das Risiko und erhöht die Renditechancen. Der MSCI Emerging Markets (EM) ist eine optimale Ergänzung: Er bildet knapp 1.400 Konzerne aus momentan 27 Schwellenländern ab. Dazu zählen Länder wie Brasilien, Russland, Indien, China oder Südkorea. Keine Armenhäuser also, sondern aufstrebende Nationen.

Der MSCI All Countries World Index (ACWI) kombiniert den klassischen MSCI World und den MSCI Emerging Markets und deckt fast 3.000 Aktien aus 23 Industrie- und 27 Schwellenländern ab. Er ist eine gute Alternative, allerdings häufig mit etwas höheren Verwaltungsgebühren.

Ähnliche Indizes bietet der Konkurrenzindex FTSE (ausgesprochen: »futsi«), nämlich den FTSE Developed World (analog zum MSCI World), den FTSE Emerging Markets und den FTSE All World. Diese drei ETFs sind ideale Alternativen und stehen MSCI um nichts nach.

Lass dich nicht davon verwirren, dass es mehrere Anbieter von ETFs gibt. Ob du beispielsweise den MSCI World von Vanguard kaufst (einem Pionier für Indexfonds), von iShares (dem Marktführer der umstrittenen Investmentgesellschaft BlackRock) oder von Lyxor, Xtrackers oder anderen, ist aus Kleinanlegersicht nachrangig. Hauptsache, der Anbieter erhebt geringe Gebühren. Auf Webseiten wie *justetf.com* kannst du Fonds hinsichtlich ihrer Kosten, Rendite und anderer Kennzahlen vergleichen.

BEISPIELE FUER ETFS

- ▶ MSCI World: circa 1.600 große Unternehmen aus 23 Industrieländern;
- ▶ MSCI Emerging Markets: knapp 1.400 große Unternehmen aus 27 Schwellenländern;
- ▶ MSCI All Country World (ASCI): fast 3.000 Unternehmen aus 23 Industrieländern und 27 Schwellenländern, wobei der Anteil der Industrieländer etwa 86 Prozent beträgt;
- ▶ MSCI World Small Cap: kleine Unternehmen aus Industrieländern (wobei »klein« hier relativ zu sehen ist: kleiner als globale Konzerne, aber größer als deutsche Mittelständler);
- ▶ MSCI World Socially Responsible (SRI): Unternehmen, die sich in ihrer Branche durch (zumindest etwas besseres) ökologisches und soziales Wirtschaften hervortun;
- ▶ DAX: die 40 größten Unternehmen in Deutschland (bis 2021: die 30 größten Unternehmen);
- ▶ NASDAQ-100: 100 große, fast ausschließlich US-amerikanische Technologiefirmen;
- ▶ Dow Jones: Auswahl von 30 großen US-Konzernen;
- ▶ S&P 500: die 500 größten Börsenkonzerne der USA;
- ▶ FTSE MTS Highest Rated Macro-Weighted Government Bond Index 1-3 Years: kurzfristige Staatsanleihen mit höchster Bonität;
- ▶ Iboxx Sovereigns Eurozone: Staatsanleihen der Euro-Zone;
- ▶ Iboxx Eur Liquid Corporates: Anleihen bonitätsstarker Unternehmen aus der Euro-Zone.

Achtung: Das sind keine Empfehlungen, sondern nur Beispiele.

Wie viele ETFs brauchst du?

Für fünfstellige Beträge reichen zwei ETFs: der MSCI World ergänzt um den MSCI World Emerging Markets oder stattdessen nur den MSCI All Country World (Alternative: die entsprechenden Indizes von FTSE). Dein Portfolio kannst du zum Beispiel zu 70 Prozent in den MSCI World legen und zu 30 Prozent in den MSCI Emerging Markets.[226] Es kommt dabei aber nicht auf 1 oder 2 Prozentpunkte Unterschied an.

Eine solche breite Diversifikation schaffst du mit keiner anderen Kombination von Aktienfonds. Kaufst du darüber hinaus weitere Fonds ein, führt das meist zu Doppelungen und »Klumpenrisiko« (also einer höheren Gewichtung einzelner Werte, was das Verlustrisiko erhöht) und häufig zu höheren Gebühren bei Kauf und Verkauf. Mehr ETFs bringen also kaum bis keinen Mehrwert.

Mit mehr Erfahrung und höheren Summen kannst du immer noch dein Depot erweitern, zum Beispiel um Small Caps. Lass dich aber nicht von Nischenprodukten oder Spezialfonds ablenken – es gibt eine ganze Flut davon, seien es Themenfonds wie »Global Clean Energy« oder Länderfonds auf Japan oder Polen. Sonst nutzt du zwar ETFs als Instrument, verfolgst aber faktisch eine aktive Strategie – und die ist, wie wir wissen, selten erfolgversprechend.

Was ist der Home Bias, und warum sollte man ihn vermeiden?

Viele Anleger tendieren dazu, in den heimischen Markt zu investieren, in Deutschland also in den hiesigen Aktienindex DAX. Dieser »Home Bias« ist eine riskante Anlagestrategie. Denn der DAX beinhaltet nur 40 Unternehmen (bis 2021: 30 Unternehmen) aus einem einzigen Land, was alles andere als eine breite Streuung ist! Außerdem verpasst man die wahnsinnigen globalen Wachstumschancen, wenn man sich nur auf Deutschland beschränkt. Der DAX blieb daher nicht grundlos in den letzten Jahrzehnten deutlich hinter anderen Indizes zurück.[227]

Market Timing: Wann ist ein guter Zeitpunkt, um einzusteigen?

Niemand kann in die Zukunft blicken: Weder den Terroranschlag von 9/11, noch die Bankenkrise, noch die Corona-Pandemie hat irgendeiner der üblichen Crashpropheten vorhergesagt. Die Crashpropheten sagen ständig den Crash voraus, und einmal alle zehn Jahre haben sie dann mal Recht. Damit lassen sich super angstmachende Bücher und überteuerte Fonds an das nervöse Volk verkaufen. Aber darauf sollte man nicht reinfallen. Auch eine kaputte Uhr zeigt zweimal am Tag die richtige Zeit an.

Von vermeintlichen Wahrsagern darf man sich nicht beeindrucken lassen, sondern sollte in einem ruhigen Moment ohne Angst, Stress oder Gier seine langfristige Finanzplanung kalkulieren.

Market Timing, also das Jagen nach dem vermeintlich besten Einstiegszeitpunkt, funktioniert nur mit Glück. Es ist unmöglich, im Voraus den besten Einstiegszeitpunkt zu kennen (und ebenso wenig den besten Verkaufszeitpunkt). Daher gilt: *Time beats timing!* Warte nicht auf den richtigen Zeitpunkt, sondern investiere jetzt – je früher, desto besser! Als Neuanleger kannst du wenig falsch machen: Wer ausgerechnet auf dem Höchststand der Börse beginnt, kann langfristig kaum verlieren, weil über einen langen Zeitraum die Verluste mehr als ausgeglichen werden. Wer dagegen in der Talsohle beginnt, kann sich umso mehr über sein Glück freuen. Falsch wäre, auf den nächsten Crash zu warten, um dann günstig einzusteigen – denn dann profitiert man bis dahin überhaupt nicht. Der beste Zeitpunkt, um in die Geldanlage einzusteigen, war immer mit der Geburt. Der zweitbeste ist genau jetzt.

Klar: Idealerweise kauft man nicht, wenn die Aktien in die Höhe schießen – sondern, wenn gerade sonst keiner Aktien kauft und daher die Preise niedrig sind. *Buy low, sell high.* Billig kaufen, teuer verkaufen. Der Börsencrash im Lockdown-Frühjahr 2020 war daher ein idealer Zeitpunkt für Neuanleger – und ein ebenso idealer Zeitpunkt für Altanleger wie mich, um die Investment-raten nochmal zu erhöhen. Sobald der Wirtschaftsmotor wieder brummt und die Aktienpreise klettern, kann man die Investment-rate wieder senken (oder sie einfach auf dem Niveau weiterlaufen lassen, wenn man es sich leisten kann). Das Dümmste wäre, aus-gerechnet während eines Crashs das Muffensausen zu bekommen und aus Angst überstürzt seine Fonds mit Verlust zu verramschen. Besser ist: abwarten und Tee trinken.

Auch in der Krise tastet man sein Depot nicht an, sondern hält die Aktien und wartet ab, bis sich die Wirtschaft wieder erholt. Es gilt das Prinzip des Buy & Hold: Kaufen und halten. Dafür muss man wortwörtlich gar nichts tun. Das erfordert nichts – außer starke Nerven.

BEISPIEL

Im Corona-Crash im Frühjahr 2020 erlebte mein Depot einen gnadenlosen Rutsch. Ich tat – nichts. Wenige Monate später bewegten sich die Kurse wieder im grünen Bereich. Ein Jahr später waren sie so weit oben wie nie zuvor. Pech hatten die-jenigen, die ihre Aktien aus Angst verkauften: Sie haben Ver-lust gemacht.

Stock Picking: Soll ich einzelne Aktien kaufen?

Tesla, Zoom, Amazon: Einzelne Unternehmen haben ein spekta-kuläres Wachstum hingelegt. Wer früh genug dabei war, konnte Aktien zum Spottpreis kaufen und ein paar Jahre später ein Ver-mögen daraus machen. Ist es also nicht lukrativer, die Zukunfts-aktien herauszupicken, als stur in passive Indexfonds zu investieren?

Wer »Stock Picking« betreibt, wählt erfolgversprechende Ak-tien aus, anstatt breit zu diversifizieren. Damit will er mehr Rendite machen, als es eine passive Strategie hergibt. Aber: Im Voraus zu wissen, wer die Gewinner der Zukunft sein werden, ist ein Ding der Unmöglichkeit. Sonst wüssten es ja schon alle. Du kannst viel gewinnen, aber auch viel verlieren – es ist eine Wette, eine Spekulation, keine solide Anlage. Wer ständig kauft und verkauft, immer auf der Jagd nach dem besten Timing für die besten Aktien, treibt nur die Kosten hoch und die Rendite runter.

Klar, diese Wette kann auch funktionieren. Und auch ich selbst ergänze mein Portfolio um einige Aktien verschiedener US-amerikanischer und chinesischer Plattform- und Technologiekonzerne, obwohl das nicht der »reinen Lehre« des passiven Investierens entspricht. Ich tue das vor allem für die mentale Gelassenheit: Ich brauche ein ruhiges Gewissen, wenigstens dabei gewesen zu sein, um nicht zuschauen zu müssen, wenn andere auf das richtige Pferd gesetzt haben.

Ob ich selbst aber die richtige Wette eingegangen bin, das weiß ich heute noch nicht. Ich glaube zwar fest daran, dass digitale Plattformen die Zukunft sind. Aber werden es tatsächlich genau diese rund 30 Unternehmen sein, deren Aktien ich besitze? Wie lange hält die Goldgräberstimmung? Keiner weiß es. Schon x-mal wurden in der Vergangenheit vermeintliche Zukunftsbranchen und Investmenthoffnungen gehandelt, die dann tief gestürzt sind.

Die Tesla-Aktie ist zwar durch die Decke gegangen – und viele Aktionäre rühmen sich daher für ihre weise Voraussicht. Doch dieser Turbomodus war alles andere als klar. Mehrmals stand Tesla vor dem Bankrott, einmal sogar wortwörtlich drei Tage (!) vor der Pleite.[228] Dann hätten Anleger alles verloren. Vor 20 Jahren waren Nokia, Telekom und die Deutsche Bank starke Firmen mit einer vermeintlich blühenden Zukunft. Heute sind die Aktien nur noch ein paar Krümel wert.

Sagen wir, ich hätte auf das deutsche Vorzeige-Finanzstartup Wirecard gesetzt: Wer hätte vor dem Sommer 2020 geahnt, dass dort »versehentlich« 2 Milliarden Dollar verschwunden sind?[229] Über Nacht wurde die erfolgreiche Aktie zu einem Schrottpapier.

Man hätte das natürlich vorher wissen können – theoretisch. Schon 2018 machten Gerüchte um Betrug bei Wirecard die Runde. Doch gerade da war sich Fondsmanager Dirk Müller aka »Mr. Dax« ganz sicher: »Die Aktie war zwischendurch in allen möglichen Medien totgeschrieben: Oooh, die gehen pleite, und was weiß ich was alles. Der Skandal war, dass ein Skandal gemacht wurde, der keiner war! Gott sei Dank haben wir unsere Hausaufgaben selbst gemacht und nicht nur irgendwelche Zeitungen gelesen. Wir haben das Unternehmen bis ins letzte Detail überprüft, bis in die letzte Fußnote. Das ist sauber.«[230] Das passiert also, wenn Börsenexperte Dirk Müller seine Hausaufgaben macht und ein Unternehmen »bis ins letzte Detail« prüft. Angeblich hat er kurz vor dem Crash noch alles verkauft. Der Rendite hat das nicht geholfen: Seit seiner Auflage im Jahr 2015 bis April 2021 verlor der »Dirk Müller Premiumfonds« 9,7 Prozent. Abzüglich deftiger Gebühren.[231]

> »It is clear that for the large majority of individual investors, taking a shower and doing nothing would have been a better policy than implementing the ideas that came to their minds. ... few stock pickers, if any, have the skill needed to beat the market consistently, year after year.«
>
> *Daniel Kahneman, Wirtschaftsnobelpreisträger*[232]

> »Could I have anticipated Amazon's success or the success of ten others? No, I couldn't, but also I don't have to.«
>
> *Warren Buffett, Investorenlegende*[233]

Grundsätze des Investierens

▸ **kein Market Timing betreiben:** keine Jagd nach dem vermeintlich besten Einstiegszeitpunkt

▸ **kein Stock Picking betreiben:** keine Jagd nach den vermeintlich besten Aktien

▸ **Buy Low, Sell High:** Im Crash nicht verkaufen, sondern nun erst recht kostengünstig dazukaufen

▸ **Buy & Hold:** Kaufen und halten

Warum ist der Zinseszinseffekt so enorm wichtig?

Wenn du Geld anlegst und darauf Zinsen (bei Aktien: Rendite) erhältst, werden die Erträge daraus im langfristigen Mittel Jahr für Jahr größer – und zwar nicht linear, sondern exponentiell – wie bei einer Viruspandemie, die harmlos beginnt, aber bei exponentiellen Ansteckungsraten bald die ganze Bevölkerung infizieren würde.

Beispiel: Du legst 1.000 Euro an und erzielst eine Rendite von konstant 10 Prozent pro Jahr (realistisch sind eher 7 Prozent im langfristigen Mittel, aber hier nur als vereinfachtes Beispiel). Im ersten Jahr ergibt das 100 Euro Rendite auf den Startbetrag von 1.000 Euro. Im zweiten Jahr ist dann aber der angelegte Betrag bereits auf 1.100 Euro gewachsen – und daher fällt auch die Rendite höher aus, nämlich 110 Euro statt nur 100 Euro im Vorjahr. Das wiederholt sich jedes Jahr und potenziert sich selbst.

Je früher man mit dem Investieren beginnt, desto mehr schlägt der Zinseszinseffekt durch. Und nur er ermöglicht, ohne weiteres Zutun wirklich reich zu werden. Daher: So viel und so früh wie möglich investieren! Nicht Sparen macht reich, sondern der Zinseszinseffekt.

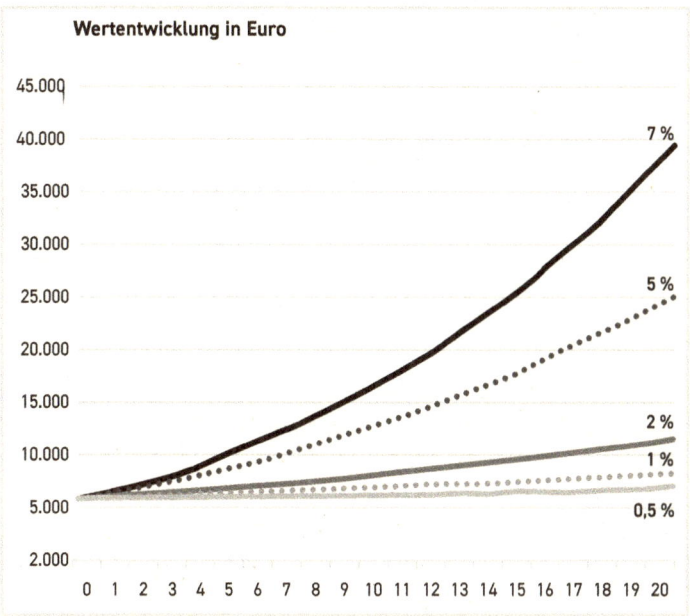

Wertentwicklung in Euro

Der Zinseszinseffekt: Aus 10.000 Euro werden binnen 20 Jahren wie durch Zauberhand 25.000 Euro – bei einem Zins von 5 Prozent. Eigene Darstellung nach Zinsen-berechnen.de.

»The biggest thing in making money is time. You don't have to be particularly smart. You just have to be patient.«

Warren Buffett, Investorenlegende[134]

Warum sollte man Gebühren unbedingt vermeiden?

Jeder Berater, der dir einen Fonds mit teuren Gebühren andrehen will, weil der angeblich so viel besser performen würde, will dich verarschen. Das ist eine Legende, die Finanzberater gerne erzählen, die aber nachweislich falsch ist. Oft erheben Fondsmanager einen Ausgabeaufschlag von 5 Prozent, der von einer Anlagesumme von 10.000 Euro im Jahr sofort 500 Euro abzieht. Der Manager gewinnt, du verlierst.

Die sogenannte Gesamtkostenquote (Total Expense Rate, TER) sollte bei maximal 0,5 Prozent liegen, eher niedriger. Zusätzlich dazu fallen weitere Kosten an, die der Broker erhebt, wie etwa die Tradinggebühr (zum Beispiel 1 Euro pro Kauf oder Verkauf) oder der Ausgabeaufschlag (bei ETFs normalerweise 0 Prozent, also gebührenfrei). Insofern ist der Begriff »Gesamtkostenquote« etwas irreführend, weil darin nicht alle Kosten enthalten sind, aber es handelt sich dennoch um einen brauchbaren Indikator.

Geringe Gebühren klingen vernachlässigbar – was sind schon 1 oder 2 Prozent? –, aber selbst solche vermeintlich kleinen Beträge entfalten auf lange Sicht und bei wachsenden finanziellen Summen eine enorme Wertentwicklung. Genauso, wie der Zinseszinseffekt deine Gewinne vermehrt, schlägt derselbe Effekt auch umgekehrt bei den Gebühren zu – nur eben negativ. Über mehrere Jahrzehnte kann sich der Kostenunterschied von nur einem Prozentpunkt auf Zehntausende Euro summieren – das ist dein Geld, das dann nicht mehr dir gehört, sondern den Bankern und Managern. Wähle daher Broker und Fonds mit geringen Gebühren.

BEISPIEL

Bei einem Date kamen wir zufällig auf das Thema der privaten Finanzplanung. In dem Moment öffnete sie die zweite Flasche Wein und drückte mir einen dicken Ordner in die Hand: »Was sagst du zu meinen Investments?« Ihr Berater, ein Freund ihres Onkels, hatte ihr aktive Fonds mit teuren Gebühren aufgeschwatzt, die zudem schlechter performten als der MSCI World. Ein doppeltes Minusgeschäft. Kaum hatte sie die Sparpläne pausiert, meldete sich sogleich die Bank, erkundigte sich nach den Gründen und bot sofort an, den Ausgabeaufschlag von 5 Prozent zu erlassen. Zum Glück ließ sie sich auch davon nicht überreden und stellte den Vertrag ruhig.

Wie riskant sind ETFs?

Wer langfristig sein Geld anlegt und nicht bei jedem Schluck-auf an den Finanzmärkten angsterfüllt verkauft, geht mit global diversifizierten ETFs wenig Risiko ein. Es wird immer zu Krisen kommen, aber bisher hat die Weltwirtschaft jede Krise überwunden und die Kurse standen danach höher als davor. Ich habe selbst erst die Corona-Krise hinter mir und einen tiefen Einbruch verkraftet – und kann mich heute umso mehr freuen, dass ich nicht panisch wurde und mein Depot nach dem Crash einen neuen Höchststand erreichte.

Die historischen Daten zeigen: Ein kühler Kopf zahlt sich aus. Hätte mein früheres Ich im Jahr 1900 einen Dollar in einen globalen Fonds investiert, der dem allgemeinen Markttrend folgte, hätte ich im Jahr 2017 daraus 12.877 Dollar gemacht, und zwar einschließlich Berücksichtigung der Inflation – trotz zwei Weltkriegen und globaler Krisen jeder Art und jeden Ausmaßes. Hätte ich ein volles Jahrhundert später, im Jahr 2000, jeden Monat 100 Euro im MSCI World angelegt, hätte ich 15 Jahre später einen satten Gewinn von über 14.000 Euro erzielt – das ist eine Rendite von über 7 Prozent, trotz Dotcom-Crash, 9/11 und Bankenpleiten. Hätte ich mitten in der Finanzkrise 2009 meine Geldanlage gestartet, dann hätte ich zehn Jahre später mein Geld sogar verdreifacht.[235] Von 1975 bis 2020 erzielte der MSCI World im Schnitt eine Rendite von durchschnittlich 9 Prozent pro Jahr und machte in keiner einzigen 15-Jahres-Periode einen Verlust, egal, ab welchem Jahr man zu messen beginnt.[236] Man muss nur durchhalten. Die Zeit frisst das Risiko auf. Der lange Atem zahlt sich aus.[237] [238]

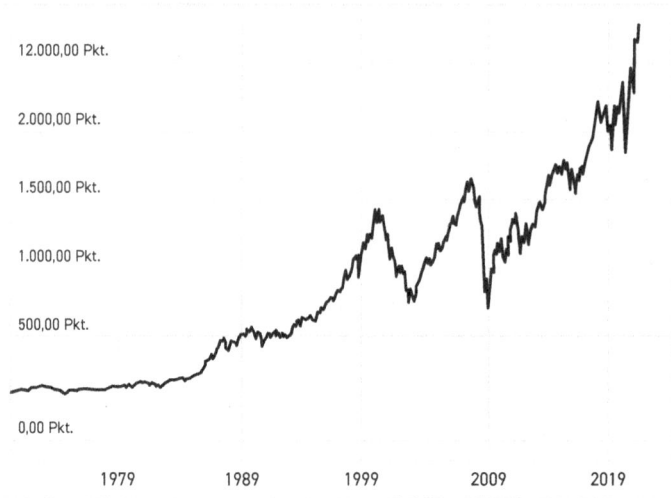

Zeit frisst Risiko: Entwicklung des MSCI World (1968-2021). Eigene Darstellung nach onvista.[239]

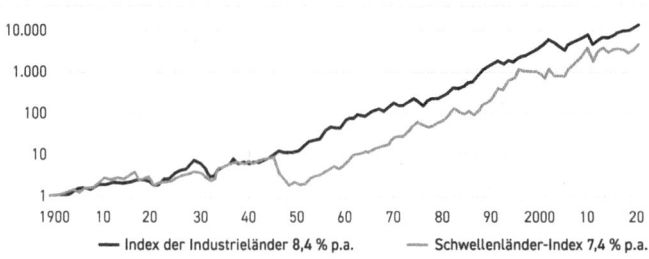

Langer Atem: Entwicklung der Renditen in Schwellen- und Industrieländern (1900-2017). Eigene Darstellung nach Credit Suisse Global Investment Returns Yearbook 2018.[240]

Der Finanzmarkt schwankt, und manchmal fallen die Ausschläge heftiger aus, als uns geheuer ist. An diesen Gedanken muss sich jeder Anleger gewöhnen, bevor er investiert. Die größte Gefahr ist es, in emotional überwältigenden Situationen schlechte Entscheidungen zu treffen.

Lerne deine Risikobereitschaft kennen. Fang mit kleinen Beträgen an, und erhöhe deine Anlage, sobald du dir sicher dabei bist. Gehe nur so hohe Risiken ein, wie du vertragen kannst – sowohl emotional als auch finanziell. Werde nicht gierig, nur weil andere gerade Bitcoin-Millionäre geworden sind (mehr zu Kryptowährungen im Abschnitt »Bitcoin«). Leg nur das Geld an, das du in den nächsten zehn Jahren nicht benötigst, und behalte dir einen Notgroschen für drei bis sechs Monate. Investiere nie spontan, sondern nur mit System: überlegt und langfristig. Nicht so cool wie Leonardo DiCaprio in *Wolf of Wallstreet*. Aber dafür kann man wenigstens ruhig schlafen.

> »I tell people investing should be dull. It shouldn't be exciting. Investing should be more like watching paint dry or watching grass grow. If you want excitement, take $800 and go to Las Vegas.«
>
> *Paul Samuelson, Wirtschaftsnobelpreisträger*[41]

Ist ein monatlicher Sparplan besser als ein Einzelinvestment?

Was zahlt sich mehr aus: die gesamten Ersparnisse auf einen Schlag zu investieren oder schrittweise Monat für Monat in einem Sparplan anzulegen?

Grundsätzlich gilt die Faustregel: je früher und umfangreicher, desto besser. Ich halte es dennoch vor allem psychologisch für klug, seine Geldanlage als monatlichen Sparplan anzulegen statt als großes Einmal-Investment. Der Grund: Kommt unerwartet eine Rezession, hat man bei einem Einmal-Investment teuer eingekauft und muss lange warten, bis die Verluste wieder eingefahren sind – für die Nerven ist das eine Achterbahnfahrt.

Den »optimalen« Einstiegszeitpunkt gibt es ohnehin nicht: Auch ohne Krise fluktuieren die Preise von Tag zu Tag. Die Schwankungen sind kaum bis gar nicht vorhersehbar, nicht einmal für Börsenhändler und erst recht nicht für Laien. Mit einem monatlichen Sparplan gleicht man die Schwankungen aus: Über die Zeit kauft man mal bei höheren, mal bei niedrigeren Kursen ein, und reduziert damit das Risiko, zufällig einen ungünstigen Zeitpunkt zu erwischen. Das schont die Nerven.

Wer viel Geld auf dem Konto liegen hat und anlegen möchte, kann ein Kombimodell fahren: die ersten etwa fünf bis zehn Sparraten hoch ansetzen, anschließend reduzieren und die so gesenkte Sparrate als Dauerauftrag weiterführen.

Was ist Rebalancing?

Wenn du zum Beispiel den MSCI World und den MSCI Emerging Markets im Portfolio hast und mit einer Gewichtung von 70 Prozent zu 30 Prozent startest, verschiebt sich diese Gewichtung mit der Zeit, weil der eine Index stärker zulegt als der andere. Mit Rebalancing gleichst du diese Verschiebung wieder aus und stellst die ursprünglich angestrebte Balance wieder her, um möglichst exakt den Weltmarkt nachzubilden und deine Strategie konsequent anzuwenden. Dazu kaufst du von den zurückgebliebenen Fonds einmal im Jahr etwas mehr nach als üblich. Das muss nicht auf die Nachkomma-Stelle exakt sein – vor allem bei kleineren Anlagesummen sollte man sich also vom Rebalancing nicht stressen lassen.

Wie viel sollte ich anlegen?

Frag dich selbst: Welches Vermögen habe ich momentan? Und wie hoch ist mein Wunschvermögen: Wann möchte ich welches Vermögen erreicht haben, um dauerhaft auf welchem Einkommensniveau davon leben zu können? Wie viel muss ich investieren, um dorthin zu gelangen? Diese Zahlen sind deine Strategie. Ohne sie ist deine Anlage nur ein zielloses Sparen, und du weißt nie, wann du am Ziel angelangt bist. Erst wenn du für dich selbst definierst, was finanzielle Absicherung oder finanzieller Reichtum für dich bedeutet, hast du ein klares Ziel vor Augen, für das es sich zu kämpfen lohnt. (Wie du Ziele formulierst, kannst du im Abschnitt »Wie man echte Ziele setzt« im Kapitel »Smart Work beats Hard Work« nachlesen.)

Wie viel muss man anlegen, um sich dank seiner Investitionen in die finanzielle Unabhängigkeit zu verabschieden und gar nicht mehr arbeiten zu müssen, wenn man nicht will? Das kommt drauf an,

▸ wie viel man spart,
▸ wann man damit beginnt,
▸ ab wann man davon leben will und
▸ wie hoch dann das monatliche Einkommen sein soll.

Als Faustregel gilt: Man muss 25-mal sein gewünschtes Jahreseinkommen investiert haben, um dauerhaft davon leben zu können. Ist dieser Punkt erreicht, reichen die Erträge aus, indem man jährlich bis zu 4 Prozent (= ein Fünfundzwanzigstel) der ersparten Summe entnimmt (4-Prozent-Regel). Diese Entnahme funktioniert dauerhaft, also prinzipiell in alle Ewigkeit, weil sich das Vermögen zugleich weiter vermehrt.[242] Trotz methodischer Kritik (zum Beispiel an der Annahme einer statischen Entnahmerate, wobei man in Wirklichkeit mal mehr, mal weniger braucht) eignet sich diese 4-Prozent-Regel gut als Orientierungshilfe.

Sagen wir, mein Ziel lautet, allein von meinem Vermögen leben zu können und monatlich 4.000 Euro an Einkommen daraus zu entnehmen (minus überschlagsmäßig 25 Prozent Abgeltungssteuer, also 3.000 Euro netto). Dann muss ich 1,2 Millionen Euro angespart haben, um vollständig davon leben zu können (4.000 Euro x zwölf Monate x 25). Dafür muss ich über 30 Jahre und bei einem Zinssatz von 7 Prozent monatlich 1019,97 Euro einzahlen.

Die *Wirtschaftswoche* hat einige Modellrechnungen vorgelegt: Wer mit 30 Jahren anfängt, jeden Monat 676 Euro zurückzulegen, der kann sich im Alter von 67 Jahren über ein monatliches Zusatzeinkommen von 1.000 Euro freuen (netto, nach Kosten, und in heutiger Kaufkraft, also unter Berücksichtigung der Inflation). Das ist vorsichtig gerechnet, da eine Rendite von nur 5 Prozent angenommen wurde. Seit 1960 war es aber ununterbrochen immer so, dass jemand, der 15 Jahre einzahlte und später 25 Jahre lang gleich hohe Summen entnommen hat, eine Rendite von 6 Prozent bis 10 Prozent erzielte (vor Steuern und Kosten). Das Modell ist also durchaus realistisch.[243]

Wer ein höheres Einkommen erzielen oder früher davon leben können möchte, muss entsprechend mehr sparen. Um beispielsweise mit 50 in Rente gehen können, wenn man dabei jeden Monat 2.500 Euro braucht (in heutiger Kaufkraft), muss man ab einem Alter von 30 Jahren monatlich 3.081 Euro zurücklegen.[244]

Nötige monatliche Sparrate nach Höhe der Zusatzrente und Sparbeginn

Gewünschte Zusatzrente ab 67 Jahren	Sparbeginn (Alter)			
	20 Jahre	30 Jahre	40 Jahre	50 Jahre
500	259	338	471	753
1.000	518	676	942	1.506
2.000	1.037	1.352	1.884	3.012

Zusatzrente von 67 bis 100 Jahren, in Euro. Sparbeträge gerundet. Lesehilfe: Wer zwischen 30 und 67 Jahren monatlich 676 Euro zurücklegt, kann bei 5 Prozent Rendite im Ruhestand bis zu seinem 100. Geburtstag monatlich 1.000 Euro Zusatzrente kassieren. Annahmen: 2 Prozent Inflation, Zusatzrente steigt mit Inflation, Sparrate bleibt nominal gleich hoch; 26,375 Prozent Abgeltungssteuer auf angenommene 5 Prozent Bruttorendite (nach Kosten) im Sparplan. Quelle: Wirtschaftswoche, Nr. 19 vom 4.5.2018.

Rente ab 50 nach Rendite und Sparbeginn

Die folgende Tabelle zeigt die nötige monatliche Sparrate für einen Auszahlbetrag von 2.500 Euro im Monat ab 50 Jahren (bis zu einem Alter von 100 Jahren).

Sparbeginn (Alter)	20 Jahre	30 Jahre	40 Jahre
Rendite	Erforderlicher Sparbetrag im Monat		
3 Prozent	3.411	4.728	8.705
5 Prozent	2.035	3.081	6.156
7 Prozent	1.251	2.084	4.534

Lesehilfe: Wer mit 30 Jahren beginnt, 3.081 Euro im Monat zu sparen, ist bei 5 Prozent Rendite mit 50 reif für den Ruhestand: Sein Vermögen reicht dann für einen monatlichen Auszahlbetrag von 2.500 Euro, gerechnet in heutiger Kaufkraft – zumindest bis zum 100. Geburtstag.

Annahmen: 2 Prozent Inflation, gesetzliche Rente ab 67 Jahren von brutto 1.550 Euro (Einzahlung bis 50 Jahre), Rente steigt mit Inflationsrate, 20 Prozent Steuern auf die Rente, 26.375 Euro Abgeltungssteuer auf Kapitalerträge, Sparraten bleiben bis zum 50. Lebensjahr nominal gleich hoch, Auszahlbetrag von 2.500 Euro bei heutiger Kaufkraft und steigt mit Inflation.

Quelle: Wirtschaftswoche, Nr. 1/2 vom 5.1.2018

Wie hoch soll meine Reserve sein?

Als Reserve wird ein jederzeit verfügbarer »Notgroschen« von drei bis sechs Monatsgehältern empfohlen, den man zum Beispiel auf dem Tagesgeldkonto behält. Wer mental mehr Sicherheit braucht, kann die Reserve beispielsweise auf zwölf Monatsgehälter erhöhen.

Kann ich auch in nachhaltige Unternehmen investieren?

Der Markt ist blind dafür, ob ein Unternehmen seine Rendite mit reiner Weste oder schmutzigen Geschäften einfährt. Als Anleger kann man sich unwohl fühlen, wenn man unter Umständen an Klimakillern und Kinderarbeit mitverdient. Daher sind zahllose Möglichkeiten entstanden, sein Geld mit sozial-ökologischem Gewissen anzulegen. Man muss dabei nicht einmal auf Rendite verzichten, wie eine Auswertung von über 2.000 Studien durch die Uni Hamburg ermittelte – wenn man es richtig macht.[245]

Aber so einfach ist die Sache leider nicht. Der Knackpunkt: Niemand definiert verbindlich, was das dehnbare Gummiwort »Nachhaltigkeit« genau bedeuten soll. Zwar gibt es sogenannte ESG-Kriterien für Umwelt (Environment), Soziales (Social) und gute Unternehmensführung (Governance). In der Praxis sind sie aber Interpretationssache. Bei MSCI rankt der Elektroauto-Pionier Tesla als Vorbild in Sachen Nachhaltigkeit,[246] bei FTSE dagegen abgeschlagen in den hinteren Reihen.[247] »Ist Tesla oder Exxon nachhaltiger? Kommt drauf an, wen man fragt«, gibt sich selbst das *Wall Street Journal* verwirrt.[248] »Lügen, verdammte Lügen, und ESG-Ratingmethoden«, kommentiert die *Financial Times* das Durcheinander.[249]

Für Überraschungen ist gesorgt: Wie kann es sein, dass Unternehmen wie McDonald's, Pepsi, Air France, BMW und der Ölkonzern Total in der Crème der nachhaltigsten Unternehmen der Welt auftauchen? Die Lösung des Rätsels ist der sogenannte Best-in-Class-Ansatz: Die Rankings picken sich aus einer Branche dasjenige Unternehmen heraus, das im Vergleich zum Rest der Branche am relativ vorbildlichsten handelt. Da kann es schon einmal vorkommen, dass ein Ölkonzern wie Total zu den größten Positionen in einem nachhaltigen Fonds gehört, weil Total im Vergleich zum Rest der Ölfirmen noch als das kleinste Übel angesehen wird.

Das Konzept mag durchaus seine Berechtigung haben, denn damit belohnt der Markt zumindest die Unternehmen, die sich beispielsweise durch mehr Fairness bei Lieferketten oder besonders gute Transparenzberichte hervortun. Aber als Anleger ist man dann doch erstaunt, wenn man erfährt, dass McDonald's und Pepsi zu den nachhaltigsten Unternehmen der Welt gehören sollen, oder wenn der Anteil des Öl- und Gassektors beim »nachhaltigen« Eurozonen-ETF des Anbieters UBS fast doppelt so hoch ist wie bei der konventionellen Version – ein Kollateralschaden aus der Best-in-Class-Logik.

Da erstaunt es auch nicht mehr, dass viele Nachhaltigkeitsfonds ähnlich profitabel sind wie ihre herkömmlichen Geschwister: Sie enthalten oft in etwa dieselben Unternehmen. Nur für die Umwelt oder die Menschheit gewonnen ist damit eben nichts, oder zumindest nicht viel.

Anders machen es Spezialfonds, die sich auf Unternehmen und Branchen konzentrieren, die ökologisch oder gesellschaftlich besonders wertvolle Produkte anbieten, zum Beispiel für grüne Energie oder Wasserstoff. Das klingt gut, hat aber zwei Haken: Man mag ja noch so überzeugt sein vom Klimaschutz, aber je spezieller ein Fonds ausgerichtet ist, desto höher ist das Verlustrisiko. Der Global Clean Energy ETF beispielsweise fuhr nach seiner Markteinführung erst einmal einen Verlust von 80 Prozent ein, bevor er erst seit Kurzem wieder schwarze Zahlen schreibt.[250] Dazu kommt: Viele Spezialfonds verlangen hohe Gebühren für das gute Gewissen. Der Nachhaltigkeitspionier Ökoworld beispielsweise kassiert bei seinem Standardfonds Ökovision Classic summierte Kosten von über 4 Prozent – verglichen mit um die 0,3 Prozent beim MSCI World. Das macht zwar Ökoworld reich, aber nicht dich.

Da es die perfekte Lösung nicht gibt, muss man sich mit der zweitbesten begnügen. Eine Möglichkeit ist, in den MSCI World Socially Responsible Index (SRI) zu investieren statt in den klassischen MSCI World oder ihn als Beimischung zu nehmen. Dieser Fonds schließt bestimmte kritische Branchen wie Waffen, Rüstung, Atomkraft, Alkohol, Tabak, Glücksspiel und

Agrar-Gentechnik vollständig aus. Außerdem nimmt er nur Firmen auf, die beim ESG-Nachhaltigkeitsranking eine hohe Punktzahl erreichen. Zwar gehören auch hier McDonald's und andere überraschende Kandidaten zu den größten Titeln, aber immerhin signalisiert man diesen Firmen mit dem Druck des Finanzmarkts: Ihr seid auf dem richtigen Weg. Der MSCI World SRI enthält lediglich knapp 400 Titel aus 23 Industrieländern, streut also Risiken und Gewinnchancen deutlich weniger als sein konventionelles Pendant. Er schneidet trotzdem in Sachen Rendite etwa gleichauf ab und ist damit eine brauchbare Option.[251]

Wichtiger aber ist: Spende Geld oder engagiere dich in einer Organisation oder Partei, die sich politisch für mehr Nachhaltigkeit einsetzt – wie Fridays for Future, German Zero oder die Stiftung für die Rechte zukünftiger Generationen. Damit trägst du dazu bei, die Wirtschaft nachhaltiger zu machen, was sich unmittelbar auch auf den Finanzmarkt auswirkt. Das ist wirksamer als deine private Geldanlage.[252]

Wie hoch sind die Steuern?

Kapitalerträge bis 801 Euro pro Jahr sind steuerfrei. Auf den Rest fällt bei Entnahme eine Kapitalertragsteuer von 25 Prozent an, plus eventuell Kirchensteuer und Solidaritätszuschlag. Am besten, du hinterlegst deine Steuernummer bei deinen Banken und deinem Broker, und die machen den Rest, informieren also die Finanzämter und senden dir einen Bericht für deine Steuererklärung.

Geht es auch (noch) einfacher?

Der Einstieg in ETFs kann einen überfordern, weil man sich als Neuling erst »einfuchsen« muss. Aber im Grunde ist es gar nicht so kompliziert, und wenn ich es kann, kann das jeder andere auch.

Wer sich trotzdem absolut nicht zutraut, sein Portfolio selbst zu bauen, der kann auf sogenannte Robo-Advisor zurückgreifen. Das sind Finanz-Start-ups, die das Geld ihrer Kunden mithilfe einer intelligenten Software automatisiert in ETFs anlegen. Für den Anleger ist das System denkbar einfach: Man beantwortet ein paar Fragen über seine Risikoneigung und seine finanzielle Situation, legt fest, wie viel man einzahlen will, und den Rest übernimmt der Algorithmus. Die Webseiten sind intuitiv gestaltet und der Aufwand ist minimal. Insgesamt braucht man dafür weniger als eine Stunde. Einmal gemacht, hat man nie wieder Arbeit damit.

Der Service ist allerdings nicht kostenlos. Der Anbieter Raisin Invest beispielsweise berechnet 0,33 Prozent Verwaltungsgebühren plus 0,15 Prozent Fondsgebühren. Das ist teurer als die »Marke Eigenbau«. In dem kleinen Prozentbereich klingt der Unterschied nicht groß, kann sich aber über viele Jahre und bei wachsenden Investmentsummen durchaus auf fünfstellige Beträge (und mehr) summieren. Und so viel besser ist die Anlagestrategie der Roboter ja auch nicht: Wendet der Roboter einen komplizierten Algorithmus an, um mit einer intransparenten Strategie einzelne Aktien aktiv hin- und herzuschichten, dann ist er aller Wahrscheinlichkeit nach nicht besser als ein menschlicher Fondsmanager, also ziemlich miserabel (und undurchschaubar, sodass man sowieso die Finger davon lassen sollte). Wendet er einen einfachen Algorithmus an, der stur in ausgewählte ETFs investiert und einmal im Jahr Bilanz zieht, dann ist er nicht besser als die »Marke Eigenbau«, nur eben mit höheren Kosten.

Wenn du dich wirklich überfordert fühlst und daher deinen Start ins Investieren immer weiter aufschiebst, dann ist ein Robo-Advisor allemal besser als Nichtstun – und ertragreicher als jeder

Bankberater und jedes weitere Abwarten. Empfehlungen für konkrete Anbieter findest du beispielsweise unter 10jahreklueger.de.

Ansonsten: Nimm dir die Zeit und befolge diese acht Schritte, um deine Geldanlage in die eigenen Hände zu nehmen.

Checkliste: Wie du dein Geld vermehrst

- Du informierst dich so gut, dass du die Grundlagen des passiven Investierens verstehst. Für den Anfang reicht dieses Kapitel.
- Du machst dir einen Plan: Welches Vermögen und welche Einnahmen und Ausgaben hast du? Welches Vermögen strebst du an? Wie kommst du dorthin: durch das Reduzieren der Ausgaben, das Erhöhen der Einnahmen und Investieren?
- Du erstellst einen langfristigen Investitionsplan, den du bereit und fähig bist, dauerhaft durchzuhalten. Dazu gehört ein Renditebaustein mit Aktien-ETFs und ein Sicherheitsbaustein zum Beispiel mit Festgeld. Als Finanzpolster hast du etwa drei bis sechs Monatsgehälter einfach zugänglich, zum Beispiel mit Tagesgeld.
- Du eröffnest ein Depot bei einem Onlinebroker (zum Beispiel Trade Republic).
- Du erstellst einen ETF-Sparplan, der einen oder zwei ETFs mit großer Streuung über Regionen und Branchen enthält, und zahlst per Dauerauftrag monatlich einen bestimmten Betrag ein (zum Beispiel 50 Euro, 100 Euro oder 500 Euro). Beispiel: 70 Prozent MSCI World, 30 Prozent MSCI World Emerging Markets.
- Dabei achtest du auf geringe Gebühren (deutlich weniger als 0,5 Prozent Total Expense Ratio).
- Du verkaufst auf keinen Fall bei sinkenden Kursen, sondern nutzt sie sogar, um deine Sparrate zu erhöhen.
- Du wartest ab und trinkst Tee. Den Rest erledigt der Autopilot.

Spezial-Investments: Gold, Bitcoin, Immobilien, Riester

Gold

Aus Angst vor Inflation oder Wirtschaftskrisen steigt die Nachfrage nach Gold als (zumindest scheinbar) krisenfester Reservewährung. Denn keine Zentralbank kann Gold einfach so nachdrucken – daher gilt es gemeinhin als immun gegen Hyperinflation.

Aber: Gold ist keine Firma, die Werte produziert. Aktien arbeiten, Gold liegt faul herum. Sein Wert steigt und fällt, je nachdem, ob genügend Menschen glauben, dass der Kurs steigen oder fallen wird. Die Preise schwanken stark, zwischen Ankaufs- und Verkaufspreis klafft oft eine tiefe Lücke, und der Erwerb von Gold ist umso teurer, je kleiner die Stückelung ist. Für Kleinanleger ist Gold daher ein komplexes Geschäft. Hinzu kommt: Der wilde Anstieg der Goldpreise in den letzten Jahren ist historisch eher die Ausnahme. Die meiste Zeit wäre man mit einem ganz normalen Indexfonds besser gefahren.

Trotzdem braucht man nicht unbedingt die Finger davon lassen. Gold kann zu einem diversifizierten Portfolio dazugehören, um Risiken und Chancen breit zu streuen. Zu mehr als einem Anteil von maximal 10 Prozent ist aber selten zu raten.[253]

Und wenn wir eines aus Covid-19 gelernt haben: Wer Angst vor dem Kollaps hat, der sollte sich ohnehin besser mit Klopapier und Nudeln eindecken.

»This type of investment requires an expanding pool of buyers, who, in turn, are enticed because they believe the buying pool will expand still further. Owners are not inspired by what the asset itself can produce – it will remain lifeless forever – but rather by the belief that others will desire it even more avidly in the future. What motivates most gold purchasers is their belief that the ranks of the fearful will grow.«

Starinvestor Warren Buffett über seine Skepsis gegenüber Gold[254]

Immobilien

Seit Jahren beobachte ich den Berliner Wohnungsmarkt und überlege, mir eine Wohnung zu kaufen. In der Tat erscheint eine Immobilie als solide Sache: In Berlin und anderen Boomstädten scheint es zumindest plausibel, dass die Immobilienpreise weiter anschwellen. Das Risiko, dass die Zinsen stark steigen und den Kredit unbezahlbar machen, war zumindest in den letzten Jahren ebenfalls kaum der Rede wert. Und: Wer seine eigenen vier Wände hat, der spart sich bis zum Lebensende die Kaltmiete.

Wenn die Immobilienblase platzt und/oder die Zinsen steigen, sieht die Kalkulation weniger rosig aus. Selbst in stabilen Regionen kann es fallende Preise geben, vor allem, wenn Immobilien zu überhöhten Preisen verkauft wurden. Die Immobilienpreise klettern derzeit schneller als Mieten und Einkommen, was ein Ende der krassen Preisrallye andeutet. Die Deutsche Bank erwartet, dass der Immobilienboom ab 2024 abflaut, unter anderem weil die fundamentale Immobilienknappheit langsam abgebaut sei und die Zinsen vermutlich steigen würden.[255] Ob sich also die Preisexplosion weiter fortsetzt, ist alles andere als ausgemacht.

Wenn Zinsen, Tilgung, Steuern, Versicherung, Betrieb und Rücklage zusammen nicht mehr kosten als die bisherige Warmmiete plus den bisherigen Sparbetrag, kann sich eine Immobilie lohnen. Wenn man selbst in einer Wohnung mit einem alten, daher billigen Mietvertrag lebt, braucht man diese Wohnung auch dann nicht zwangsläufig aufgeben: Stattdessen vermietet man die gekaufte Wohnung zu der marktüblichen, also meist hohen Miete (sofern man moralisch damit leben kann und es die gesetzliche Situation erlaubt), oder kann die Wohnung später (hoffentlich) zu einem deutlich höheren Preis wieder verkaufen.

Was aber zählt, ist der Vergleich zu einer Anlage mit ETFs. Und da schneiden Immobilien auf lange Sicht nicht immer besser ab. Viele überschätzen die Rendite von Immobilien und unterschätzen zugleich die Kosten für Betrieb und Instandhaltung – und die Arbeit, die damit verbunden sein kann. Das Deutsche Institut für Wirtschaftsforschung rechnet vor: Rund ein Drittel aller privaten Vermieter erzielt entweder gar keine Gewinne oder macht sogar Verluste. Die Hälfte alle Vermieter erwirtschaftet nur eine magere Rendite von unter 2 Prozent.[256] Bitte nicht falsch verstehen: Kaufen kann auch heute und in Zukunft lukrativ sein. Man muss es aber stringent durchrechnen und darf sich nicht überschätzen.

Der wahre Grund für den Reichtum vieler Eigenheimbesitzer ist ein anderer: Wer eine Immobilie kauft, verschuldet sich in der Regel, und ist daher gezwungen, eisern zu sparen, um den Kredit möglichst schnell und sicher zu tilgen. Genau daher steht er am Ende oft finanziell besser da: weil er sein Leben lang konsequent sparen musste. Investitionen in breit gestreute ETFs können insgesamt höhere Renditen erzielen, wenn man genauso konsequent und lange durchhält – und zwar ohne dass man alles auf eine Karte setzen muss.[257]

Bitcoin

Meine Güte, hätte ich mir Bitcoin nur früher gekauft. Ich erinnere mich noch an die Tech-Konferenzen, wo ein paar Nerds den Bitcoin als neue Währung anhimmelten und ich das interessant fand, aber nur die Hälfte verstand.

Jahrelang blieb es still. Dann kam der erste Hype: Boom, die Kurse explodierten um 1.000 Prozent (oder waren es mehr?), und aus Nerds wurden Multimillionäre. Eine Freundin kündigte ihren Job und schrieb auf LinkedIn sinngemäß: »Wie gut, dass ich vor ein paar Jahren auf dieser Tech-Konferenz ein paar Bitcoins gekauft habe.« Gerade rechtzeitig war ich noch eingestiegen, um immerhin ein wenig Rendite mitzunehmen, bevor der unvermeidliche Crash wieder alles zunichte machte (und ich das Meiste rechtzeitig verkauft hatte). Aber den eigentlichen Goldrausch hatte ich leider verpasst.

»One word: Bitcoin«, twitterte Edward Snowden am 16. Dezember 2020. Ein historischer Moment, dachte ich: Erstmals überschritt Bitcoin die 20.000-Dollar-Marke. Noch nie war die Kryptowährung so wertvoll. Doch dann, zack, kam die 30.000-Dollar-Marke. Dann 40.000 Dollar. Dann 50.000 Dollar. Und manche glauben, schon bald könne Bitcoin bei einer Million ankommen. Und sie könnten Recht behalten.

Bitcoin ist nicht die einzige digitale Währung, mit der ich experimentierte. Als der CEO eines Tech-Konzerns mir bei einem Abendessen von Iota vorschwärmte, einem Kommunikationsprotokoll für die smarte Fabrik der Zukunft, wollte ich meine Chance diesmal nicht verpassen und steckte meine Bitcoin-Gewinne in Iota und später noch in Ripple, ein Protokoll für Zahlungsnetzwerke und das Banking der Zukunft. Bislang blieben beide leider glücklose Investments.

Was für Bitcoin spricht: Viele Anleger setzen aus Angst vor Inflation und dem mangelnden Vertrauen in die staatlichen Notenbanken auf Bitcoin als Reserve, ähnlich wie bei Gold. Mit wachsender Akzeptanz kann der Kurs durchaus noch weit in die Höhe gehen.

Streng genommen sind Kryptowährungen wie Bitcoin allerdings keine Währungen. Euro oder Dollar vereinfachen den Gütertausch, erleichtern Kredite und ermöglichen die Ansammlung von Werten. Bitcoin kann das nicht, zumindest nicht in seiner derzeitigen Form: Der Kurs gleicht einer Achterbahnfahrt, bricht mal binnen 24 Stunden um Tausende Dollar ein, explodiert mal um denselben Wert. Diese Volatilität muss man psychisch und finanziell aushalten. Als Zahlungsmittel ist Bitcoin fast nirgends akzeptiert. Und sobald der Bitcoin wirklich die Notenbanken unter Druck setzt, dürften die staatlichen Behörden regulierend eingreifen. Ein Problem ist außerdem der extrem hohe Energieverbrauch des Bitcoin-»Schürfens«.

Bitcoin ist daher keine Geldanlage im engeren Sinne, sondern ein Spekulationsobjekt. Wenn es gut läuft, kann man damit sehr reich werden – wenn es schlecht läuft, kann man viel verlieren.

Gar kein Bitcoin zu haben, ist heute vermutlich nicht mehr die beste Entscheidung. Einen Anteil von 1 oder 2 Prozent im Portfolio kann man im Rahmen einer Diversifizierungsstrategie durchaus halten. Mehr kaufen sollte nur, wer das Risiko guten Gewissens vertragen kann. Mit kleinen Beträgen ausprobieren kann man das inzwischen ziemlich einfach über Apps wie Coinbase oder Bison.

Einen kleinen Teil Bitcoin von meinem damaligen Investment habe ich übrigens noch in meiner Wallet. Vielleicht werde ich also doch noch reich.[258]

»Bitcoin is my safe word. Just kidding, who needs a safe word anyway!?«

Elon Musk, Multimilliardär und Gründer von Paypal, Tesla und SpaceX, auf Twitter über das Bitcoin-Allzeithoch[259]

Riester

Die berüchtigte Riester-Rente ist eine staatlich geförderte, private Extra-Rente fürs Alter. Als sie 2001 eingeführt wurde, berauschte sich die Versicherungsbranche an der Goldgräberstimmung mit einem Dickicht an intransparenten Abzocker-Verträgen. Aber auch bei vergleichsweise soliden Angeboten gibt es Probleme wie hohe Gebühren im Vergleich zur selbstgebauten Geldanlage mit ETFs und intransparente Modelle (man durchschaut oft nicht, was hinter den Kulissen passiert).

Bei Riester gibt es eine gesetzliche Beitragsgarantie. Das heißt: Die Versicherung muss sicherstellen, dass zu Beginn des Rentenalters mindestens die eingezahlten Beiträge zur Verfügung stehen.

Das ist als Schutz der Verbraucher gedacht und klingt auf den ersten Blick plausibel: Wer will schon, dass die Versicherung weniger als meine Einzahlungen zur Verfügung hat? In der Realität treibt diese Klausel aber seltsame Blüten. Denn Sicherheit auf dem Finanzmarkt gibt es nicht umsonst, sondern man muss dafür Renditechancen aufgeben. Mit einer konventionellen ETF-Strategie fährt man daher oft besser.

BEISPIEL

Ich hatte einen Riester-Fondssparplan beim Anbieter fairr (später aufgekauft und umbenannt in raisinPension) abgeschlossen, weil fairr meine Beiträge zu geringen Verwaltungsgebühren in ETFs investierte. Ein transparentes und kostengünstiges Modell, das bei Verbraucherschützern die besten Noten erhielt. Der Staat legte einen Zuschuss obendrauf, sodass ich auf jeden Fall Profit machen würde. Dann brachen im März 2020 die Finanzmärkte ein, und fairr war gezwungen, die Aktien in Cash umzuschichten, um bei weiter fallenden Kursen die Beitragsgarantie halten zu können. Ein dickes Minusgeschäft! Während mein eigenes ETF-Depot sich schnell erholte, schrieb mein fairr-Konto weiter rote Zahlen. Seitdem habe ich meinen Vertrag beitragsfrei gestellt, das heißt, er läuft weiter, ich zahle aber keine Beiträge mehr ein. Hätte fairr nichts gemacht und einfach nur abgewartet, hätten sie von der Covid-Krise keinen Schaden genommen.[260]

Trotzdem kann Riestern sich rechnen: für Geringverdiener, weil sie überproportional von der staatlichen Zulage profitieren (ab 60 Euro Beitrag jährlich winkt bereits ein Zuschlag von 175 Euro); zweitens für Gutverdiener, weil die Beiträge die Steuerlast mindern; drittens für Eltern, weil der Staat einen Extra-Kinder-Bonus auf die normale Zulage obendrauf legt. In allen Fällen entsteht der Profit also vor allem durch die staatliche Zulage, nicht mit der Rente selbst.

Wer riestern möchte, geht wie folgt vor:

1. Entscheide dich für einen sogenannten Riester-Fondssparplan. Einen soliden Vertrag erkennt man daran, dass er eine hohe Aktienquote zulässt, geringe Kosten aufweist (keine Abschlusskosten; Verwaltungsgebühren von circa 1 Prozent oder weniger) sowie transparent und nutzerfreundlich ist. (Empfohlene Anbieter findest du auf 10jahreklueger.de).

2. Beantrage über deinen Anbieter die staatliche Riester-Zulage.

3. Zahle nie mehr als 2.100 Euro im Jahr inklusive der Zulagen ein, weil die staatliche Subventionierung bei diesem Betrag gedeckelt ist.

In den meisten Fällen lohnt es sich, die Altersvorsorge aka Geldanlage in die eigene Hand zu nehmen und in ETF-Sparpläne zu investieren: Das bringt mehr Rendite, weniger Kosten und mehr Flexibilität.

Kann ich mit 40 in Rente gehen?

Ich habe bereits von meinem Freund Nils erzählt, der plant, mit 40 in Rente zu gehen. Er kann das durchaus schaffen: Er hat sehr früh angefangen, konsequent zu sparen, investiert von Anfang an klug und langfristig, lebt zwar nicht geizig, aber bewusst bescheiden, arbeitet neben dem Studium in der Film- und Kulturbranche, wird bald vermutlich ein höheres Einkommen erzielen und auch davon sehr große Teile sparen.

Es gibt aber sehr viele »Wenn« und »Aber«. Ohne frühen Beginn, eiserne Disziplin und hohes Einkommen – und mit viel Glück, dafür ohne Kinder – ist es eher unwahrscheinlich, schon mit 40 einzig von seinen Kapitalerträgen leben zu können. Es sei denn, man gewinnt bei *Wer wird Millionär?* oder hat just zum richtigen Zeitpunkt seine Bitcoins versilbert.

Finanzielle Unabhängigkeit ist nicht das einzige Ziel im Leben, vor allem, wenn der Preis dafür darin besteht, auf viele Erlebnisse und Erfahrungen verzichten zu müssen. Gerade in jungen Jahren will man sich ausprobieren, die Welt bereisen, das Leben genießen. Und was, wenn man versehentlich (oder absichtlich) Kinder bekommt? Dann erledigt sich das Ziel der Frührente meistens ganz von selbst. Dafür hat man anderswo an Lebensglück gewonnen.

Würde ich selbst mit 40 in Rente gehen wollen? Ich denke nicht. Selbst wenn ich könnte, würde ich trotzdem weiterarbeiten – nur in dem Wissen, dass ich mir finanziell keine Sorgen zu machen brauche. Statt des frühen Ruhestands strebe ich finanzielle Absicherung an. Für jemand, der aus einem armen Elternhaus kommt, ist schon das ein berauschendes Gefühl.

Surfen:

▸ zinsen-berechnen.de – Hier kannst du berechnen, welches Vermögen du dank deiner Geldanlage erwarten kannst, anhand unterschiedlicher Sparraten, Renditen und Laufzeiten.

▸ justetf.com – Suchmaschine für ETFs und Übersicht für ETF-Sparpläne.

▸ fondsweb.com – Suchmaschine für Fonds.

▸ aktienfinder.net – Suchmaschine für Aktien.

▸ Verbraucherzentrale, Rubrik »Geld & Versicherungen«, verbraucherzentrale.de

▸ Stiftung Warentest, Rubrik »Geldanlage + Banken«, finanztest.de

▸ Finanztip, Rubrik »Konto & Anlegen«, finanztip.de

▸ Spiegel, Young Money Blog, spiegel.de/thema/young_money/

Hören:

▸ Podcast von »Madame Moneypenny« – Beginne am besten mit der Folge »#27 – Im Interview mit Christian Lindner« als Einführung zum Warmwerden und »#97 – Corona-Virus und Geldanlage: Was du jetzt wissen musst«, mit wichtigen Tipps auch für die Zeit nach Covid-19.

▸ Podcasts wie »Finanzfluss«, »Finanztip«, »Der Finanzwesir rockt«, »Wirtschaftswoche Money Mates« und »Wirtschaft einfach erklärt: #businessclass« diskutieren alle möglichen Fragen rund ums Geld.

Lesen:

▸ Madame Moneypenny: *Wie Frauen ihre Finanzen selbst in die Hand nehmen können* – Auch für Männer.

▸ Oliver Pott: *Raus aus dem Stundenlohn: Nie wieder für andere arbeiten und Lebenszeit verkaufen* – Strategien zum Aufbau eines eigenen Business.

▸ Albert Warnecke: *Der Finanzwesir 2.0 – Was Sie über Vermögensaufbau wirklich wissen müssen* – Umfassend und leicht verständlich, sofern man über den gelegentlich eigensinnigen Humor hinwegsehen kann.

▸ Gerd Kommer: *Souverän investieren mit Indexfonds und ETFs: Wie Privatanleger das Spiel gegen die Finanzbranche gewinnen* – Das Standardwerk zu passivem Investieren auf wissenschaftlicher Basis. Keine leichte Kost, dafür aber profund.

▸ Aya Jaff: *Moneymakers. Wie du die Börse für dich entdecken kannst* – Die junge Programmiererin und Unternehmerin Aya Jaff lernte ich kennen, als sie die Digitalbranche aufmischte. Jetzt legt sie noch eins drauf und wirbelt die Finanzwelt auf. Über Börse lernst du zwar nicht viel (obwohl der Titel es verspricht), dafür aber umso mehr über die Erfolgsgeschichten reich gewordener Menschen.

▸ Henning Jauernig: *Young Money Guide: Richtig mit Geld umgehen und mehr vom Leben haben*

Schauen:

▸ Die YouTube-Kanäle »Finanzfluss« und »Finanztip« für ein Wochenende bingewatchen. Beginne mit den Serien »Erfolgreich Passiv Investieren Lernen« (Finanzfluss) und »Der richtige Umgang mit ETFs« (Finanztip)

▸ »Explained: The Stock Market« und »Explained: Money«, Netflix oder YouTube

▸ »Becoming Warren Buffett«, Doku, auf YouTube

Tun:

▸ Beratungsstunde zu Geldanlage der Verbraucherzentrale, unter verbraucherzentrale.de/beratung – Kostenpflichtige, individuelle Beratung durch neutrale Fachleute. Lohnt sich.

▸ Yale University, »Financial Markets«: kostenfreier Kurs der US-Eliteuniversität zur Funktionsweise von Finanzmärkten unter coursera.org/learn/financial-markets-global

Kleines Vokabelheft des Finanzchinesisch

Aktie: Anteil an einem börsennotierten Unternehmen. Wenn du eine Aktie erwirbst, gehört dir ein kleiner Teil des Unternehmens.

Anleihe: eine Art Schuldschein gegenüber einem Staat oder Unternehmen.

Broker: Makler, der als Mittler dient zwischen Käufern und Verkäufern von Wertpapieren, also zum Beispiel Onlinebroker wie onvista oder Trade Republic.

DAX (Deutscher Aktienindex): Index der größten börsennotierten Unternehmen in Deutschland

Depot: so etwas wie ein Konto für Wertpapiere.

Dividende: Gewinn, der an die Aktionäre ausgeschüttet wird.

ETF (Exchange-Traded Fund): börsengehandelter Index-fonds, der einen Index abbildet, zum Beispiel den DAX, den US-Technologieindex NASDAQ oder den Weltaktienindex MSCI World. Steigt zum Beispiel der DAX, steigt der entsprechende ETF identisch mit.

Fonds (Aktienfonds): Korb mit mehreren, oft Hunderten Aktien.

Index (Aktienindex): Kennzahl für die Kursentwicklung der wichtigsten Aktien in einem bestimmten Bereich, zum Beispiel der deutsche Leitindex DAX für Deutschland.

ISIN: International Securities Identification Number. Kennziffer für Aktien und Fonds, um sie eindeutig zuordnen zu können, also so etwas wie eine Produktnummer.

Klumpenrisiko: Das hast du, wenn du nicht diversifiziert investierst, sondern in nur einem Land oder einer Branche (zum Beispiel nur den DAX oder nur Rohstoffe). Du riskierst, dass gerade diese Region oder diese Branche unvorhersehbar in die Krise gerät – und dein Depot mitzieht.

MSCI World: »Weltaktienindex«, der etwa 1.600 Aktien aus 23 Industrieländern abbildet.

Portfolio: Bestand an Wertobjekten, zum Beispiel Aktien, Anleihen, Gold, Immobilien.

Rebalancing: Wiederherstellung der geplanten Balance zwischen Aktien und anderen Anlageformen (zum Beispiel Anleihen), indem zu geringe Anteile nachgekauft werden.

Rendite: Kennzahl für den Erfolg einer Aktie über einen bestimmten Zeitraum inklusive Dividenden und Kursentwicklung des Börsenwerts.

Robo-Advisor: Online-Finanzunternehmen, das eine bestimmte Anlagestrategie automatisiert durch ein Software-Programm umsetzt.

TER (Total Exchange Ratio): Gesamtkostenquote, also die Gebühren für einen Fonds.

thesaurierend: Renditen werden nicht ausgeschüttet (also ausbezahlt), sondern im Unternehmen oder Fonds belassen und automatisch wiederangelegt. Gut für den Zinseszinseffekt.

WKN: Wertpapierkennnummer, um eine Aktie oder Anleihe genau zuordnen zu können. Wurde offiziell durch ISIN abgelöst.

Zins: sicherer Ertrag eines Kontos oder einer Anleihe, den man zu einem festgelegten Zeitpunkt erhält.

Zinseszinseffekt: entsteht, wenn die Rendite einer Aktie zusammen mit dem Startkapital weiter investiert wird, daraus dann wieder eine größere Rendite erzielt wird, diese wieder angelegt wird und so weiter. Damit vermehren sich angelegte Beträge wie von selbst – das Geld »arbeitet« für dich.

WAS DU WIRKLICH, WIRKLICH WILLST

WARUM ES FÜR DIE WICHTIGEN DINGE IM LEBEN KEINEN HACK GIBT

Im ersten Corona-Lockdown lud mich ein Freund, Partner bei einer großen Unternehmensberatung, einmal zum Abendessen ein. »Die ersten beiden Wochen fiel ich in ein tiefes Loch«, erzählte er. Früher warf er spätabends seine Klamotten aufs Sofa, stand morgens um vier Uhr auf, nahm das Taxi nach Tegel. Er lebte im Flugzeug und in Hotels, war kaum zu Hause. Nach vielen Jahren habe er seine Wohnung aufgeräumt, berichtete er. Es sei das erste Mal, dass er sich nun zu Hause wirklich wohl fühle. Heute habe er sich sogar fast einen Sonnenbrand geholt, weil er beim Telefonieren in der Nachmittagssonne spazieren ging. »Ich möchte kein Zurück mehr in die alte Normalität.«

Zu der Zeit ging es vielen ähnlich, auch mir. Wer das Glück hatte, nicht über Nacht seine Arbeit zu verlieren, der lernte die erzwungene Entschleunigung oft als Chance zur Selbstreflexion kennen. Ich legte mir eine neue Morgenroutine zu, ging täglich zehn Kilometer im Tiergarten laufen, rief ohne jeden Anlass meine Freunde an und kochte das erste Mal in meinem Leben Spargel. Und schlief so gut wie schon lange nicht mehr.

Die ständige FOMO (Fear of Missing Out), die Angst, die beste Party und die krasseste Konferenz zu verpassen, war gewichen, weil es nichts mehr zu verpassen gab. Die ständige innere Unruhe, das Hetzen von Ereignis zu Ereignis, die Angst, seine Zeit falsch zu verbringen, all das war verflogen.[261] Stattdessen stellte sich das Gefühl der JOMO ein: die Joy of Missing Out. Der gefühlte Zwang, immer und überall dabei zu sein, wich der Freude, endlich nicht überall dabei sein zu müssen.

Stress gilt in meinem Freundeskreis als Statussymbol, ohne dass wir uns dem wirklich bewusst sind. Wer viel Stress hat, fühlt sich wichtig. Immer bei der nächsten Konferenz, beim nächsten Projekt, immer erfolgreicher. Das Hamsterrad sieht von innen aus wie eine Karriereleiter, nur dass es sich schneller dreht, als man klettern kann. Wer aber immer unterwegs und immer *busy* ist, der verpasst das, was am Ende das Leben ausmacht: Freizeit, Freunde, Familie, Gemeinschaft. Und dafür gibt es keinen Life Hack.[262]

Vielleicht liegt es daran, dass ich ohne Vater aufwuchs, aber ich denke oft über den Tod nach. Und je älter ich werde, umso schneller scheinen die Jahre an mir vorbeizuziehen. Der Eindruck, dass die Zeit schneller vergeht, ist ja nur logisch: Wenn du zehn bist, dann ist ein Jahr so viel wie ein Zehntel deiner gesamten bisherigen Lebenszeit. Wenn du 30 bist, ist ein Jahr nur noch ein Dreißigstel. Und je älter du wirst, desto weniger neue Erfahrungen und Erinnerungen machst du, vieles wiederholt sich – und daher nehmen wir die Zeit als viel schneller wahr. Man geht jeden Tag zur Arbeit, schläft am Wochenende aus, muss sich vielleicht um die Kinder kümmern, und auf einmal ist man in Rente und dann tot.

Wenn ich mit älteren Menschen spreche, sagen die oft: Das ging alles so wahnsinnig schnell vorbei. Wenn es gut läuft, haben wir 30.000 Tage im Leben. Wie wollen wir sie verbringen?

»Remembering all be dead soon is the most important tool I have ever encountered to help me make the big choices in life.«

Steve Jobs, Gründer von Apple, in seiner Ansprache an die Absolventen der Stanford University 2005. Da hatte er gerade seine erste Krebstherapie hinter sich gebracht – wenige Jahre später sollte ihn der Krebs dennoch besiegen.

In einem Sommer nahm ich an einem Workshop zu Selbstentwicklung teil, bei dem die Teilnehmer sich gegenseitig persönliche Fragen stellen sollten. Meine Partnerin wollte von mir wissen: »Was würdest du tun, wenn du nur noch eine Woche zu leben hättest?« Die Antwort wusste ich ganz genau: Ich würde ausfindig machen, wo meine große Jugendliebe heute lebt, und sie besuchen. »Und warum machst du das nicht?«, drängte mich meine Partnerin. Ganz einfach: weil ich eben nicht kurz vor dem Tod stehe. Und daher eine solche Aktion zwar lieb gemeint, aber ziemlich unangebracht wäre.

Das Mantra des »Leben im Hier und Jetzt« klappt nur für Millionäre und Aussteiger. Die meisten können nicht einfach so im Hier und Jetzt leben, wie sie gerade wollen; sie müssen arbeiten gehen, um ihre Miete zu bezahlen, am Wochenende für die Uni-Klausur lernen, oder morgens um vier Uhr aufstehen und ihr Kind füttern. »Sein statt Haben«, diese vermeintlich große philosophische Weisheit, klappt am besten für diejenigen, die entweder im Kloster leben – oder die so viel haben, dass sie ein ganz bequemes Leben führen können.

Wenn es um die letzten Tage vor dem Tod geht, kann Bronnie Ware viele Erlebnisse berichten. Die australische Altenpflegerin begleitet Menschen auf dem Weg des Sterbens und hat dabei gelernt, was ein erfülltes Leben ohne Reue ausmacht. Am Ende ihrer Zeit auf der Erde angekommen, erzählt Bronnie Ware, bedauern die Menschen nicht, wie sie gelebt haben – sondern, wie sie nicht gelebt haben. Sie zählt fünf Dinge auf, die sterbende Menschen am meisten bereuen:[263]

Ich wünschte, ...

1. ich hätte den Mut gehabt, mir selbst treu zu bleiben, statt so zu leben, wie andere es von mir erwarteten.
2. ich hätte nicht so viel gearbeitet.
3. ich hätte den Mut gehabt, meinen Gefühlen Ausdruck zu verleihen.
4. ich hätte den Kontakt zu meinen Freunden gehalten.
5. ich hätte mir mehr Freude gegönnt.

Was würdest du mit 80 Jahren bereuen? Auf was würdest du zurückblicken? Was wollen wir wirklich im Leben?

Bei der Suche nach dem, was wir wirklich, wirklich wollen, kommt man an Frithjof Bergmann nicht vorbei.[264] Zur Zeit der Weimarer Republik in Sachsen geboren, gewann er als Student einen Aufsatzwettbewerb und erhielt ein Stipendium für ein Studienjahr in den USA. Da blieb er auch und schlug sich als Tellerwäscher, Boxer, Hafenarbeiter und Theaterautor durchs Leben. Er lebte in den Wäldern von New Hampshire und versorgte sich selbst fernab der Zivilisation. Schließlich studierte er Philosophie an der angesehenen Princeton University, verfasste seine Doktorarbeit über Hegels Ideenlehre und lehrte an Elite-Unis in Stanford und Berkeley.

Im Jahr 1984 gründete er das Zentrum für Neue Arbeit in Flint, damals die Autostadt Amerikas, nur vergleichbar mit Wolfsburg in Deutschland. Die Region stand seinerzeit vor einer Welle der Massenarbeitslosigkeit. General Motors war gerade dabei, seine Autofabriken ins Ausland zu verlagern. Die Nachwehen sind noch heute zu spüren: In der einstigen Boom-Region lebt heute ein Viertel aller Menschen unterhalb der Armutsgrenze, fast jedes zweite Haus steht leer, und die Kriminalitätsrate ist mit die höchste in den ganzen USA.[265]

In diese Stadt kommt also nun dieser Philosoph namens Frithjof Bergmann und schlägt General Motors vor, die Arbeiter nicht haufenweise zu entlassen, sondern sie für die Hälfte der bisherigen Arbeitszeit weiter in der Fabrik zu beschäftigen. Und er geht zu den Menschen, die gerade ihre Arbeit, ihren Fabrikstolz und alles verlieren, was sie haben, und sagt ihnen: Die andere Hälfte der Zeit könnt ihr nutzen, um etwas anderes zu tun, um damit Geld zu verdienen. Mit etwas, was ihr wirklich, wirklich wollt. Er fragt sie: »What do you really, really want?«

Das Gelächter war laut, erzählt Frithjof Bergmann. »Die sagten: Nach 25 Jahren am Fließband, was soll ich da noch wissen, was ich will? Bei so viel Naivität, da muss man schon ein Philosophieprofessor sein!« Das ist das, was Bergmann später die »Armut der Begierde« nennt: Auch ganz ohne Fließband wissen viele nicht mehr, was sie wirklich, wirklich wollen. Der Job wird oft erlebt als »milde Krankheit«, nicht so schlimm wie Krebs, eher wie eine Erkältung. »Bis Freitag halte ich das schon aus«, oder eben bis zur Rente.

Doch er lässt nicht ab, er bleibt stur. Und auf einmal brechen die Menschen in Tränen aus: Da kommt jemand und fragt sie, was sie wirklich, wirklich wollen! Das hatte es noch nie gegeben. Weder die Eltern, noch die Lehrer, noch sonst jemand hatte sie jemals gefragt, was sie wirklich, wirklich wollen. Immer hatten sie gehört, dass sie sich anpassen müssen, dass sie funktionieren müssen. Dabei wollten sie nur eines: etwas tun, bei dem sie das Gefühl hatten, dass es einen Unterschied macht. Einen Sinn im Leben.[266]

Du hast nur 720.000 Stunden Zeit von der Geburt bis zum Tod. Wie willst du sie nutzen?

Was motiviert dich, jeden Morgen aufzustehen?

Was wird man in der Grabesrede bei deiner Beerdigung über dich sagen?

Und was würde man sagen, wenn du das Leben so führen würdest, wie du es eigentlich möchtest?

Weißt du, was du wirklich, wirklich willst?

DAS BUCH IST NOCH NICHT ZU ENDE ES GEHT DIGITAL WEITER!

Homepage

Auf 10jahreklueger.de findest du kostenfrei:

▶ alle Quellennachweise und wissenschaftliche Studien übersichtlich als Links,
▶ alle Produkt-Empfehlungen,
▶ die YouTube-Playlist zum Buch,
▶ die Spotify-Podcast-Playlist zum Buch,
▶ laufend aktualisierte Lesetipps für Bücher,
▶ die besten Hacks für LinkedIn und Social Media,
▶ viele Blog-Artikel zu den Themen dieses Buches.

Gruppen auf Social Media

In diesen Gruppen kannst du dich mit anderen austauschen, und gelegentlich melde ich mich auch zu Wort:

▶ Facebook-Gruppe »Zehn Jahre klüger«,
▶ LinkedIn-Gruppe »Zehn Jahre klüger«.

ANMERKUNGEN

Alle Quellen findest du auch übersichtlich unter *10jahreklueger.de*. Du brauchst also keine langen URLs abtippen.

1   Als »Teufel Coolness« beschrieb Sascha Lobo dies später.

2   https://www.bbc.com/news/uk-46434147

3   Siehe auch diese Nutzerstory: https://www.youtube.com/watch?v=WlD8som7134

4   https://web.archive.org/web/20120105194519/http://www.ncahf.com/articles/o-r/robbins.html
https://repository.upenn.edu/dissertations/AAI3003625/
https://www.spiegel.de/spiegel/print/d-8946736.html
https://www.nytimes.com/2016/07/13/movies/tony-robbins-i-am-not-your-guru-review.html
https://www.buzzfeednews.com/article/janebradley/tony-robbins-self-help-secrets
https://www.huffpost.com/entry/tony-robbins-apologizes-me-too_n_5aca4572e-4b07a3485e5d8e0

5   https://www.handelsblatt.com/unternehmen/beruf-und-buero/zukunft-der-arbeit/motivationscoaching-im-beruf-juergen-hoeller-das-auf-und-ab-eines-gurus/11224784-all.html?ticket=ST-1019353-YsemVTRvvC4VIUOgDBjP-ap6

6   Bodo Schäfer: *Der Weg zur finanziellen Freiheit*. DTV: München 2003

7   Siehe auch: Uwe Peter Kanning: *Wie Sie garantiert nicht erfolgreich werden! Dem Phänomen der Erfolgsgurus auf der Spur*. Pabst Science Publishers: Lengerich 2007 – Wissenschaftliche Demaskierung der fadenscheinigen Methoden der Trainer-Branche.

8   https://www.youtube.com/watch?v=Hd_ptbiPoXM

9   https://www.bitkom.org/Presse/Presseinformation/Jeder-zweite-Mitarbeiter-sitzt-am-Computer.html

10   Morten T. Hansen: *Great at Work: How Top Performers Do Less, Work Better, and Achieve More*. Simon & Schuster: New York 2018

11   John Pecavel: »The Productivity of Working Hours«. *The Economic Journal*, Volume 125, Issue 589, Dezember 2015, S.2052-2076

12   https://www.economist.com/news/1955/11/19/parkinsons-law

13   TM Amabile & A Brodsky: The downside of downtime: The prevalence and

work pacing consequences of idle time at work. *J Appl Psychol.* Mai 2018; 103(5) S.496-512

14   https://www.weforum.org/agenda/2020/02/shorter-workweek-people-happier

15   https://www.sueddeutsche.de/wissen/zeitmanagement-druck-arbeit-1.4833336

16   Peter F. Drucker: *People and Performance: The Best of Peter Drucker on Management.* Harper's College Press, New York 1977

      G. T. Doran: There's a S.M.A.R.T. way to write management's goals and objectives. In: *Management Review,* 70. Jg., Nr. 11, 1981, S. 35–36

17   https://pubmed.ncbi.nlm.nih.gov/14596707/

18   https://de.wikipedia.org/wiki/Planungsfehlschluss

19   Stephen R. Covey: *Focus. Achieving your highest priorities.* Brilliance Audio, 2012

      Schöne Anleitung hier: https://www.eisenhower.me/eisenhower-matrix/

20   Gary Keller/Jay Papasan: *The One Thing: Die überraschend einfache Wahrheit über außergewöhnlichem Erfolg,* Redline: München 2017

21   Taiichi Ohno: *Toyota production system: beyond large-scale production.* Productivity Press: Portland 1988

22   Apropos Apps: Hier eine kommentierte Übersicht von über 40 Produktivitäts-Apps: https://www.ventureharbour.com/best-productivity-apps/

23   Zitiert nach https://www.people-results.com/essentialist-leadership-live-work-pur-pose/

24   Zitiert in Arianna Huffingtons Buch *Thrive,* Harmony Books: New York 2014 S. 68

25   R. Koch: *Living the 80/20 Way: Work Less, Worry Less, Succeed More, Enjoy More.* Nicholas Brealey Publishing: London 2004

26   https://www.ics.uci.edu/~gmark/CHI2005.pdf

27   Kostadin Kushlev & Elizabeth W. Dunn: »Checking email less frequently reduces stress«. *Computers in Human Behavior,* Volume 43, Februar 2015, S. 220-228

      Siehe auch: https://news.uci.edu/2012/05/03/jettisoning-work-email-reduces-stress/

28   Hiltraud Paridon & Marlen Kaufmann: »Multitasking in work-related situations and its relevance for occupational health and safety: Effects on performance, subjective strain and physiological parameters«. *European Journal of Psychology,* 4 (2010); Hiltraud Paridon: »Multitasking in realitätsnahen Situationen: Wirkungen auf Leistung, subjektives Empfinden und physiologische Parameter«. *Ergo-Med,* 4, 114-121 (2010); Patricia Hirsch et al.: »Putting a stereotype to the test: The case of gender differences in multitasking costs in task-switching and dual-task situations«. *PLoS ONE,* 14(8) (2019)

29   https://www.newscientist.com/article/2090717-do-you-get-your-best-work-done-in-coffee-shops-heres-why/

30   https://www.weforum.org/agenda/2019/03/what-people-find-distracting-at-work

31   Christian Montag: *Homo Digitalis. Smartphones, soziale Netzwerke und das Gehirn.* https://link.springer.com/book/10.1007 Prozent2F978-3-658-20026-8

32   https://www.amazon.de/dp/1594206643/ref=sr_1_1?keywords=irresisti-ble&ie=UTF8&sr=8-1&linkCode=gs2&tag=busines06-21

33   Adrian F. Ward et al.: Brain Drain: The Mere Presence of One's Own Smartphone Reduces Available Cognitive Capacity. *Journal of the Association for Consumer Research* 2, no. 2 (April 2017): S. 140-154

34 https://chrome.google.com/webstore/detail/df-tube-distraction-free/mjdepdfc-cjgcndkmemponafgioodelna?hl=en

35 https://humanetech.com/resources/take-control/

36 https://www.bento.de/gadgets/google-will-handy-bildschirme-schwarz-weiss-machen-das-steckt-dahinter-a-00000000-0003-0001-0000-000002364622

37 https://francescocirillo.com/pages/pomodoro-technique

38 David Allen: *Gettings-Things-Done*. Penguin: New York 2001

    Klassisches Inbox-Zero-Konzept von Michael Mann: www.YouTube.com/watch?v=z9UjeTMb3Yk

39 https://www.researchgate.net/publication/259729381_Where_Has_the_Time_Gone_Addressing_Collaboration_Overload_in_a_Networked_Economy

40 https://www.businessinsider.com/elon-musk-3-rules-running-better-meetings-like-having-less-2019-8?r=DE&IR=T

41 https://www.sueddeutsche.de/bayern/edmund-stoiber-zum-70-geburtstag-an-meiner-frau-schaetze-ich-aeh-1.1151117

42 Barbara Minto: *Das Prinzip der Pyramide*. Pearson Studium: München u. a. 2005

    https://medium.com/lessons-from-mckinsey/the-pyramid-principle-f0885dd3c5c7

    https://www.mckinsey.com/alumni/news-and-insights/global-news/alumni-news/barbara-minto-mece-i-invented-it-so-i-get-to-say-how-to-pronounce-it

43 Sheryl Sandberg: *Lean In: Women, Work, and the Will to Lead*. WH Allen: London 2013

44 Gallup Engagement Index 2019

45 http://content.time.com/time/specials/packages/article/0,28804,2086680_2086683_2087685,00.html

46 Stephen R. Covey: *Die 7 Wege zur Effektivität. Ein Konzept zur Meisterung Ihres beruflichen und privaten Lebens*. FranklinCovey: Salt Lake City 1989

47 https://www.washingtonpost.com/lifestyle/magazine/pearls-before-breakfast-can-one-of-the-nations-great-musicians-cut-through-the-fog-of-a-dc-rush-hour-lets-find-out/2014/09/23/8a6d46da-4331-11e4-b47c-f5889e061e5f_story.html

48 https://www.brandwatch.com/de/blog/statistiken-YouTube/

49 Wegweisend: https://psycnet.apa.org/record/1968-12019-001

    Siehe auch zum Beispiel:
    Robert F. Bornstein & Catherine Craver-Lemley: Mere exposure effect. In: Rüdiger F. Pohl (ed.): *Cognitive Illusions: A Handbook on Fallacies and Biases in Thinking, Judgement and Memory*. Psychology Press; Hove, UK 2004, S. 215–234

50 Laura Rivera: »Hiring as Cultural Matching: The Case of Elite Professional Service Firms«. *American Sociological Review*, 77 (2012): 999-1022; sowie: https://hbr.org/2016/12/research-how-subtle-class-cues-can-backfire-on-your-resume

51 https://zeithistorische-forschungen.de/2-2017/id=5499

52 https://www.spiegel.de/reise/europa/urlaub-budget-so-viel-kostet-ein-skiurlaub-fuer-eine-familie-a-1172238.html

53 https://onlinelibrary.wiley.com/doi/abs/10.1111/j.1545-5300.1967.129_2.x

54 https://onlinelibrary.wiley.com/doi/abs/10.1111/j.1559-1816.2007.00169.x

55 Gustavo Carlo, Laura M. Padilla-Walker & Matthew G. Nielson: *Longitudinal Bidirectional Relations Between Adolescents' Sympathy and Prosocial Behavior*. De-

velopmental Psychology, 2015

56 https://www.linkedin.com/feed/update/urn:li:activity:6636572945986666496/

57 Chantal Mouffe hat diese Unterscheidung eingeführt.

58 https://www.elle.com/culture/career-politics/a22521024/sheryl-workplace-sexu-al-harassment-mentorship-metoo/

59 Im Übrigen investieren männliche Führungskräfte mehr in männlichen Nachwuchs als weibliche Führungskräfte in weiblichen Nachwuchs: https://www.ncbi.nlm. nih.gov/pmc/articles/PMC5617204/

   https://www.ki-shin-tai.de/begriffe-rituale-symbole-im-dojo-nomikai-trinkfeier/

60 https://journals.sagepub.com/doi/full/10.1177/2167702616689780

61 https://academic.oup.com/psychsocgerontology/article/73/4/655/2631996

62 http://www.universityherald.com/articles/5058/20131021/men-s-health-well-being-improves-over-friendly-hangouts-twice.htm

63 https://economics.yale.edu/sites/default/files/bar_talk_10_19_ada-ns.pdf

64 https://medium.com/digitalrat-deutschland/warum-wir-weniger-hose-und-mehr-fehler-brauchen-87bafd04ccd4

65 https://www.faz.net/aktuell/karriere-hochschule/mein-weg/sascha-lobo-ein-mann-zwei-seelen-11702143.html

66 Uta Herbst und Sabine Schwartz: How Valid Is Negotiation Research Based on Student Sample Groups? New Insights into a Long-Standing Controversy. *Negotitation Journal*, April 2011

67 Roger Fisher, William Ury, Bruce M. Patton (Hrsg.): *Das Harvard-Konzept. Der Klassiker der Verhandlungstechnik*. Campus-Verlag: Frankfurt am Main/New York 1984; 24. Auflage ebenda 2013

68 https://smile.amazon.de/Flugschreiber-Notizen-aus-Au ProzentC3 Prozent-9Fenpolitik-Krisenzeiten/dp/3549074816/ref=smi_www_rco2_go_smi_g7741076493?_encoding=UTF8& Prozent2AVersion Prozent2A=1& Prozent-2Aentries Prozent2A=0&ie=UTF8

69 Jay Heinrichs: *So überzeugen Sie eine Katze und dann den Rest der Welt*. DuMont: Köln 2020

70 Crawford, McConnell, Lewis, Sherman: »Reactance, Compliance, and Anticipated Regret«. *Journal of Experimental Social Psychology*, Vol. 38 (2002), S. 56–63

   Miron, Brehm: »Reactance Theory – 40 Years Later«. *Zeitschrift für Sozialpsychologie*, 1 (2006), 9–18

71 https://gehaltsstudie.xing.com/

   https://www.stepstone.de/wissen/gehaltsreport-2020/

   https://www.absolventa.de/karriereguide/arbeitsentgelt/durchschnittsgehalt

   www.gehaltsreporter.de

72 https://pubmed.ncbi.nlm.nih.gov/25603375/

73 Herbst, Uta & Voeth, Markus: *Verhandlungsmanagement*. Schaeffer/Poeschel: Stuttgart 2009

74 Flynn, F., & Anderson, C.: *Heidi vs. Howard: An Examination of Success and Likeability*. Columbia Business School and New York University 2003.

   https://www.forbes.com/sites/pragyaagarwaleurope/2018/10/23/not-very-likeable-here-is-how-bias-is-affecting-women-leaders/

   https://www.youtube.com/watch?v=PYyBqs_x044

75   https://www.researchgate.net/publication/227809269_To_Flirt_or_Not_to_
Flirt_Sexual_Power_at_the_Bargaining_Table

76   https://www.researchgate.net/publication/229437077_Feminine_Charm_An_
Experimental_Analysis_of_its_Costs_and_Benefits_in_Negotiations

77   https://www.researchgate.net/publication/229652083_Prejudice_Toward_Fe-
male_Leaders_Backlash_Effects_and_Women Prozent27s_Impression_Manage-
ment_Dilemma

78   https://www.spiegel.de/lebenundlernen/job/geschlechter-wettbewerb-maenner-ver-
handeln-haerter-a-400581.html

79   »How to Hack«-Podcast #20

80   https://www.suhrkamp.de/buecher/beschleunigung_und_entfremdung-hart-
mut_rosa_58596.html

81   Paul Lafargue: *Das Recht auf Faulheit.* Reclam Verlag: Ditzingen 2018 [1848], S.
16, 28f.

82   Das erzählt zumindest Arianna Huffington in *Thrive*, S. 60f.

83   Vgl. Billy Ehn & Orvar Löfgren: *Nichtstun. Eine Kulturanalyse des Ereignislosen
und Flüchtigen.* Hamburger Edition: Hamburg 2012

84   Search Inside Yourself, arkana: München 2012, S. 56

85   https://www.spektrum.de/news/lieber-elektroschocks-als-nichtstun/1299049

86   Das schreiben zumindest Kathrin Passig und Sascha Lobo, 2008.

87   Gunter Frank und Maja Storch: *Die Manana-Kompetenz.* Piper: München 2010

88   https://techcrunch.com/2011/12/22/in-confidential-email-samwer-describes-
online-furniture-strategy-as-a-blitzkrieg/

89   https://www.theatlantic.com/magazine/archive/2017/09/has-the-smartphone-
destroyed-a-generation/534198/
https://www.amazon.de/Alone-Together-Expect-Technology-Other/
dp/0465010210

90   https://blog.wiwo.de/look-at-it/2012/07/19/groster-irrtum-von-microsoft-boss-
ballmer-iphone-wird-sich-nicht-sonderlich-verkaufen/

91   Im *ZEIT*-Podcast »Frisch an die Arbeit« vom 18.9.2018

92   Siehe auch https://www.spiegel.de/kultur/gesellschaft/schlafmangel-der-gefaehr-
liche-akt-der-selbstoptimierung-a-1288308.html

93   https://www.ncbi.nlm.nih.gov/pubmed/25028798
https://www.eurekalert.org/pub_releases/2018-08/esoc-saf082318.php
https://www.eurekalert.org/pub_releases/2018-08/esoc-sfh082318.php

94   https://cdasr.mclean.harvard.edu/wp-content/uploads/2018/08/Weber_2013_
JSR.pdf

95   https://www.spektrum.de/news/was-bei-schlafmangel-im-gehirn-
passiert/1560834

      A.M. Williamson & A.M. Feyer: »Moderate sleep deprivation produces impair-
ments in cognitive and motor performance equivalent to legally prescribed levels
of alcohol intoxication«. *Occupational and environmental medicine,* vol. 57,10
(2000): S. 649-655

96   https://doi.apa.org/doiLanding?doi=10.1037 Prozent2F0033-295X.100.3.363

97   https://www.ncbi.nlm.nih.gov/pmc/articles/PMC3119836/

98   Michael Greger 2016, S. 53

      https://n.neurology.org/content/84/11/1066

https://www.sueddeutsche.de/gesundheit/schlafforschung-wie-viel-schlaf-ist-optimal-1.4164426

99   Dazu auch: https://www2.deloitte.com/us/en/insights/focus/behavioral-economics/sleep-benefits-impact-employee-performance.html

100 https://www.test.de/Schlafstoerungen-Zehn-Schlafkiller-und-wie-man-sie-ueberlistet-4926137-0/

101 https://somna.se/en/references/evaluating-safety-effectiveness-weighted-blanket-adults-inpatient-mental-health-hospitalization/
https://www.zdf.de/dokumentation/zdfzeit/zdfzeit-der-grosse-warentest-106.html

102 https://link.springer.com/chapter/10.1007 Prozent2F978-1-4419-1262-6_1

103 https://www.ifado.de/fragebogen-zum-chronotyp-d-meq/

104 https://www.cell.com/current-biology/pdf/S0960-9822 Prozent2806 Prozent2902609-1.pdf

105 https://www.mdpi.com/1422-0067/14/2/2573
https://www.tandfonline.com/doi/abs/10.1080/07420528.2016.1176927?journalCode=icbi20
https://www.brighamandwomens.org/about-bwh/newsroom/press-releases-detail?id=1962
https://www.unibas.ch/de/Aktuell/News/Uni-Research/LED-Bildschirme-beeinflussen-Schlafrhythmus-und-Konzentration.html

106 http://justgetflux.com/

107 https://www.test.de/Schlafmittel-Endlich-wieder-erholsam-schlafen-1794088-0/
https://www.spiegel.de/gesundheit/diagnose/schlaf-von-baldrian-bis-hin-zu-kursen-was-bei-schlafproblemen-hilft-a-1273478.html

108 https://www.verbraucherzentrale.de/aktuelle-meldungen/lebensmittel/kudzu-schlafbeere-maca-riskante-pflanzen-in-nahrungsergaenzungsmitteln-33325
https://www.verbraucherzentrale.de/wissen/lebensmittel/nahrungsergaenzungsmittel/rein-pflanzlich-heisst-nicht-immer-harmlos-13393

109 https://link.springer.com/article/10.1007/s15006-017-9247-8

110 https://www.wired.co.uk/article/oura-ring-uk-sleep-tracking
https://www.nytimes.com/wirecutter/reviews/oura-ring-sleep-tracker/

111 https://www.YouTube.com/watch?v=bFhBLWU9LyU

112 https://www.vanityfair.com/news/2012/10/michael-lewis-profile-barack-obama

113 https://pubmed.ncbi.nlm.nih.gov/18854200/

114 https://www.spiegel.de/karriere/morgenroutinen-hilfe-fuer-den-perfekten-start-in-den-tag-a-1253439.html

115 https://www.deutschlandfunkkultur.de/hype-um-wim-hof-methode-was-ist-dran-an-tief-einatmen-und.976.de.html?dram:article_id=472385
https://www.zeit.de/sport/2019-02/iceman-wim-hof-extremsportler-kaelte-resistenz-atemtechnik-methode
Tutorial von Wim Hof: https://www.YouTube.com/watch?v=nzCaZQqAs9I

116 Sinngemäß nach https://id8te.com/the-business-case/#:~:text=According Prozent20to Prozent20Bill Prozent20George Prozent2C Prozent20Harvard,work Prozent20better Prozent20with Prozent20other Prozent20people. ProzentE2 Prozent80 Prozent9D

117   Search Inside Yourself, S. 34

118   https://www.vox.com/2017/2/28/14745596/yuval-harari-sapiens-interview-medita-tion-ezra-klein

119   https://www.dg-sucht.de/fileadmin/user_upload/pdf/stellungnahmen/Positions-papier_Cannabis_der_DGP_u_a_.pdf

120   https://www.spektrum.de/news/ist-der-hype-um-cannabidiol-berech-tigt/1680420
      https://www.verbraucherzentrale.de/wissen/lebensmittel/nahrungsergaenzungs-mittel/cbdoel-legal-auf-dem-markt-37660

121   https://www.who.int/medicines/access/controlled-substances/WHOCBDReport-May2018-2.pdf?ua=1

122   https://www.frontiersin.org/articles/10.3389/fphar.2017.00259/full
      https://www.ncbi.nlm.nih.gov/pmc/articles/PMC3079847/

123   https://www.nytimes.com/2019/10/16/style/self-care/cbd-oil-benefits.html

124   https://www.ncbi.nlm.nih.gov/pmc/articles/PMC6100014/

125   https://www.ua-bw.de/pub/beitrag.asp?subid=0&Thema_ID=2&ID=3143&Pdf=No&lang=DE

126   https://www.sciencedirect.com/science/article/abs/pii/S0376871616310456?via Prozent3Dihub

127   https://www.health.harvard.edu/staying-healthy/know-the-facts-about-cbd-pro-ducts

128   https://www.nature.com/articles/d41586-019-02524-5

129   https://www.geo.de/magazine/geo-magazin/903-rtkl-alternative-medizin-wie-und-warum-wirkt-yoga-das-sagt-die-wissenschaft
      https://www.zeitschrift-sportmedizin.de/studien-zur-wirksamkeit-von-yoga/
      https://www.aerzteblatt.de/archiv/152826/Yoga-Die-positive-Kraft-des-Yoga

130   https://www.youtube.com/channel/UCHJBoCDxaCTRrwCHXEBA-BA/videos
      https://www.youtube.com/channel/UCFKE7WVJfvaHW5q283SxchA

131   https://www.spiegel.de/spiegelwissen/wirksamkeit-von-massage-streichen-pressen-kneten-klopfen-a-933587.html

132   https://www.spiegel.de/gesundheit/ernaehrung/sauna-regelmaessiges-saunieren-staerkt-nicht-nur-die-abwehrkraefte-a-1018396.html
      https://www.sciencedaily.com/releases/2018/01/180105124005.htm?fbclid=IwAR0suq6xXHR4VmMQ9euOqWD2CyWdo3PWgUk29xoPT-qe46CM9VrJlfzcWz9Q

133   https://www.zeit.de/zeit-wissen/2018/03/waldbaden-natur-heilung-gesundheit-japan/komplettansicht
      https://www.frontiersin.org/articles/10.3389/fpsyg.2019.00722/full
      https://www.ncbi.nlm.nih.gov/pubmed/19585091
      https://journals.sagepub.com/doi/abs/10.1177/0956797611418527
      https://www.ncbi.nlm.nih.gov/pmc/articles/PMC2793346/

134   Siehe auch diese ZDF Doku: https://www.youtube.com/watch?v=wXgvxooJaPE
      https://www.researchgate.net/publication/312260169_More_Than_Just_Sex_Affection_Mediates_the_Association_Between_Sexual_Activity_and_Well-Being

135   https://www.ncbi.nlm.nih.gov/pmc/articles/PMC4323947/

136   https://www.ncbi.nlm.nih.gov/pubmed/30281606

https://www.nature.com/articles/nature03701

https://www.sueddeutsche.de/wissen/kein-botenstoff-der-liebe-das-ende-des-ku-schelhormons-1.1045657

https://journals.plos.org/plosone/article?id=10.1371/journal.pone.0046751

https://www.pnas.org/content/108/4/1262

137   https://www.tk.de/techniker/magazin/life-balance/aktiv-entspannen/qigong-und-tai-chi-2007134

138   https://www.tk.de/techniker/magazin/life-balance/aktiv-entspannen/autogenes-training-2007064

139   Ernst Bohlmeijer, Rilana Prenger, Erik Taal, Pim Cuijpers (2010): »The effects of mindfulness-based stress reduction therapy on mental health of adults with a chronic medical disease: A meta-analysis«. *Journal of Psychosomatic Research*, 68 (6): S. 539–544. doi:10.1016/j.jpsychores.2009.10.005. PMID 20488270

       Der Ernährungskompass. Das Fazit aller wissenStudien zum Thema Ernährung, C. Bertelsmann: München 2018

       L. O. Fjorback, M. Arendt, E. Ørnbøl, P. Fink, H. Walach (2011): »Mindfulness-Based Stress Reduction and Mindfulness-Based Cognitive Therapy – a systematic review of randomized controlled trials«. *Acta Psychiatrica Scandinavica*, 124 (2): S. 102–119. doi:10.1111/j.1600-0447.2011.01704.x. PMID 21534932

140   https://www.ted.com/talks/dan_buettner_how_to_live_to_be_100?language=en&utm_campaign=social&utm_medium=referral&utm_source=facebook.com&utm_content=talk&utm_term=science

       https://www.amazon.com/The-Blue-Zones-Lessons-Longest/dp/1426207557/ref=as_li_tf_tl?ie=UTF8&camp=1789&creative=9325&creativeASIN=0520271440&linkCode=as2&tag=teco06-20

       Siehe auch: Poulain, Michel; Herm, Anne; Pes, Gianni: »The Blue Zones: areas of exceptional longevity around the world The Blue Zones: areas of exceptional longevity around the world«, in: *Vienna Yearbook of Population Research*, vol. 11, 2013, S. 87-108

141   https://www.who.int/nmh/countries/deu_en.pdf

142   Siehe auch Bas Kast, *Der Ernährungskompass. Das Fazit aller wissenStudien zum Thema Ernährung*, C. Bertelsmann: München 2018, S. 202-208.

143   Michael Greger, *Discover the Foods Scientifically Proven to Prevent and Reverse Disease*, Pan Macmillan: London 2015, S. 207 f.

       https://www.dge.de/wissenschaft/referenzwerte/alkohol/

       http://www.euro.who.int/de/health-topics/disease-prevention/alcohol-use/data-and-statistics/q-and-a-how-can-i-drink-alcohol-safely

144   https://www.who.int/dietphysicalactivity/factsheet_adults/en/

       https://academic.oup.com/ije/article/40/5/1382/658632

145   https://www.huffpost.com/entry/cooking-survey_n_955600?guccounter=1&guce_referrer=aHR0cHM6Ly93d3cuZ29vZ2xlLmNvbS8&guce_referrer_sig=AQAAABndzpEykbNpGuYCqs5s5Tmbeqyd-A7ZbPGj7xgXXBLIRjWDoVo5bouWAXkN2CSDT8ys-7ntZ9gWlXyIko940Umm9WLS-JsjkTzKlJcNTquGWBtlsnLcJH9KBloTLV_uLRnF2QAIku7VgTnvAPq8kk-xhdQSnvZRfrCjqzgA9_jw3N

146   Michael Greger 2016, S. 1

147   Michael Greger 2016, S. 14

148 Bas Kast und Michael Greger haben dazu beeindruckende Quellenrecherchen vorgelegt.

https://www.thelancet.com/gbd

https://www.dge.de/ernaehrungspraxis/vollwertige-ernaehrung/10-regeln-der-dge/

149 https://de.wikipedia.org/wiki/Patrik_Baboumian#:~:text=Patrik Prozent20Baboumian Prozent20(* Prozent201. Prozent20Juli,f ProzentC3 ProzentBCr Prozent20eine Prozent20vegane Prozent20Ern ProzentC3 ProzentA4hrung Prozent20ein.

150 Faktenchecks zum Beispiel https://tacticmethod.com/the-game-changers-scientific-review-and-references/ und https://medium.com/@tmitchelhill73/lets-talk-about-the-game-changers-1d76a0c344e5

151 https://www.ncbi.nlm.nih.gov/pubmed/27886704

152 http://www.euro.who.int/en/health-topics/disease-prevention/nutrition/a-healthy-lifestyle?hc_location=ufi

153 https://www.bmel-statistik.de/ernaehrung-fischerei/versorgungsbilanzen/fleisch/#:~:text=Dabei Prozent20lag Prozent20der Prozent20berechnete Prozent20Pro,unter Prozent20dem Prozent20Wert Prozent20des Prozent20Vorjahres.

154 https://www.dge.de/wissenschaft/weitere-publikationen/dge-position/vegane-ernaehrung/

https://www.dge-medienservice.de/vegan-essen-10er-pack.html

155 https://www.vzhh.de/themen/lebensmittel-ernaehrung/schadstoffe-lebensmitteln/keime-im-fleisch-was-tun

https://www.verbraucherzentrale.de/wissen/lebensmittel/lebensmittelproduktion/gefluegel-aus-artgerechter-haltung-tipps-fuer-besseren-fleischeinkauf-8539

156 https://www.bzfe.de/inhalt/fisch-verbraucherschutz-1815.html

157 https://www.quarks.de/gesundheit/ernaehrung/fermentieren-hipster-trend-oder-richtig-gesund/

158 Fn. 86 und 230 bei Bas Kast, sowie S. 74-80

159 https://twitter.com/Regendelfin/status/1271785028658348032

160 https://www.wwf.de/themen-projekte/landwirtschaft/ernaehrung-konsum/fleisch/fleisch-frisst-land/

https://www.weltagrarbericht.de/fileadmin/files/weltagrarbericht/IAASTDBerichte/GlobalReport.pdf

https://waterfootprint.org/en/water-footprint/product-water-footprint/water-footprint-crop-and-animal-products/

https://waterfootprint.org/en/resources/waterstat/product-water-footprint-statistics/

161 Marine Stewardship Councils (MSC), Aquaculture Stewardship Councils (ASC) sowie Biozertifizierungen wie das Siegel Naturland »Wildfisch«. Praktische Informationen zum Fischeinkauf finden Sie bei Greenpeace und dem WWF.

162 https://www.nature.com/articles/nrn2421

163 https://www.who.int/news-room/fact-sheets/detail/healthy-diet

164 https://www.health.harvard.edu/daily_health_tip/enjoy-extra-virgin-olive-oil

https://www.health.harvard.edu/blog/olive-oil-or-coconut-oil-which-is-worthy-ofkitchen-staple-status-2020061820077

165 https://www.test.de/Gourmet-Oele-Fast-jedes-zweite-ist-mangel-haft-4901060-4905659/

https://www.test.de/Sonnenblumenoel-Gutes-Oel-muss-nicht-teuer-sein-4458110-4458117/

166 https://www.health.harvard.edu/heart-health/should-you-consider-taking-a-fish-oil-supplement

https://www.health.harvard.edu/staying-healthy/the-questions-about-fish-oil-supplements

Michael Greger 2016, S. 22-23, 462-463

https://www.test.de/medikamente/wirkstoff/fischoel-omega-3-fettsaeuren-w846/

https://www.test.de/Mittel-mit-Omega-3-Fettsaeuren-im-Test-Warum-Fischoelkapseln-Co-wenig-bringen-4494129-0/

https://www.nytimes.com/2019/11/01/style/self-care/fish-oil-benefits.html

https://www.health.harvard.edu/blog/fish-oil-friend-or-foe-201307126467

»Scientific Opinion on Dietary Reference Values for fats, including saturated fatty acids, polyunsaturated fatty acids, monounsaturated fatty acids, trans fatty acids, and cholesterol«. In: *EFSA Journal.* 8(3), 25. März 2010, S. 1461. doi:10.2903/j.efsa.2010.1461.

»D-A-CH-Referenzwerte für die Nährstoffzufuhr«. DGEinfo 02/2009, Deutsche Gesellschaft für Ernährung, 25. März 2009.

L. Hooper, R. L. Thompson, R. A. Harrison u. a.: »Risks and benefits of omega 3 fats for mortality, cardiovascular disease, and cancer: systematic review.« In: *BMJ.* Band 332, Nr. 7544, April 2006, S. 752–760, doi:10.1136/bmj.38755.366331.2F, PMID 16565093, PMC 1420708(freier Volltext).

D. Mozaffarian, E. B. Rimm: »Fish intake, contaminants, and human health: evaluating the risks and the benefits«. In: *JAMA.* Band 296, Nr. 15, Oktober 2006, S. 1885–1899, doi:10.1001/jama.296.15.1885, PMID 17047219 (jamanetwork.com).

https://www.verbraucherzentrale.de/wissen/lebensmittel/nahrungsergaenzungsmittel/omega3fettsaeurekapseln-sinnvolle-nahrungsergaenzung-8585

https://www.bfr.bund.de/cm/343/muessen_fischverzehrer_ihre_ernaehrung_durch_fischoel_kapseln_ergaenzen.pdf

https://www.spiegel.de/gesundheit/ernaehrung/mythos-oder-medizin-sind-omega-3-und-fischoelkapseln-sinnvoll-a-944697.html

167 Siehe auch Michael Greger 2016, S. 328-331

168 https://www.oekotest.de/essen-trinken/17-gruene-Smoothies-im-Test_110274_1.html?artnr=109168

https://www.apotheken-umschau.de/Ernaehrung/Wie-gesund-sind-Smoothies-108145.html

169 https://www.netdoktor.de/ernaehrung/e-951-aspartam/

170 https://www.test.de/Dunkle-Schokolade-im-Test-1602155-1603859/

171 Zitiert nach Michael Greger

172 Siehe zum Beispiel Michael Greger 2016, S. 417-421

173 Nationale Verzehrstudie II

174   C. Raschka und S. Ruf: *Sport und Ernährung.* Thieme: Stuttgart 2017

R. Jäger, C. M. Kerksick et al.: *Journal of the International Society of Sports Nutrition*, Juni 2017, Artikel 20

https://www.ncbi.nlm.nih.gov/pubmed/28698222

175   KA Varady et al.: «Short-term modified alternate-day fasting: a novel dietary strategy for weight loss and cardioprotection in obese adults". *Am J Clin Nutr.* 2009 Nov; 90(5): S. 1138-1143

Schoenfeld, B. J., Aragon, A. A. & Krieger, J. W.: »The effect of protein timing on muscle strength and hypertrophy: a meta-analysis«. *Journal of the International Society of Sports Nutrition*, 10, Dezember 2013, Artikel 53

176   Siehe dazu S. 59-66, 71-73 im Buch von Bas Kast sowie S. 192 f. bei Michael Greger

177   FAQ der DGE: https://www.dge.de/wissenschaft/weitere-publikationen/faqs/protein/

Hervorragender Überblicksartikel: https://www.menshealth.de/fitness-ernaehrung/so-sinnvoll-ist-eiweisspulver-fuer-den-muskelaufbau/

178   https://www.foodwatch.org/de/frage-des-monats/2018/entzieht-kaffee-dem-koerper-wasser/

179   Michael Greger 2016, S. 175-177

180   https://www.nytimes.com/2020/02/13/style/self-care/coffee-benefit

https://www.netdoktor.de/ernaehrung/koffein/

James H. O'Keefe et al.: »Effects of Habitual Coffee Consumption on Cardiometabolic Disease, Cardiovascular Health, and All-Cause Mortality«. *Journal of the American College of Cardiology*, Volume 62, Issue 12 (2013), S. 1043-1051

Alessio Crippa et al. 2014, Coffee consumption and mortality from all causes, cardiovascular disease, and cancer: a dose-response meta-analysis, American Journal of Epidemiology, 15. Oktober 2014 ;180(8), S. 763-775. doi: 10.1093/aje/kwu194.

Guiseppe Grosso et al. 2017, Coffee, Caffeine, and Health Outcomes: An Umbrella Review, Annual Review of Nutrition, 21. August 2017; 37, S. 131-156. doi: 10.1146/annurev-nutr-071816-064941.

181   ace E Giles et al.: »Differential cognitive effects of energy drink ingredients: Caffeine, taurine, and glucose«. *Pharmacol Biochem Behav.*, Oktober 2012; 102(4): S. 569-577

182   https://www.zeit.de/2018/35/bulletproof-coffee-trend-lifehacks

Courtney Rubin (12. Dezember 2014). »The Cult of the Bulletproof Coffee«. *The New York Times.* Retrieved June 3, 2015. – https://www.nytimes.com/2014/12/14/style/the-cult-of-the-bulletproof-coffee-diet.html

Alana Kakoyiannis (18. Oktober 2014). »The One Thing You Can Add To Coffee For Even More Energy In The Morning«. *Business Insider.* abgerufen 3. Juni 2015.

https://www.acsh.org/news/2019/06/08/bulletproof-coffee-plenty-bull-and-fat-too-14079

https://www.vice.com/en_us/article/53dy5x/butter-coffee-nutrition-exercise

https://www.medicalnewstoday.com/articles/323253

183   Jun Tang et al.: Tea consumption and mortality of all cancers, CVD and all causes: A meta-analysis of eighteen prospective cohort studies. *The British journal of nutrition*, 15. September 2015; 114(5): S. 673-683

184   https://www.webmd.com/vitamins/ai/ingredientmono-1053/theanine

185 Stattdessen bin ich auf den ausgezeichneten japanischen Grüntee Sencha Uchiyama umgeschwenkt, der außerdem besonders viele wertvolle Pflanzenstoffe enthält.

186 https://www.test.de/medikamente/krankheit/vitamine-mineralstoffe-spuren-elemente-k228/

https://www.dge.de/presse/pm/deutschland-ist-kein-vitaminmangelland/

https://www.dge.de/wissenschaft/weitere-publikationen/faqs/vitamin-c/#c1475

187 https://www.rki.de/SharedDocs/FAQ/Vitamin_D/Vitamin_D_FAQ-Liste.html

https://www.netdoktor.de/ernaehrung/vitamin-d/mangel/

188 Michael Greger 2016, S. 81

https://www.verbraucherzentrale.de/wissen/lebensmittel/nahrungsergaenzungs-mittel/eisen-qualitaet-nicht-quantitaet-ist-die-frage-8026

https://www.netdoktor.de/laborwerte/eisen/eisenmangel/

189 https://www.verbraucherzentrale.de/wissen/lebensmittel/nahrungsergaenzungs-mittel/magnesium-was-ist-zu-beachten-8003

https://www.aponet.de/aktuelles/ihr-apotheker-informiert/20170819-thema-der-woche-magnesium-wann-und-wie-viel.html

190 https://www.bbc.co.uk/programmes/b01lxyzc

191 *Megumi Hatori et al.: Time-restricted feeding without reducing caloric intake prevents metabolic diseases in mice fed a high-fat diet, Cell Metabolism* 6. Uni 2012;15(6), S. 848-860. doi: 10.1016/j.cmet.2012.04.019. Epub 2012 17. Mai 2012,

Amandine Cahox et al.: Time-restricted feeding is a preventative and therapeutic intervention against diverse nutritional challenges, Cell Metabolism
2. Dezember 2014; 20(6), S. 991-1005. doi: 10.1016/j.cmet.2014.11.001. 2014

192 Gute Übersichtsartikel:

https://www.nytimes.com/2019/11/23/style/self-care/intermittent-fasting-bene-fits.html

https://www.aerzteblatt.de/archiv/205110/Intervallfasten-Essen-mit-Blick-auf-die-Uhr

https://www.dge.de/ernaehrungspraxis/diaeten-fasten/intervallfasten/

https://www.health.harvard.edu/blog/intermittent-fasting-surprising-upda-te-2018062914156

https://www.helmholtz.de/gesundheit/was-bringt-intervallfasten/

https://www.dkfz.de/de/presse/pressemitteilungen/2018/dkfz-pm-18-64-Inter-vallfasten-Kein-Vorteil-gegenueber-herkoemmlichen-Diaeten.php

Ausgewählte Studien:

https://journals.sagepub.com/doi/pdf/10.1177/0023677213501659

https://www.nejm.org/doi/full/10.1056/NEJMra1905136

https://linkinghub.elsevier.com/retrieve/pii/S0140673605666676

193 Robert T Kosyaki: *Rich Dad, Poor Dad*, FinanzBuch: München 2015: Rich Dad's Cashflow Quadrant

https://www.sueddeutsche.de/wirtschaft/robert-t-kiyosaki-reich-wie-dad-dy-1.3354663

gute Kritik: https://www.johntreed.com/blogs/john-t-reed-s-real-estate-invest-ment-blog/61651011-john-t-reeds-analysis-of-robert-t-kiyosakis-book-rich-dad-poor-dad-part-1 https://www.zeit.de/2005/19/Kiyosaki

194 Da lohnt sich die Marx'sche Mehrwerttheorie zur Analyse des Kapitalismus. Wird von Kiyosaki leider nicht gewürdigt.

195 Mehr dazu inklusive umfangreicher Quellen: https://www.wolfgang-gruendinger.de/post/marshmallow-prinzip

196 https://www.forbes.at/artikel/die-reichsten-deutschen-2019.html

197 https://www.youneedabudget.com/stop-living-paycheck-to-paycheck/

198 https://www.focus.de/wissen/klima/tid-25793/oeko-bilanz-von-kaffeekapseln-80-euro-pro-kilo-weniger-kaffee-fuer-mehr-geld_aid_752523.html

https://www.coffeecircle.com/de/c/espresso-shop

199 https://www.quarks.de/umwelt/muell/darum-sind-kaffeekapseln-nicht-umwelt-freundlich/

200 http://robrhinehart.com/?p=298

201 https://t3n.de/news/nahrungspulver-shakes-fluessignahrung-soylent-alternativen-test-680907/

202 https://www.wiwo.de/unternehmen/handel/werner-knallhart-evian-ist-36-500-prozent-teurer-als-unser-leitungswasser/19958652-2.html

203 https://www.verbraucherzentrale.de/wissen/umwelt-haushalt/wasser/brauche-ich-einen-wasserfilter-5534

https://www.oekotest.de/essen-trinken/Wasser-filtern-Sind-Wasserfilter-wie-Brita-und-Co-sinnvoll_600943_1.html

https://www.test.de/Wasserfilter-im-Test-Gut-filtert-keiner-4840828-0/

204 https://www.test.de/Stromanbieter-wechseln-Mit-Wechseldiensten-viel-Geld-sparen-5447465-0/

205 https://www.spiegel.de/wirtschaft/soziales/verivox-stiftung-warentest-raet-vergleichsdienst-zu-meiden-a-74fc3ea3-7ad6-4c04-becb-cc716fac493d

206 Zum Beispiel Smartmobil.de Flat M oder Fonic Mobile Smart 4 GB, beide im O2-Netz https://www.test.de/Mobilfunktarife-im-Test-Tarife-und-Handys-fuer-den-LTE-Standard-5579272-5579277/

https://www.finanztip.de/handytarife

207 https://www.finanztip.de/girokonto/

https://www.test.de/Girokonto-im-Test-5069390-5127824/

208 https://www.finanztip.de/steuersoftware/

https://www.test.de/Steuerprogramme-im-Test-5165521-5165527

209 Nur eine Auswahl:

Victor DeMiguel et al. 2006 *Optimal Versus Naive Diversification: How Inefficient is the 1/N Portfolio Strategy?, The Review of Financial Studies*, Jahrgang 22, Ausgabe 5. Mai 2009, S. 1915–1953, https://doi.org/10.1093/rfs/hhm075

Burton Malkiel: Passive Investment Strategies and Efficient Markets; *European Financial Management*, März 2003, 9(1), S. 1-10

DOI:10.1111/1468-036X.00205

Eugen F Fama & Kenneth R. French: Luck Versus Skill in the Cross-section of Mutual Fund Returns. The Journal of Finance (kursiv), Oktober 2010, 65(5), S. 1915 – 1947

DOI:10.1111/j.1540-6261.2010.01598.x

Gustav Törngren & Henry Montgomery: *Worse Than Chance? Performance and Confidence Among Professionals and Laypeople in the Stock Market, Journal of Behavioral Finance* 5(3), September 2004, S. 148-153
DOI:10.1207/s15427579jpfm0503_3

Peter Bofinger und Robert Schmidt: On the Reliability of Professional Exchange Rate Forecasts: An Empirical Analysis for the €/US-$ Rate, Financial Markets and Portfolio Management (kursiv) 17(4), Dezember 2003, S. 437-449

DOI:10.1007/s11408-003-0403-z

Bonnie L. Barber et al.: Whatever Happened to the Jock, the Brain, and the Princess?, *Journal of Adolescent Research*, Jahrgang 16, Ausgabe 5, September 2001, S. 429-45

Siehe dazu auch Gerd Kommer und Gerd Gigerenzer

210   https://www.welt.de/finanzen/geldanlage/article148065210/Affen-waeren-an-der-Boerse-besser-als-Fondsmanager.html

https://www.faz.net/aktuell/finanzen/fonds-mehr/vergleichsindizes-besser-als-fast-alle-aktiv-gemanagten-fonds-13881596.html

https://www.spiegel.de/wirtschaft/so-vermehren-sie-ihr-geld-trotz-niedrigzinsen-a-807fd1fb-870c-469a-8f6d-d0d9c38ebe67

211   https://www.manager-magazin.de/finanzen/artikel/warren-buffett-verlierer-der-millionenwette-fuehlt-sich-wie-gewinner-a-1147780.html

212   Letter to the Investors, 2013, S. 20, https://www.berkshirehathaway.com/2013ar/2013ar.pdf

213   Gigerenzer, Gerd: *Bauchentscheidungen.* Goldmann: München 2008

https://www.sciencedirect.com/science/article/pii/S1574072207001072

214   https://www.ft.com/content/563d61dc-3b70-11ea-a01a-bae547046735

215   https://www.nzz.ch/primat-gegen-mensch-1.17205667

https://www.statistik.tu-dortmund.de/fileadmin/user_upload/SFB_823/Kraemer/Kraemer/Publikumspresse/Affen_sind_die_besseren_Anleger.pdf

216   https://www.ft.com/content/563d61dc-3b70-11ea-a01a-bae547046735

217   https://www.finanzfluss.de/blog/crashpropheten-fonds/

218   Letter to the Investors, 2013, p. 20, https://www.berkshirehathaway.com/2013ar/2013ar.pdf

219   https://www.evidenceinvestor.com/daniel-kahneman-im-active-investing/

220   https://www.evidenceinvestor.com/harry-markowitz-advice-investors-today/

221   https://www.ft.com/content/563d61dc-3b70-11ea-a01a-bae547046735

222   André Kostolany: *Die Kunst, über Geld nachzudenken.* Econ: München 2000, S. 42, gekürztes Zitat

223   Finanztip empfiehlt Scalable Capital, Smartbroker, und Trade Republic, oder – als Kombination mit Girokonto und Kreditkarte – auch ING, DKB, Comdirect und Consorsbank: https://www.finanztip.de/wertpapierdepot/

Sparplan-Vergleich: https://www.justetf.com/de/etf-sparplan/sparplan-vergleich.html?gclid=EAIaIQobChMIhYOcoJLP6QIVCeR3Ch3VPgeMEAAYASAA-EgLX5PD_BwE

224   https://www.spiegel.de/wirtschaft/service/hoehere-zinsen-auf-tagesgeld-wann-lohnt-sich-ein-kontowechsel-a-1248601.html

https://www.spiegel.de/wirtschaft/service/hoehere-zinsen-auf-tagesgeld-wann-lohnt-sich-ein-kontowechsel-a-1248601.html

225 https://www.finanztip.de/anleihen/

226 In Anlehnung an das Kommer-Weltportfolio, siehe https://de.extraetf.com/wissen/
kommer-weltportfolios-2018

227 https://www.finanztip.de/indexfonds-etf/dax/

228 https://t3n.de/news/die-produktionsprobleme-beim-model-3-sollen-tesla-laut-
musk-fast-in-die-pleite-getrieben-haben-1127881/

229 https://www.forbes.com/sites/isabeltogoh/2020/06/23/wirecard-was-ger-
manys-fintech-star-now-2-billion-is-missing-and-its-ceo-has-been-arres-
ted/#55826e223017

230 https://www.youtube.com/watch?v=ADsP_VigXJI&feature=youtu.be

231 https://www.finanzen.net/fonds/dirk-mueller-premium-aktien-r-de-
000a111zf1#moreperformance

232 https://www.tlfresearch.com/review-thinking-fast-slow/

233 https://www.youtube.com/watch?v=ldPh0_zEykU

234 In dieser Doku: https://www.youtube.com/watch?v=PB5krSvFAPY

235 https://www.spiegel.de/wirtschaft/service/coronavirus-lohnt-es-jetzt-aktien-zu-
kaufen-a-45b356f0-c5a2-4f48-9b17-3120d3050585

236 https://www.finanztip.de/indexfonds-etf/msci-world/#:~:text=Der Prozent20Ak-
tienindex Prozent20MSCI Prozent20World Prozent20b ProzentC3 Prozent-
BCndelt,rund Prozent209 Prozent20Prozent Prozent20j ProzentC3 ProzentA4hr-
lich Prozent20erzielen.

237 https://www.test.de/Boersenturbulenz-Aktienmaerkte-sacken-ab-was-jetzt-zu-
tun-ist-5585045-0/

238 https://www.spiegel.de/wirtschaft/service/coronavirus-lohnt-es-jetzt-aktien-zu-
kaufen-a-45b356f0-c5a2-4f48-9b17-3120d3050585

239 https://www.onvista.de/index/MSCI-WORLD-Index-3193857

240 https://www.credit-suisse.com/media/assets/corporate/docs/about-us/media/media-
release/2018/02/giry-summary-2018.pdf

241 https://www.cbsnews.com/news/paul-samuelsons-words-of-wisdom/

242 https://en.wikipedia.org/wiki/Trinity_study

http://www.retailinvestor.org/pdf/Bengen1.pdf

https://www.reddit.com/r/financialindependence/comments/6vazih/im_bill_ben-
gen_and_i_first_proposed_the_4_safe/

243 Niklas Hoyer: »Mehr Rente ist sicher«. *Wirtschaftswoche,* Ausgabe 19 vom
4.5.2018, S. 13-24

244 Niklas Hoyer et al.: »Der Traum vom ewigen Urlaub«. *Wirtschaftswoche,* Ausgabe
1/2 vom 5.1.2018, S. 17-26

245 ESG-FAKTOREN UND UNTERNEHMENSENTWICKLUNG Die
2018-Meta-Studie von DWS und Universität Hamburg

246 AAA-Rating im Juli 2017. Danach wurde Tesla allerdings downgegraded. Siehe
https://www.msci.com/esg-ratings/issuer/tesla-inc/IID000000002594878

247 https://www.telegraph.co.uk/investing/shares/tesla-ethical-investment-even-
experts-cant-agree/; https://www.ft.com/content/7f8dc7a4-9146-11e9-aea1-
2b1d33ac3271

248 https://www.wsj.com/articles/is-tesla-or-exxon-more-sustainable-it-depends-

whom-you-ask-1537199931

249   https://www.ft.com/content/2e49171b-a018-3c3b-b66b-81fd7a170ab5

250   https://www.justetf.com/de/etf-profile.html?isin=IE00B1XNHC34&tab=chart

251   https://www.test.de/Weltweit-anlegen-mit-Fonds-und-ETF-Die-Welt-in-einem-Fonds-5558473-5558479/

http://www.sustainability-index.com/

https://www.msci.com/documents/10199/641712d5-6435-4b2d-9abb-84a53f-6c00e4

https://amp.economist.com/briefing/2020/06/20/how-much-can-financiers-do-about-climate-change

Chris Hope, Stephen J. Fowler: »A critical review of Sustainable Business Indices and their Impact«, *Journal of Business Ethics*, Vol. 76 (2007), S. 243–252.

Edeltraud Günther, Gabriel Weber: »Dow Jones Sustainability Index«, *Das Wirtschaftsstudium*, Ausg. 8–9/08 (2008), S. 1136–1137.

https://www.spiegel.de/wirtschaft/service/nachhaltige-geldanlage-wie-anleger-geld-nachhaltig-anlegen-koennen-a-0ffb750a-82c9-44ad-895b-7346fbbd9b04

252   https://amp.economist.com/briefing/2020/06/20/how-much-can-financiers-do-about-climate-change

https://www.researchgate.net/publication/5149086_A_Critical_Review_of_Sustainable_Business_Indices_and_Their_Impact

253   https://www.finanztip.de/gold/

https://www.test.de/Goldpreis-Gold-als-Geldanlage-5235827-0/

https://www.spiegel.de/wirtschaft/service/geldanlage-in-corona-zeiten-nicht-auf-gold-setzen-a-0fda273b-7d82-4178-bb9b-226c1937e761

https://www.gerd-kommer-invest.de/gold-als-investment/

254   https://www.berkshirehathaway.com/letters/2011ltr.pdf

255   https://www.spiegel.de/wirtschaft/service/immobilienmarkt-deutsche-bank-erwartet-ende-des-immobilienbooms-im-jahr-2024-a-26ee4436-aafc-4fa7-b4f8-9249a87da04e

256   https://www.diw.de/documents/publikationen/73/diw_01.c.488172.de/diwkompakt_2014-089.pdf

257   https://www.finanztip.de/baufinanzierung/mieten-oder-kaufen/

https://www.test.de/Immobilien-Kaufen-oder-Mieten-1159353-0/

Auf was man zu achten hat, kann man zum Beispiel unter https://www.immocation.de/tv per Video lernen.

Kommer, Gerd: Kaufen oder mieten? Campus Verlag 2016

Maschmeyer, Carsten: Die Millionärsformel. Ariston: München 2016, Kapitel 8

258   https://www.YouTube.com/watch?v=04CiIUyLFFE

https://www.finanztip.de/bitcoin/

Siehe auch: https://www.spiegel.de/wirtschaft/service/coronavirus-und-geldanlage-was-anleger-jetzt-beruecksichtigen-sollten-a-ba3490e4-b804-4f50-8098-ef-3dc01f98ce?sara_ecid=soci_upd_KsBF0AFjflf0DZCxpPYDCQgO1dEMph

259   https://twitter.com/elonmusk/status/1340573003579617280?lang=de

260   https://www.finanztip.de/blog/fairr-riester-verkauft-etfs/

https://www.finanztip.de/blog/neues-modell-fairriester-investiert-kundengelderwieder-am-aktienmarkt/

261 https://today.duke.edu/2015/04/dan-ariely-how- ProzentE2 Prozent80 Prozent-98fear-missing-out ProzentE2 Prozent80 Prozent99-works

262 https://qz.com/1570179/how-to-make-friends-build-a-community-and-create-the-life-you-want/

263 Bronnie Ware: *5 Dinge, die Sterbende am meisten bereuen: Einsichten, die Ihr Leben verändern werden.* Goldmann-Verlag: München 2015

264 Frithjof Bergmann: *Neue Arbeit, neue Kultur. Arbor: Freiburg 2004*

265 https://www.mlive.com/news/flint/2014/02/flint_loses_the_title_of_fbis.html

266 Ich lege jedem dieses Video ans Herz: https://www.YouTube.com/watch?v=29IoGFD86QM

Warum hat mir das niemand früher über Geld verraten

Mario Lochner

Geld regiert die Welt. Aber warum verrät uns niemand in der Schule oder in Ausbildung und Studium, wie wir damit umgehen sollen? Und warum es so wichtig ist, frühzeitig die Balance zwischen finanzieller Disziplin und dem Glück im Leben zu finden? Mario Lochner zeigt in seinem neuen Buch, wie jeder den Weg hin zu »finanzieller Unbesiegbarkeit« gehen kann. Er gibt Einblick in die Mechanismen der Finanzwelt, enthüllt, warum die Gefühle Angst und Gier den Umgang mit Geld dominieren und hilft, das wahre Wesen von Börse und Risiko zu verstehen. Und er gibt eine konkrete Anlagestrategie, um sich ein finanzielles Fundament aufzubauen sowie Werkzeuge für ein glückliches und selbstbestimmtes Leben – frei von finanziellen Sorgen.

272 Seiten | Softcover | 18,00 € (D) | 18,60 € (A) | ISBN 978-3-95972-461-6

Living a Selfmade Life

Torben Platzer

Mit 27 Jahren sitzt Torben in seiner 1,5-Zimmer-Bude in Olden-
burg und hat bis dahin alles gemacht, was seine Eltern von ihm
erwarteten: Abitur und Studium. Dann bricht er aus dem vor-
gezeichneten Leben aus, um seinen eigenen Weg zu gehen. Er
erkennt die Chancen von Internet und Social Media, baut sich
selbst zur Marke auf und macht einen Umsatz in Millionenhöhe.
In seinem Buch spricht er offen über seine Fehler, Ängste und
den Mut, Träume zu leben. Sein Ziel ist es, besonders jungen
Menschen zu zeigen, dass der Glaube an sich selbst und die
konsequente Umsetzung von Ideen sie langfristig auch außerhalb
der Systemgrenzen glücklich machen können.

224 Seiten | Softcover | 18,99 € (D) | 19,60 € (A) | ISBN 978-3-95972-369-5

Life to the Max

Philipp Maximilian Scharpenack

Philipp Maximilian Scharpenack nimmt den Leser mit auf seine abenteuerliche Lebensreise, die ihn zu dem Punkt brachte, an dem er heute steht. Mit Anfang 30 arbeitet er vier Stunden in der Woche und ist finanziell komplett unabhängig. Doch auch er startete zunächst mit nichts außer Schulden, Mut und dem unbändigen Willen etwas zu erreichen. Er wanderte nach China aus, um dort völlig ohne Kapital sein erstes Unternehmen zu gründen. Es folgte der Aufbau der Netzwerkveranstaltung »Gründerpokern«, der deutschlandweit bekannten Eismarke »Suck It«, eines Immobilienportfolios, das Management eines Pokersuperstars – und jede Menge Abenteuer, die ihn um die ganze Welt führten.

256 Seiten | Softcover | 17,99 € (D) | 18,50 € (A) | ISBN 978-3-95972-315-2